水晶之路

意象对话心理师的自我成长与发展

主编 周烁方 朱建军

撰稿 郑玉虎 甄静慧 李 拯 王路骋 王惠清 郭筑娟
张 峥 周烁方 易 滨 徐海颖 张如江 海 音

知识产权出版社

图书在版编目（CIP）数据

水晶之路：意象对话心理师的自我成长与发展 / 周烁方，朱建军主编 .
—北京：知识产权出版社，2018.4
（心理疗法本土名家系列 / 朱建军主编）
ISBN 978-7-5130-5471-3

Ⅰ . ①水… Ⅱ . ①周…②朱… Ⅲ . ①心理咨询 Ⅳ . ① B849.1

中国版本图书馆 CIP 数据核字（2018）第 050730 号

责任编辑：刘　爽　　**责任校对**：谷　洋
封面设计：易　滨　　**责任出版**：刘译文

水晶之路
意象对话心理师的自我成长与发展
主编　周烁方　朱建军
撰稿　郑玉虎　甄静慧　李　拯　王路骋　王惠清　郭筑娟
　　　张　峥　周烁方　易　滨　徐海颖　张如江　海　音

出版发行：知识产权出版社有限责任公司　**网　　址**：http://www.ipph.cn
社　　址：北京市海淀区气象路 50 号院　**邮　　编**：100081
责编电话：010-82000860 转 8125　**责编邮箱**：13810090880@139.com
发行电话：010-82000860 转 8101/8102　**发行传真**：010-82000893/82005070/82000270
印　　刷：三河市国英印务有限公司　**经　　销**：各大网上书店、新华书店及相关专业书店
开　　本：720mm × 1000mm　1/16　**印　　张**：20.25
版　　次：2018 年 4 月第 1 版　**印　　次**：2018 年 4 月第 1 次印刷
字　　数：364 千字　**定　　价**：58.00 元
ISBN 978-7-5130-5471-3

读书就是探探路

朱建军

“探路”这个事情，以后可能少见了，手机上的导航会引导我们走，不再需要自己去探。不过话说回来，导航并不能取代探路，因为导航固然能指出目标，但是导航没有办法告诉我们前路上的风景如何，要想知道不同的道路上的风景，还是要靠探路。探路就像是品尝美食，尝一点儿这路上的滋味，你才真的知道是不是喜欢这条路。

探路固然是自己探最好，但是有时也不妨询问路上的人，问问那些在这条路上走过了很远的人。看看别人在这路上的经历，那些经历可以成为自己的参考。人生的道路有很多，寻求心理成长是人生道路中的一种。总体来说，心理成长是一条非常棒的道路，可以通向真正的幸福。当然心理成长的路上，也有很多支路或是歧路，有些歧路甚至非常危险，会把人引到无底的深渊——比如部分（不是全部）以灵修为名的或者部分精神传销类的。所以，看看别人走过的路，让自己更清醒地选择自己的路，还是很值得的。

这本书就是走了心理成长的路的人，更具体地说，是用名字叫作“意象对话”的心理咨询方法来做心理成长的人，描述他们走过的路。读这本书，也就等于探探这条路，了解一下用意象对话做心理成长，是什么样的滋味。然后你也许会走这条路，也许不走，但满足了自己的好奇心，都不错。

我自己已经老了，时而会想起“子曾经曰过”：“过去的日子就像河水，白天晚上都不会停一分一秒啊。”孔子难得这样文艺，发这种感慨也是因为到老了就觉得时间过得真快，才忙完一年就发现自己又老了一岁。而当我读这本书中每个人的故事时，这种感觉也很明显。仿佛这些事情都发生在昨天一样，但是屈指一算都过去很多年了。当初的大学生，现在他们的孩子都上学了，而年长一些的纷纷退休。在他们的人生中，都有很多的时候，走在了意象对话心理学的道路上，这条道路给他们的生命带来了什么呢？他们会觉得走对了路吗？他们在这条路上走过的人生，感觉如何呢？人生如此宝贵，用意象对话做心理成长，他们会觉得值得吗？

读他们所写的经历，我有很多感动。我看到他们在这条心理成长的路上，都经历过困难和波折，也都坚持走了下来，在这条路上他们都收获了丰硕的生命的果实。可以看到他们的人生因这条路上的行走，而变得更加丰饶。更重要的是，通过走这样一条道路，他们一点点打开了过去留下的种种心结，让自己的心得以像花一样绽放。更重要的事，通过走这样一条道路，他们越来越心明眼亮，他们不再被潜意识中的驱力盲目地驱使，也不再盲从地去过和别人一模一样的生活，而是一步步找到了自己。前不久有个电影叫作《冈仁波齐》，演得是藏族人走的转山之路，实际上心理成长之路又何尝不是一种转山之路。他们在渺无人烟的高原转山，而我们是在都市的茫茫人海中转山，同样都可以得到深刻的人生领悟，也同样都可以获得内心的满足和真正的幸福。这本书的名字是“水晶之路”，所谓的“水晶之路”，实际上就是成长之路——水晶是长出来的；水晶之路也是心灵越来越清明透彻的觉悟之路。

意象对话心理成长的道路，是一条什么样的道路呢？

意象对话是通向我们内心的道路。

意象对话可以让我们潜意识中的心理显现，让我们真正懂得我们自己。每一个看起来平凡的人，其实都可能有一个非常丰富多彩的内心世界。每一天普普通通过生活，内心其实都可能发生着波澜壮阔的或九曲回肠的故事。意象对话中，我们可以是所有故事的主角，经历各种人生。最终我们会找到真正的自我，让我们的一生有价值有意义。

因为意象对话是内心的路，所以我们需要对自己真诚，不能自欺欺人。意象对话的心理咨询师，从来不装扮成无所不知的人生导师，不装扮成从不犯错误的大师，而是尽量诚实地表达自己。我们是会犯错误的、不断成长的人。

意象对话是通向真爱的道路。

爱可能是人最大的渴求，因此说爱也引来这个世界上最多的谎言。我们会见到无数标榜爱的人或团体，但是实际上这些推销爱的人常常并不懂爱，或者他们想爱却未必有爱的能力。意象对话并不把爱放在口头，意象对话的团队也不是天天唱爱的歌曲，但是在共同成长中，在诚实地面对心理冲突和解决冲突的过程中，我们却会发现真爱在慢慢发生。共同成长的朋友之间，其实如同兄弟姐妹之间一样：可能兄弟姐妹也常打架，但是多年之后你会发现你和他们的感情才是真切的，远胜过你和那些每次见面都微笑的服务员之间的感情。

意象对话之路并不总是平坦的。

意象对话从不回避人生中的那些烦恼，不把过去未解决的心理问题压抑下去，而是提倡面对。直面人生的时候，你会发现人生有许多不如意，你的童年创伤会潜伏在心中时时干扰你，你的每一个错误都会带来痛苦，直到你看清楚它，你身边的人也可能会伤害你。走上意象对话的路并不能一劳永逸地使你避开烦恼和痛苦。意象对话的道路，也不是一个可以不费力就随随便便能成功的“捷径”。即使你已经在这路上走了很远，也走得很快，也不能保证你不在以后某个时候走偏，甚至从路边跌落悬崖。人生就是如此，但也正是因为如此，人生才更有意义。

意象对话的路是个性化的。

意象对话心理成长的路，并不是对每个人都完全一样的路。因为来到这个世界的每个人，他的基本心愿是不一样的；人的天赋使命是不一样的，人的心理基础也是不一样的。所以，在这条总的道路上，每个人必须探索出自己独特的、具体的道路来。我不知道是不是每一个学习精神分析心理学的人都希望成为弗洛伊德，但是每个学习意象对话的人真正要成为的都是他们自己，成为他们潜在的那个真正的自己。所以读这本书，你也会看到，这里的每个人都是很不同的，他们解决不同的问题，成为不同的样子。没有千人一面的所谓“健康人格”，每个人走的意象对话之路，都是他们自己的路。

这就是意象对话的水晶路，路并不会拉人们来走，路更不会迫使人们来走，路就是在这里。路在这里等待着每一个人，等待你选择它。如果你想探一探，那就探一探，如果你探过之后，想走上这条路，那你就走上这条路。每个人都有权利决定自己的人生，决定自己要走的道路，而意象对话，就是可被选择的一条人生之路。

一条有险阻的、不好走的，途经千百种风景，通向光明未来的道路。

有这样一条路

周烁方

这是一本“专业的心理科普读物”，包含了12位专业的心理咨询师写出的12个故事。这些故事既是真实记录，也是艺术创作。它们穿梭于心灵与物质之间，描绘了现实世界所发生的林林总总，又带有梦与神话一般的神秘色彩。

每个故事都是如此不同，以至于彼此之间无法类比。而它们之间的联系在于，每个故事的主人公都走在心理成长这条路上，并且都使用了意象对话这种方法，同属于意象对话学派。

“水晶”是意象对话学派中对于心理师的第二个认证级别，也可以理解为中级资质。意象对话学派心理师的第一个级别是珍珠，第三个级别是黄金。这些名称意味着由低到高不同的人格境界和心理品质，其中含义较深，难以简述。本书的12位作者均为珍珠级以上心理师，有的是水晶级心理师。所谓水晶之路，就是走在通往水晶般心理品质的路上。

实践经验表明，通过意象对话的自我探索与心理成长，达到珍珠级标准平均需要三至五年，达到水晶级标准需要的时间更久。而这本书的每一位作者，都经历了大约五至十年的心理成长才走到今天，达到了文中所写的状态。十年前，他们有的是学生，有的是新手咨询师，也有其他不相关行业的从业者。有的最开始是为了学习技术，也有的是为了解决自己的心理问题或人生困惑；他们与意象对话相遇了，开始用这种深入而有趣的方法来探索自己、磨炼自己，直面内心最深处的痛苦与冲突，从中获得深度的心理成长，生命品质也因此而得到了极大的改善。

这是12个心理成长的故事，也是12个不同的生命怎样陷入困境，又怀着耐心与勇气从困境中一步步跋涉出来的故事。它们展现了生命中最险峻的风景，最艰苦的努力，最不可思议的转折，以及最美的黎明。它们是生命的故事。

对于非心理行业的读者而言，这是一本精彩的故事书：12个性格、背景各异的人，他们的内心故事毫无保留地展示在您面前；不论是光明的部分还是阴暗的部分，看似平凡的现实生活，其深层是跌宕起伏的心理历险。

对于心理学爱好者和新手咨询师，这是一本导游手册：展望前路，让您看到未来可能会踏上的旅途是何种风景，将面临什么困难，又会从中收获什么。当然如果您未来走上了这条路，那一定与书中的任何故事都不同，将会是一个独特的生命故事。

对于专业的心理学工作者和其他流派的心理师，这是一个交流的窗口，看到意象对话学派的技术、方法、态度是如何促使人的内心走向更健康的状态。如有兴趣，欢迎您进一步的学习和了解意象对话，或是进行学派间的交流。

对于意象对话学派的成员和学习者，这是一部活生生的教材，你可能会看到一些熟悉的名字，一些听过的故事，但这一次绝对是最完整、最新鲜的版本，因为在完成写作之前没有一个作者能够预料到，自己的作品会成为今天看到的这个样子。

本书附录一《作者访谈录》，是一个花絮性质的章节，放松地聊聊天，跳出写作氛围来讨论一些问题，表达一些观点，作为正式的补充。

为了便于各位读者的理解，书中涉及意象对话及心理学方面的一些专业术语，在附录二《专业名词释义》中做出了尽量直白的解释，读者们也可以单独阅读《专业名词释义》，以了解书中涉及的专业概念。

最后，希望大家能够享受这本书。

目　录

良知自我

郑玉虎

很佩服那种能记住生活细节的人，一年前在哪个餐厅吃了什么，谁在场，哪个菜什么味道；两三岁时妈妈带他到外婆家，外婆擀面的时候顺手烧了个土豆，用的是柴火……我连昨天吃的什么都根本想不起来，昨天见过的人，我也经常模糊地记成：大概最近这段时间见过这个人。五岁以前的事情，更不用说了，具体的我一件也记不起来。只有一个大体的印象：我小时候非常好带。这个印象还是妈妈、姐姐告诉我的，而且是成年之后听她们说的，她们经常重复讲，我并不知道是真是假。

我妈说生我的时候，家里只有两个人：她和姐姐。姐姐已经 12 岁了。妈妈就这样把我生出来了，然后跟身边的姐姐说，“把剪刀递给我”，然后剪断了脐带，第二天就该干嘛干嘛了。说我身体特别好，没生过病；说我特别好带，也不哭也不闹的，吃饱了就行；说我特别省心，没生过什么事儿；然后说我学习特别好……就到了初中，初中以后的生活，我自己也大概有些印象了，虽然还是记不住具体事件。

由于童年经验太简略，使得我心理分析的本领失去了大量发挥的空间。翻来覆去分析最后也无非就一个结论：非常好带。这也是我初学心理学感到苦恼的一个地方，每每小组[1]成长，好多组员满满都是泪，很见效很有收获。我只有羡慕嫉妒恨，因为我好像实在找不出多少可哭的事情来。回顾童年，我只是切身感受到：好顺利啊。然后就觉得自己已经长大了，青春期了。后来发现这个印象

---

[1] 见本书附录二第 9 条“成长小组”。

本身可以分析，然后发现其实也没能分析很多：并不是我真的完全只有那么好带的一面，只是因为妈妈、姐姐她们都很爱我，加上我又真的很可爱（可惜说的是小时候的我），她们回忆小时候的我，就有意无意把不好带的地方都省略了，只简单地记得这么一个大概印象。反正总之就是很好带+很可爱。就这样了。

两年前有一天，我和姐姐、姐夫、外甥女一起去学校，看望外甥。吃饭的时候，外甥女（外甥女是姐姐，比外甥大了六岁）很关切：鞋买了没有，肉酱好不好吃，李老师感觉怎么样，早上几点跑步……外甥总共只回了一句："话多（得）很。"当时很感慨：家族基因的遗传力量好强大。现阶段的外甥，跟小时候的我一模一样：动作像，性格像，说话的方式像，神态也完全一样。不止我这么觉得，全家人都这么觉得：看见他就像看见小版的我。那种感觉好奇妙。尤其他的这句话，唤醒了我潜意识非常重要的一部分：从小就不喜欢跟人讲话。一方面跟妈妈姐姐她们关系特别好，不需要讲话。另一方面，我内心有点犀利。从很小的时候，我就隐约知道大人们在互相讲废话，只是心照不宣谁也不拆穿，继续演下去。

青春期不知道哪里来的精神力量，自己就发奋读书了。源于想混黑社会，称兄道弟跟哥们儿抽烟喝酒打架，期末突然成绩下降，考了20多名，清楚地记得生物21分，历史19分，地理7分。那天我好像知道了什么叫羞愧，无地自容，后来就发奋读书了。每天早起跑步、看书，好几个小时之后才会天亮。高中也没变过，只是把看书改到晚上了，被子里挑灯夜看，文学、历史、哲学……睡觉很少，我好像不是特别喜欢睡觉这项"运动"。大学没改，研究生也没改，一直保留了阅读和跑步的习惯。工作之后到现在，其实也没改，只是把跑步改成瑜伽了。

可能真的要感谢我的家庭，还有我自己。爸爸非常严肃，不苟言笑，其实严厉得有点偏执的外表下，藏着很深很温柔的爱，很深很深。而且他不干涉我，严厉但是不干涉。妈妈、哥哥、姐姐们很爱我，跟我年龄最近的三姐，大我六岁，从小就已经会照顾我。哥哥跟三位姐姐感情不怎么样，但是很奇怪对我特别地好。妈妈完全不用说，天生智慧的爱，没上过学，却有一种本能的爱，本能地就会爱，非常深邃，非常厚重，而且非常智慧。姐姐、二姐也都特别疼我，尤其姐姐，既是知音，又是心理上的"第二妈妈"。是家庭里这种深厚的爱，使得我潜意识深处有一种很深的自信心：我想干啥干啥，永远有爱，总是被爱。还要感谢我自己：一点没辜负，真的是想干啥干啥。

2002年高考，我选了个当时很不靠谱的专业：心理学。知道不靠谱，但是自己喜欢，所以就选了，没啥别的理由。父母其实是希望我选教育的，但是知道我已选，就硬是忍住了没再吭。毕业后我的想法是以读书为生，就不工作了。他们心里有可能是被惊呆了的，很担心：这么不靠谱的工作，媳妇是肯定找不着了。但是也没管——不知道他们是怎么忍住的。似乎爸妈内心都有一种很深的信：学习的事他们没有我懂；我自己的选择肯定比他们高明。殊不知，我的选择根本不是基于高明，也不是多方比对之后成熟的思考，就是喜欢而已。

心理学学着学着就变火了。读书读着读着就自己读出一条路来：心理动力学跟传统儒家的结合，很绝妙的一个出路。为什么绝妙呢？心理动力学是西方人的思维，虽然很深入，但是深到某一个非常深的深度之后，就没法再实现突破了，传统儒家能指明前方的路；传统儒家非常高深，可是不适合现代人。古人适合，因为古人心诚，本身能做到心行如一，情感动力与思考认识同一；现代人做不到这一点，尽管自认为很诚，实际上也做不到，生命能量跟思维是脱节的，或者偏差的，没法实现完全合一，除非了解自己的潜意识。心理动力学刚好能帮人做到这一点。闯出这条路之后，各地请我带课的人应接不暇。我突然反应过来，原来我潜意识里可能还是想满足父母的，既满足自己读书的愿望，同时拐个弯顺道满足了父母的愿望，搞教育。

高考和工作的这两次选择，让我有充分的理由相信：重大的人生选择，父母少管才是对的。

有一天我想，儒家的这个学问这么好，我不能自己躲着吃独食，要想办法拿出来跟人分享啊。这样一想不打紧，要紧的是，那一瞬间我体验到了一种很奇妙的感受。找对这一生要做的那件事，是一种很奇妙的感受。这种感受仿佛埋藏在我内心多年，我自己也不知道内心深处有这么一种感受。只有在无意中找对了的瞬间，它才被唤醒。我的天哪，我找对了，对了对了，就是这种感觉！其实不是针对具体这件事的感受，是一种基本感受，只是这件事能代表这种感受，它是这种感受的一个具体体现。这种感受还可以有别的具体体现，并不仅限于这一件事。找对了的时候，自己一下就知道了，我想要的就是那种感觉。一时间欣喜若狂。知道自己要什么了，那种感觉好开心啊，以后我就知道自己要什么了！回顾自己短暂的半生，有爱的家庭、心理学、读书，没有一段是白白经历的，没有哪段是偶然的。过去会以为是偶然的，这一刻彻底明白了，不是偶然的，都不是偶然的，其他经历也全都不是偶然的，是我自己最深的潜意识主动选择的。是我主动选择经历这一切，都是在为那件事做准备，准确说是为完成那种感受做准备。

有了这个体验，突然发现朱建军先生的意象对话[1]心理学早已讲过这个东西，他用的概念是：基本心愿[2]。说的是：人出生的时候，已经有自己的基本心愿，只是我们大多数人都已经忘记，但通过心理成长可以找回。找回是非常重要的，因为那是自己这一生的意义所在。

于是我爱上了意象对话心理学。

然后就发现，我心中的意象对话，跟别人心中的意象对话，并不是同一个东西。

语言方面我有点处女座（就是会被踢出十二星座的那种事儿多），喜欢琢磨准确性。烦恼？什么是烦？怎么算恼？烦恼究竟指什么？连烦恼指什么都不知道，却说自己烦恼，我觉得很奇怪。接受不了自己这样子含糊，所以也接受不了别人含糊。搞不清楚具体所指，我讲的时候心里不踏实。搞清楚具体所指，其实挺费劲的。"发热导致头痛，有所恨"——这是《说文解字》对烦和恼做出的解释。显然很不准确，烦跟发热头痛相去甚远，有遗憾也不像是恼。那究竟什么是烦？什么是恼？为什么篆文"烦"，是"火 + 头"？"惱"（恼的繁体）为什么是"女 + 囟"（《说文解字》里原为女字旁）？"惱"字是怎么来的？要表达什么？为什么这样造字？烦的心态：很多事堆在心里，像房间里堆了很多杂物，因为杂乱而使得整个人有点蹿火。也许很多事的这种状态像"火 + 头"（头就是用来思考的）的内涵？恼的心态：被激惹，或者撩拨，起了轻微的愤怒。轻微，但是方向却很明确：向上。也许这像"女 + 囟"（天窗）的内涵？还是不确定，很多问题没法确定：篆文"烦"是不是烦最早的起源？"惱"最早出自哪里？确定原字是女旁么？我现在所体验到的心态，是否准确？即使准确，是否能代表原义？也许更像今义？虽然很不确定，但是稍好。比含糊的感觉稍好。这是意象对话，是意象对话里的"语词情绪技术"。

我内心有非常多种不同的情绪，当我有某种情绪的时候，我会希望找到一个准确的词，或者字，来描述。否则心不安定。找了，描述了，但是字词用得不准确，心里也会很别扭。被领导训了一顿，觉得他训得有道理，自己的做法也确实有问题，愿意修正，很受刺激但是不伤自尊，被训得很厉害可是感觉很爽，

---

[1] 见本书附录二第 1 条"意象对话"。

[2] 见本书附录二第 2 条"基本心愿"。

这个时候不能随便拿个词来敷衍描述：羞、辱、痛、伤、烦、闷、忿、怒……都没法通过。暗爽会稍微贴切点。贴切的词汇一旦出现，自己马上就会心安。这是意象对话，是意象对话里的“情绪标定”技术。

感冒是怎么回事？身体内部发生了什么？外寒导致的，还是内寒导致的？什么情况下容易感冒？为什么跟季节有关？内在身体因素，怎么跟外在工作、环境、气候等因素结合上的？哪种体质容易感冒？为什么有些人容易感冒，而另一些人不太容易感冒？为什么寒性的感冒却会导致发烧这种热性的心理感觉？这种热性跟焦虑的热性有没有区别？什么区别？怎么调养？为什么饮食可用于调养？为什么某些中药可以用来治感冒？什么原理？可能表达什么象征？有没有可能预测？如何治未病？这是意象对话，是意象对话里的“躯体意象调节”技术。

听讲座跟老师干了一架，没法忍受空洞无内容的忽悠，干得很爽，可是回到宿舍逼着自己反观：什么样的我受不了老师这样讲？内容空洞让我感觉怎么了？我内心什么感觉？干架前我什么情绪？干架的时候什么情绪？干完架什么情绪？老师可能什么感觉？老师内在什么原因？为什么这样讲？这是意象对话。是意象对话里的找感觉，同时也是子人格技术❶，也是反求诸己❷的体现。

“红豆生南国，春来发几枝”，这句诗的魅力在哪里？它写的是一种什么情感？呈现的是一个什么意象？为什么这个简单的意象这么动人？什么原理？容易打动哪种人群？为什么？写的是个人的情感，某种特殊群体的情感，还是人所共有的某种情感？如果是人所共有的，为什么这个意象可以反映这种情感？它特殊在哪里？这是意象对话，是意象对话里的“诗词分析”技术。

我来到这个世界上，是要干什么的？吃喝？显然不是。那么我来究竟是要干什么的？学中医？显然也不是。那么我来究竟是要干什么的？旅游？显然不是。那么我来究竟是要干什么的？赚钱？显然不是。那么我来究竟是要干什么的？爱家人？显然不是。那么我来究竟是要干什么的？被人爱？显然不是。那么我来究竟是要干什么的？找一样什么东西？似乎有点接近……那么我来究竟是要干什么的？这是意象对话，是意象对话里的“宁静思维”技术。

退行掉入一两岁的心理状态，像荣格 40 岁所经历的，怎么办？如何处理？

---

❶ 见本书附录二第 6 条“子人格技术”。

❷ 见本书附录二第 9 条“反求诸己”。

满眼都是意象，社会功能丧失，类精神分裂的这种状态，怎么成长？这是意象对话，是意象对话里“软泥期”的心理调节技术。

在我的概念里，这些都是意象对话，全都是，而且都是经典意象对话。可是很多人，似乎在他们的概念里，意象对话是闭上眼睛做一个意象，对意象进行调节或者做一些分析、理解。他们把这看成是意象对话，我摊手，表示不解。但是习惯了自我，没兴趣求同，所以我一点没改变自己的理解，也一点没改变自己的学法，我按照自己的方式在学，按照自己的理解去学。

可以说，我的生活满眼都是意象对话，无处不在。除日常一些必要的工作外，我争分夺秒在读书：儒家、道家、佛学、印度教、中医、易经、魏晋南北朝史、诗词、精神分析、人本主义、存在主义、后现代、认知行为……读这些书，其实是为了思考。思考不是头脑思考，是全身心在体悟，用的就是意象对话的思考方式。吃饭、睡觉、瑜伽、打坐、扫地、走路、公交、地铁、骑车……我也都在思考，也就是在意象对话。每天十多个小时，乐此不疲，我学得很带劲。

所思所想，包括各式各样的问题。其中最困扰我的，是这个。

意象对话很深入、完善，内涵非常深，体系很庞大，内容很丰富，很有生命力，显然有它靠谱的地方。可是，它凭什么靠谱？凭什么立足？依据是什么？因为什么东西而可靠？这个博大的系统靠什么东西在背后托着？动力源是什么？什么东西在给它提供生命原动力？跟荣格学说什么关系？显然同源所出，可是又没有任何实质性的传承关系，为什么？

困扰很久，茶不思饭不想。后来，就有了一段体验。

> 找不到主体我，但是知道自己存在。感知不到身心这种客体的我，但能体验到某种动力，一种直接的心理动力。类似于想要什么东西的时候的心理动力，但是并没有在想要什么东西，就只是有那么一股动力。这股动力的生起和完结，自己都是完全知道的。虽然没有主体的我，但是自己完全知道，并且完全清醒。知和动力是完全在一起的，准确地说，完全就是同一个东西，不可分离。更准确地说，不能分别把它们叫作“知”和“动力”，不能用语言这样概念化，概念化就已经分离了。是不可分的，不能使用语言，也不能使用意象，没法言说。但自己却知道是什么样的动力，不需要言说，自己本身就知道。不但知道是什么样的动力，而且知道这种感觉就对了；只要不是这种感觉就不对。

> 差一丝一毫，哪怕只是头发丝那么一丝一毫的差异，自己都会清楚地知道是不对的。心非常踏实、安定，自己知道自己是全然地跟自己的感觉在一起的。自己全然地跟自己在一起，这本身已经安心。很清醒，很透亮，情感基调是快乐的，整个过程都很愉悦。醒来之后，整个世界都变亮了，看哪儿都高清，而且有穿透性。

漫漫人生路，这只是短暂的一段体验。但它的续集却很长。之后的人生，我一直在消化吸收它的内涵，从中汲取营养。至今没有结束。

体验过后，那个困扰我的问题成了“过去时”，我不再困惑，因为自己已经有答案，知道是怎么回事了。真正的立，是自立，不是依附于任何他者。不是依附于理，不是依附于推论，不是依附于证据，是自己本身成立。需要证明，就还没有完成自立。但这个自立，不是自己说立，就立；是潜意识最深处的自立，是心自立，不是意识层面的自立，不是头脑自立。是心本身在自立，不是我自立。这个自立必须是以自身的经验为基础，自己经验到了，以这个经验为基础，才能完成自立。没有亲身经验，谈不上自立。而且这个亲身经验，必须经历有我到无我，然后重新有我的过程；或者说有心到无心，再到有心的过程。没有无我（或者无心）的这一步，不可能完成自立。所完成的自立仍然以错误构建的自我为基础，基础就是错误的。只能在无我之后，重新经历了有我，才是真的完成。

如果一个人学荣格心理学，是荣格亲传弟子，半辈子紧随其左右，所有书籍倒背如流，回答问题有模有样，一字不差地以荣格的方式在思考、解说，但是没有亲身经验我说的这一步，那么他所讲出的内容，实际是错误的，跟荣格所传达的意思完全不一样。相反，如果他自身经验了这一步，知道了学说背后真正传达的意思，那么即使开口讲的内容，跟荣格完全不同，实际也是一回事，完全就是荣格的学说。在荣格这里，这一步指的是：知识失效，人格解体，社会功能丧失，退行至三岁前的心理状态，经验类精神分裂，活在幻觉里。同理，对于更经典的某些学说的理解，必须经历类似的这一步。唯一不同是，自我的瓦解更彻底。没有这一步，所有的理解都只是自己想太多，跟背后要传达的意思没有关系。经验了这一步的话，会发现所有的理解都是通透的，是心心相印的通透，跟书面文字没有直接关系。虽然也有些地方符合，但并没有直接关系。经验过后还能保持清醒，并且依然健康，那么自己心里边会知道自立了，而且真的就是自立了：不会欺骗自己，也欺骗不了自己。自己立了，自己的学说也就立了，不能反过来；只能是人的自立带来学说的自立，不能是学说的自立带来人的自立。人没有自立，学说框架怎么完善都是立不了的，因为没有魂。是人的自立给学说带来了灵魂，是人的自立，在源源不断地给学说提供动力，提供生命力。人的自立，是学说运转的生命源泉。看起来很主观，像是人说了算，像是个人说了算，其实刚好相反，是经验说了算。人做不了主，是经验在做主。

意象对话系统，跟这一步经验对应的概念，是“意”，意象的意。不是意象，只是意，意象已经是概念化的产物。就只是意，意动，心理动力，单纯的心理能量。不经验这一步，会误以为意象对话，是在讲意象，或者意象的对话。实际不是，完全不是，意象对话真正在传的，是意。借用古人的话讲，叫“心心相印”。有了这心心相印，才算真的开始理解意象对话。有了这心心相印，即使不再讲意象对话，即使不再使用意象对话的语言，实际传递的也都是意象对话。所以意象对话真正要做的，不是教一种技术，是让人通过这个技术完成自立。自己立了，自己心中的意象对话学说也就立了。是人的自立，在给学说托底。

这段体验过后，很长一段时间里，我的内心是崩溃的，因为我自己意识到了，人生本质是虚幻的，虚无反而是真相。30 年人生始终紧抓着不放的那些东西，瞬间变得虚幻不实。曾经努力考第一，求成名，回头一看实际也没什么意义；沉迷酒色的 20 岁，智商捉急，只有荷尔蒙在思考，我从中得到了什么呢？失恋的时候痛哭流涕，两年后谁还把它当个事儿？所谓性格、情绪、感觉，这些东西真的存在吗，身体存在吗，我存在吗，我存在过吗？如果 30 年前一转念，真有今天的我吗；经历这些究竟为了什么……

最要命的是孤独感。晚上关灯睡觉的时候最明显：偌大一个北京，实际没有一个可以联络的朋友，房间很大，我很小。不是没有可以联络的人，就因为有的是人，而且都极为亲密，这才更加孤独，因为即使是这么亲近的朋友，也真的没法理解。不懂我的人走不近，懂我的人走近了才知道不懂我。世界上最懂我的人，与我最近，近到密不可分，然后发现我们很远，真的是两个世界，不存在相交。之前以为的理解，细看才确知，的确是误解。

有一段时间突然陷入一种感觉：仿佛我是浩瀚星空缥缈的一滴眼泪，无始无终，没着没落。伤感，悲哀，孤独，无聊。也许不是一世孤独，是累生累世都在重复。出门走路踩不实，回家爬楼脚悬空。过马路有点恍惚，只是偶尔会回过神来，把自己吓一跳。曾经怀疑这样下去会不会抑郁？或者说已经算是有点抑郁了？

后来体会明白了一个东西：孤独可以被自己理解。试图寻求别人的理解，这还是在逃避孤独。完全与自己的孤独在一起，反倒不孤独了，因为孤独被自己理解到了。感觉孤独时，心在做的其中一部分努力，还是试图逃避孤独。只有试图逃避孤独的时候，自己才会感到孤独。完全没有逃避的冲动，踏实地与孤独同在，自然就不孤独了。心误以为：孤独需要被人理解才不孤独。其实这是焦虑导致的心理动作，别人的理解并不能彻底缓解孤独。反倒是自己与孤独同在时，孤独彻底被理解了。当孤独真被理解时，自己在感觉上不是孤独的，这个时候被自我理解和被他人理解，实际是一回事，自我同时也是他者，无所谓内外，无所谓你我他。只是心很难真的明白，孤独可以被自己理解。一旦真明白了，就不再孤独了。

紧接着我明白了一个东西：实际没有我、但没有我反而让我找到了真正的意义。曾经悲伤痛哭，哭过了，完了，这事儿过去了，也就过去了，并没有悲伤这么一种实在的客体。中学有过一次告密，是心灵的污点，始终抹不掉的记忆。忏悔之后，居然过去了，得到了自我的宽恕。之前身体疾病把我折磨得死去活来，后来做了一个决定，要把它彻底调养好，八九年过去了，躯体器质性的病变也被改变了。一度觉得自己性格倔强，不可能柔和，才五年就变了。没有什么是绝对固定的，没有一个稳定的我。真正有的，是不停地想“有我”的这么一种冲动、一种贪欲，动机是反抗无常。它把经验认同为我，把身体认同为我，把性格、情绪、感受认同为我，把眼耳鼻舌身的基本感觉认同为我，把心理能量认同为我，也把觉知本身认同为我，甚至把喜欢的物品认同为我，总之可以把任何东西认同为我，不停地在做这种努力。刚体验到的时候很不安，同时怅然若失，深深地悲哀。不安是因为心没有依托；悲哀是因为过去种种，所有依附，所有的我，居然只是错误一个。后来习惯了，然后很意外地发现：没有我，我并没有真的失去什么。不但没有失去什么，反而得了自由。我很爱妈妈，跟妈妈感情非常深，最终发现没有我，这场爱是“我”造出来的虚假投射，一下怅然……许久之后却发现，没有了所谓“爱”的牵绊，其实我更爱妈妈了，是清醒的我，自由地爱着，深深地爱着。随后不安也得到了缓解。不安，是因为试图寻找依附。试图寻找依附，是因为，误以为依附就能安心。看到这个最初的冲动，认清这个起点的错误，有觉知地看这个冲动，心居然安下来了。安心地看着，内在的焦虑会被消耗掉。时刻怅然，时刻生起新的不安，但我却从未有过地充实，实实在在地经验着怅然，经验着不安，这种经验本身就丰富而充实。我不会去追问这样活着的意义，因为我正全力以赴地活着。正在经验意义的人，不会去追问意义。

于是，隐约发现我找到了一个法门，超越烦恼的法门：孤独生起的地方，隐藏着超越孤独的法门；不安生起的地方，隐藏着安心方法……如获至宝，心生喜悦。为法宝喜悦，同时也为自由喜悦。活在这个世界上，我已经不需要朋友。不需要朋友，并不是说没有感情，或者没有朋友了，只是不需要依赖这种东西了。事实上感情更好了，只是不依赖了。不需要朋友，也不需要外物。

对他人生也出来一种很深的理解：人本质上是孤独的。没有一个人真的可以理解你。“心心相印”的这个层面，没有人可以走近；概念化（语言化、意象化）的层面，不会有真理解。人与人的理解，多是基于错误构建的自我，是我的投射。完全无我，不以自我为中心的理解，很少见，很难得。但自我是可以理解自己的，深到哪层都可以，而且可以完整地理解到。自我对自己的理解其实也很难得。我不再奢求他人的理解，但我并不消极；相反，是非常积极的，因为我能理解自己。

没法言说的那段体验，里边有一种特殊的知，我把它命名为“真知”。它的特点是直接、透彻、明晰、清楚。不是思考的知，不是推理的知，是感知，直接感知到了。不是头脑层面的知，也不单纯是身或者心的知，是全身心的知，知道的时候全身心都是知道的。不存在知与不知的差异，只是知，只有知，始终都是知道的。不存在对与错的判断。知道的是对还是错？不存在这样的判断。知道就是知道，知道是什么样就是什么样。知道是对的，就是对的；知道是错的，就是错的，不需要判断知道的是对还是错。我如果知道了的话，我会知道自己知道；我如果不知道的话，我会知道自己不知道。知道就是知道，不知道就是不知道，它非常准确，不是我自己可以修改的。

我怀疑这种知，就是孟子、王阳明所说的“良知”，也就是孔子所说的，“知之为知之，不知为不知”的知。它不是一个哲学概念，是内心实实在在存在的一种东西，是心本身自带的一种功能。每个人都有，不是只有某个特殊的谁才有。它藏在潜意识非常深的地方，所有人共有。但不是每个人都在用。不是每个人都知道怎么用。通过心理体验上的实证，亲自找到它、感受它、使用它、每个人都能学会，每个人都有这个潜能。

王阳明讲“格物致知”的时候，也许他真正讲的不是“格物致知”，是“致知格物”。格物致知的话，是分别研究物的规律，然后从中找到普遍规律，总结成为知识，最终获得知。我认为不像。更像是致知格物，用心看，不管看什么，只要物不当其位（哪怕只是一丝一毫的不当其位），心中有一个地方会感觉有点儿别扭（或者说不是那么通畅、舒服）；然后调整，归位，用心看，一旦物当其位，心一下就会彻底舒服了，很舒畅，很通透。心有这种功能，这就是我所说的“真知”。比如解梦，给出一个似是而非的解释，心里会隐隐感觉到哪儿不对。虽然一时半会儿说不清，但会隐约感觉差强人意，总觉得差那么一点点。抓住这一丝的不舒服，仔细、认真地思考，就会发现的确不对。直到找出那个唯一的解，然后心会感觉，一下都舒服了，整个都很通透。比如看画，里边有个细微的问题，那么心会隐约感觉有点点别扭。比如听音乐，中间夹了一个错误的音符，你的心会咯噔一下——尽管你并不懂音符。

这种知有一个特点：知同时就是心理能量本身。并不是在心理能量外单独有那么一个知，它们是同一个东西，不能分离，不能分割。香蕉好不好吃？吃就知道。不吃不会知道，不吃就知道是假的知道，肯定不是这种知；但也不是先吃，然后判断好不好吃，判断不是这种知。这种知就是吃本身，吃在嘴里，自己就知道好吃，或者不好吃。没有判断，就是经验本身。王阳明讲的很清楚，“知行合一”，这个说法极为贴切。“先知后行”，“先行后知”，说的都不是这种知。如果是这种知的话，知跟行必然是在一起的，知就是行，行本身就是知。

这个知对我特别重要，经验过这种知，我的心自然获得了一种功能：明辨是非。对就是对，错就是错，没法含糊。我能骗自己，但是我骗不了自己的心。我二大爷的画画得不好，我没法说好。而且只要看一眼，就会清楚地知道哪里不好。即使二大爷咳嗽示意，也没用，不好就是不好。即使他继续咳嗽，也没法歪曲我心的眼睛。课堂上有些督导，大家都觉得好，没什么问题；我会知道某个地方实际不对，蒙不住眼睛。这个“知”更多还是指向自我。成长路上，难免跑偏，这里不偏那里偏，要么偏左要么偏右，总之就是没法不偏。是这个知，一次又一次把我拉回，避免偏离轨道、冲向悬崖。成长越往后，越发现这个“知”实在太重要了。

另一个重要的地方，是它越来越多地把我的知行统一在一起，行越来越多地实现了与知的合一。这个合一的实现意义重大，不夸张地说，之后所有的成长，都是在围绕这一点展开，任何点滴的成长，都跟它脱不了关系。

抑郁这种情绪，不太会出现在我身上。不是因为我回避它，是它跟我没缘分。有的人显得不抑郁，因为他把所有时间都安排满，不留空闲，所以没工夫抑郁。万一有一天，不小心闲下来，或者被迫闲下来，无事可做，就很容易走向抑郁。

我不管忙还是闲，都不太会抑郁。这就是得益于知与行的合一，并非我有什么特殊的本领。抑郁源于无行动力，没有能力去行动，就容易抑郁。行动过度，消耗严重，也容易抑郁。深度思考人生意义，也会很抑郁。其实根本原因都是知跟行没有在一起。动不起来，或者动得过度，都是因为没有真知。深度思考导致抑郁，是因为这种思考脱离了生命能量，并没有真的与心在一起。与心在一起，完全贴着心在思考，这个时候思考是吃住劲了的，思考跟心理能量的运行完全在一起，不会抑郁。因为知本身就是行，该行就行；停本身也是行，因为它是有觉知、清醒地选择的停。清醒地在行在停，抑郁没有源头。很清醒地在活，很干脆、果断地在行（或者停），全力以赴在满足兴趣爱好，做着自己喜欢的事情，真的会感觉到整个人都是在活着的，每个部分都真正地在活，这种感觉真是太棒了。总是忍不住感叹：王阳明讲得太好了，知行合一讲得太好了，真是太好了。这是何等重要的学问，何等重要的必修课程，我视为人生头等大事。

我经常没有时间概念，没有空间概念，但并不影响我活着。我知道自己活着，并且知道活得很好。匆匆赶路的时候，会自己觉知到焦虑。焦虑被消耗之后，常常无意中掉入没有时间的状态，很享受，做什么都享受。走路很享受，吃饭很享受，看东西很享受，写作很享受，发呆很享受，上课也很享受。课堂上，学员讲了内心深处的一个故事，像是两千年前的事情。他一边讲一边哭，哭声凄厉悠长，像是流淌千年的泪水，源源不断从内心往外涌。我听得入迷，忘了在上课，仿佛两千年里的痛苦我都亲身经历了。不但理解，而且亲临其境地感受到了。不知不觉两小时已经过去，下课了。虽然忘了在上课，但是心里清楚我是有意这么做。这两小时，我有在过，也没在过。下课后，这个学员变了，整个人都好起来。我也很好。走路的时候，想起死去的某个人，他的遗愿在我内心翻腾，嘴巴里某种感官被激活，想的都是他生前最喜欢吃的东西。我做了一些事，当晚梦见他，梦里他很好，对我很感激。有时候光阴似箭，有时候短短两天，却像是过了 30 年。因为太投入，一下真的把预算 30 年的功课给完成了。某种强烈的情感突然涌现，我全身心面对，没日没夜。清醒过来恍如隔世，三生三世，分不清谁是谁的谁。看清反抗无常的心理冲动，反观到无处不在，无时无刻不在生起的我，自己像是历尽劫难之后得了重生，兴奋得脑袋都要炸了。一分钟也没法入睡。我以为刚躺下，睁眼已经天亮，看表是第三天了。这些时刻，我的知跟行是在一起的，我自己知道。准确说不是时刻，现在的我，每天就是这样活着的。一会儿天堂，一会儿地狱，表面平静，内心波澜。活得很有趣，百般滋味。我眼里所看到的任何一个他人，也都很复杂，并不简单地只是一个人。各个层面的心理状态都有，很好的有，很差的有，非常糟的也有。我们之间实际没有任何交集，虽然都活在地球上——任何他人都是完全不同的一个世界，我们并不在同一个世界。只有无我的瞬间会相遇——可是这种时刻，已经不能叫相遇了。

一次，几个朋友一起，路过街边，看到一家三口，妈妈正在哄小的，训大的。瞬间激起了不同反应：有人感到不公，有人嫉妒小的，有人同情大的，有人理解妈妈的艰辛。不管哪种反应，每个人被激起一大堆情感，显然多少想起了自身的一些经历，但很多情感跟这个场景明显没有关系。我自己并没有被激起这样的情感，当时只是清楚地看到了自己内心的平静，同时用心看到了眼前这一幕，也在内心感受到了每个人被激起的情感，觉得很有趣，也诸多感慨。

荣格找了小三，试图说服老婆，三个人一起过。谈话的时候提到，嫉妒这种情绪，是源于自我的不满足。刚看到这个故事觉得荣格好无耻，居然给自己外遇找这种理由，也实在太搞笑了。然而心理成长是一种更搞笑的东西，居然真的可以完成不满足，做到自我的圆满——不是自欺，是真的变满足。有一天我发现荣格说的是对的，真的是这样的，嫉妒从根源上源于自我有不满足。如果荣格自己真的是做到了的，他这样诚恳面对其实挺勇敢的。在自我是满足的情况下，人真的会没有嫉妒，真的愿意合作，真的懂共赢。而且是发自内心地愿意跟不喜欢的人合作。我自己是在愿意合作的那天，才真正看清：过去嫉妒对自己的蒙蔽有多严重。一直觉得自己只是很傲慢，而且我的傲慢是有理由的，对方真的是很差劲。并没有看到背后的嫉妒和竞争。那天看到的时候才想：先入之见看人差劲，嫉妒影响合作而不自知，过去知和行真的是完全没有在一起的，差得简直远了去了。

我患上一种病：间歇性快乐综合征。发作的时候，没有药，好几种快乐同时喷涌，小心脏被搞得扑通扑通乱跳，手忙脚乱不知道怎么按捺这如火的热情。自我实现的快乐、清醒的快乐、智慧带来的快乐、分享带来的快乐……一天工作十七八个小时，满脑子想法，工作到忘我，全是自己喜欢的事；一点儿也不累，不会消耗自我，只是在享受。灵感偶尔插科打诨冒个头，我便像抓萤火虫一样跟着它直跑，每抓住一个都兴奋得忘了讲课。我只为兴趣活，钱却不会少；像睡觉睡到自然醒，精力充沛、思路清晰，完全睡醒了，整个世界都是清亮的；连云彩都会发声，不停地弹《欢乐颂》。这时候看问题特别有穿透力，直接看到真相，不会被表象迷惑。连痛苦都是有意在承受、消耗，并不感觉痛苦难忍。仿佛生活中再没有什么烦恼，能让自己感到困惑；还有很强的富足感，知识、思想、智慧、才华、阳光、空气、水、土豆、玉米，等等，应有尽有。越努力给别人，自己拥有的越多，怎么给也给不完。就像你咬到一个柿子，香甜可口，味道好极了。这是自己吃过最好吃的柿子，就想把剩下的一半送人。抬头发现眼前是柿子林，看不到边，放眼望去全都是，硕果累累。便忍不住跑出去对着路人直吆喝："来人啊，来人，快来人，快来吃啊，快来吃，快来吃啊，不要钱，真的不要钱……"现在"发病"间隔时间在缩短，暂时还没有找到治疗方法，但我心里并不慌，因为我清楚正在发生什么，知道它是阶段性的心理特征，是心理成长到这步的一种结果。也不会刻意去回避它，我不太担心别人的误会、曲解。心里之所以有底，是因为对这个行，有知。

某次督导课，老师讲了一种潜意识心理：人在学一样东西的时候，潜意识会期待学好了再上手。其实刚学一点的时候最好上手，因为不太需要顾及面子。新手嘛，犯错也无妨。学得越好，其实越难上手，因为需要顾及面子，心理上更加难以接受犯错。但上手不可能不出错，而且发现自己出错的可能性更强，所以上手越发地困难。学了就上手，在行动中继续学习；中国人不太擅长，但这反而是更好的一种学习方式。

我对此非常有感，双手赞同。

很多人追求完美，其实是缺乏行动的勇气，缺勇敢这种心理品质。完美是一种不合理的预期，世界上没有完美。缺乏真知，知跟行脱离，行跟不上，勇气缺乏，才导致拖延，追求完美，转而关注细节，过于谨小慎微，把精力都用于做准备。准备式的学习，学本身没有完成知行的统一。行动中学，学是直接就需要用上的，出于需要而学，有针对地在学，这时候知跟行才统一。出错就改错，或者再学，学了再用，这个时候知跟行也是统一的。精力用于细节，表面要求很高，追求完美，实际避开主干，目标偏移，没有在正视核心问题。这也是知与行的脱离。

我是那种学了就上手的人，上手错了继续学，这种学习方式给我带来的好处太多，多到无穷，实在太受益，所以很赞同。另外，是出于一种特殊的成长经验，跟担当有关的经验。

敢于行动，直接担当，因为担当而具备需要的能力，我想，这才是真正作为人的成长。担多大事，才具备了多大能力。不是有多大能力，担多大事。多大能力，只担多大事，这种心态实际是没有成长的。完全符合预设，完全按照既定，程式化地完成事情，这等于只在自己内心行动，没有真正接受外部现实的考验、磨炼，心态没有开放过，从头到尾是关闭的。没有开放，就没有成长。

我这么快乐，我不能独享；良知这么美好，我得让更多人亲证，亲身感受到；儒家文化精神这么有力量，我得去弘扬、传播。这就是我的想法。敢说自己懂良知么？不敢；敢说自己懂儒家精神么？不敢；凭什么是我？天生比谁懂得多么？也不是。但我比很多人多一样东西：敢做。虽然不太懂，但是我敢承认不懂。并且敢于继续学，边用边学。虽然天生不懂，基础也不好，但我还是敢去做，因为我敢于认定：现在开始不晚，从头学来得及。

八年前，有人请我带团体，做自我成长。封闭的小组，同一拨人，不对外招生，每两个月一次课，一次两天，初步预定带十年。开始我有点腿软，那时候我才 25 岁，带同一拨成年人十年？十年，我的天！那是什么样的心理深度啊，我能行么？大家都很清楚，心理成长这种东西，老师很关键，老师自身成长停滞，督导的时候拿不出更有说服力的论证，小组自动就解散了，没人阻止得了。我内心挺害怕，但还是接下了。因为我相信，十年里学员在成长，我也在成长啊，我不需要靠吃老本啊。现在八年过去了，我们的成长也就这样挺过来了。中间经常碰到我解决不了的问题，然后一两年之后我们就学会怎么解决了。

近几年我重新订了目标，不能始终只让少数这样几个学员成长，要在其他一些省市也让学员有机会得到这样的成长。20 年后要让其中某些学员自己可以去带别人成长。50 年后要让真知学问大行其道。开始时连最亲近的朋友都表示不解，“心理成长不都要心平气和么？你怎么长出来扩张性？”我问他，“心理成长要心平气和，谁说的？真有人能说出这么缺乏专业水准的话？”好的文化精神不弘扬，难道要眼睁睁看那些乱七八糟的鬼东西行骗？良心不允许我这样做。自身不求发展，有什么理由怨别人把心理学做烂？真知不允许我逃避自身的责任。

确定了目标，我就有直接入手去做。开始做的不多，并不成型，但是一点一滴在开始。一次课堂上，某位学员聊到她的内心，有点屈原的特质。提到这个内容的时候，她明显有种退缩，似乎不太敢承认似的。紧接着另一位学员，谈到自己钟爱石评梅，也有类似的倾向。还有一位学员提到辛弃疾，也是类似反应。这件事对我触动特别大，我难以理解，他们怎么这样呢？何至于如此？总觉得有哪儿不对，人不应该是这个样子的，可是似乎这样反应也挺合理，说不上哪儿不对。过不去那股劲，所以我自己一直在看。看啊看，看啊看的，有一天便看明白了很多东西。

我有很多种性格特点，一个侧面像牛，一个侧面像乖孩子，一个侧面是混蛋，一个侧面像鹤，一个侧面像松树，一个侧面是老人。我对这些侧面的认同度不完全一样，认同度越高的，越容易接受，被认为是我。牛就比松树更像我。但其实潜意识也有一种认同度，可能比意识的认同度更高，所以我意识虽然不是特别认同，但我本质上更像，比如混蛋。其实潜意识不仅认同这些侧面，还认同这个整体，把这些侧面构成的整体认为是一个我。不过这属于比较隐形的认同，不是特别容易意识到，所以我不是很了解这个整体的我。

我是牛，同时等于潜在认同了：我不能不是牛；我是这个整体，同时等于潜在认同了：我不能不是这个整体。当我很有觉知地去面对这个牛，会发现：牛的心理能量会被彻底消耗掉，没有牛。同样的，没有整体我。我就是这样的作茧自缚，画个圈把自己圈起来，然后告诉自己圈是绝对闭环的。这个圈圈安全，但是也自闭。

这个整体的我被耗掉，我的心反而是跟更大的一些能量连着的。有些能量概念化之后是原型，有些能量概念化之后像某个名人。我其实是可以选择认同这个名人的。仿佛这些个名人，人虽然死了，潜意识世界，他们的精神却还活着，可以选择认同。认同谁，就会像谁，带有他的性格品质，像他一样有能量。但因为习惯了作茧自缚，我不太敢相信这种潜力。而且，我并不是随便想认同谁就认同谁。我的天赋潜能，在这里会发挥作用，表现为倾向性。比如我可能认同虚云，却没法认同来果，尽管我也很敬佩来果。大概是某些跑偏的人，这一步没有体会清楚，以为可以随便认同，把成长搞得很玄，所以很多人都怕了。本能地不喜欢这种现象，或者有点刻意回避。其实是可以走向健康的。

我其实还认同别的一些东西，眼耳鼻舌身意，看到的、听到的、想到的，把这些内容认同为是我。把身体认同为是我。把经验认同为是我。把记忆认同为是我。正在哭，把哭这件事认同为是我。想要一个东西，把想的主体认同为是我。也把觉察认同为是我，仿佛有一个我，觉察到自己在哭，觉察到自己像牛，觉察到整体，把这个觉察本身也认同为是我。其实没有我。有的是一种贪欲，试图反抗无常，于是把这些东西认同为是我，然后自欺说有这么一个我。只不过这种贪欲太强，魔爪无处不在，无孔不入，所以很容易实现了自欺。哭并不能说明是我在哭；觉察不一定需要我这个主体才能觉察。

把经验认同为是我，反过来又用经验来证明有我。经验遭受挫折，自尊会受伤，仿佛是我受了伤。事情没做好，自尊会受伤，仿佛是我没做好。类似的经验容易叠加，我认同了失败，失败会不断叠加，我成为一个容易失败的人。经验反复证明是失败的，潜意识不得不信。我会真的相信自己是一个失败的人。带着失败的经验做事，又真的不容易成功。我成功地用失败的经验证明了我的存在，内心一堆伤口。

我其实还有一种非常特殊的认同方式，反向认同，非常隐秘。看到树，我认为那是树，不是我，跟我没关系；看到石头，我认为那是石头，不是我，跟我没关系。其实这是一种隐性的自我认同：是因为有我，才有树；是因为有我，才有石头。不是我，这个“不是我”，其实就是暗含了我。我用“不是我”的方式，在我和树之间设下边界，同时认定了“树”这么一种东西。如果没有这个隐性的我，其实树，无所谓树不树的；石头无所谓石不石头的。

这个认识使得我悲哀了很久，外加深深的失落。好处是自尊需求减弱了。失败的时候我能分清我的失败感，和作为事情的失败。失败感做失败感面对，事情作事情处理，失败了总结改进就好。我不会含糊地连带受伤，没有自尊上的挫败。我其实活得更有尊严了，虽然不再守护那点可怜的自尊心。

更重要的，是这个隐秘的我，教会了我无为，虽然只是一点点。这个我没有被看到的时候，做事情其实都是它在做主。因为看到，有一些时刻我能做到给自我归位。我不再去作为，只是忍住了自我的作为。我做最多的事情，就是忍住作为的冲动，看内在心理动作，面对不作为的焦虑。恰恰是因为我的不作为，有些事情以意想不到的方式成了，完全超出预想，很新奇的方式，但就是成了。我猜测这大概就是道的力量。我不再作为，能收住手时，道反而发生了作用。我改变不了事，我没有这种能耐；道可以，唯有道，可以显大能。事其实是隐性的我造出来的，有我才有事。没有我，本来无事。可能古人讲“反求诸己”，是有这个妙用的，“行有不得，反求诸己”，反求足够深的话，事情可以不成而成。

因为有过一次经验，以后就会反复出现，时不时看到。看的越多，越真正理解到：我是何等的自我中心。看见他者，或者以事情为中心，这样的时刻是极其罕见的，平时我都活在完全自我的世界里，完全是以自我为中心的。以事情为中心，这种活法很有趣。心直接顶着事，面对面，不必经过我这个第三方。事情做的好，是做法好，不是我好，不助长自恋；事情做的坏，是做法坏，不是我坏，不伤自尊。但并不是把我封闭保护起来，我的焦虑只是被看到，被消耗。

做的不好，调整改进；再不好，就再调整改进；还不好，继续反求诸己，继续调整改进。没有了自我的参与，心做事是挺有力量的。

我的内心深处始终有一种深深的悲哀和失落。万事到头来一场空，是这个经验导致的。和期待已久的女神上床，刚做完的那两分钟时间里就是这种心情。跟这个人无关，完全只是自己内心的一种失落，灵魂深处的失落。同时却有一种深深的淡定和喜悦，因为心自己明白了，人生本质上就是这样的，自己已经承认并且接纳这真相。不是道理上懂，是心自己已经明白。因为心是明白的，自己不再做无谓的挣扎，不再执迷地任由无意识摆布，无形中承受这失落的痛苦。自己在有意承受，主动选择。有时候，发现自己是可以坦然并且愉快面对这真相的。有意识地追逐，有意识地放弃；有意识地快乐，有意识地痛苦。我的喜怒，是自主的，不是外物能决定，不是得失进退能左右，大喜与大悲并存。

隐秘的我被看到，心量变大了一点；经验我被看到，耐挫力大了一点；惯性我被看到，潜能张力大了一点。从浅到深，不管哪个层面的我，潜力都比我预想的大一些。自恋妄想，过度夸大，显然是不对的，也不健康；过度回避，不敢承认天赋潜能，对我来说同样不健康，换一种形式的自恋而已。承认潜能，但是不去担当，不去开发，将其闲置，这还是不健康，因为自我没法绽放，生命力是被抑制的，也逃避了责任。

50年小目标，文化传播的使命，我也不太有把握。但我会去做，并且会一直做。能不能成都做。知道做不到我也还是会坚持做。开始我也不信，做着做着，就更信了。生而为人，我担得起。

知行合一，文化传承，这也是意象对话。

做意象，分析，这是方法，不是目标。目标是理解内心，看清我是谁；咨询、成长、培训，这些是术，不是道，道是传承内在的一种文化精神。

深入内心世界，认清我是谁，我认为有两条路是可以走通的：一条是情感之路；一条是理性之路。情结入手，体验情结的情感能量，可以化解；然后会涉及欲望、本能这种基本的心理能量，继续体验，可以化解；然后会涉及“我”这个很根本的心理能量，继续体验，可以化解。得到初步化解，然后会慢慢开始认清我是谁。理性是另一条路：情结入手，非常清楚地分析不合理的情感表现，不体验，只是非常清楚地分析，也能化解；然后会涉及欲望、本能这种基本的心理能量，再分析，再化解；然后会涉及“我”这个很根本的心理能量，再分析，再化解。得到初步化解，然后会慢慢开始认清我是谁。两条路都只是明面上的表现，实际暗含走了另一条路。体验要准确，不可能不合理；能有定力清楚地分析而没有任何跑偏，一定顶住了情感能量的冲击。能量体验透了，化解了，人会活得真正的理性；分析足够清晰，能顶住冲击，最后会获得领悟，领悟的时候能量就是已经消耗掉的。两条路都通,但都没法跨过情结这一步（有些方法跨过了，也自认为走通了，我认为没有通透）。意象对话是典型的第一条路。并非只有意象对话才是，但它是很典型的，而且确实可以走通的一条。回归疗法是典型的第二条路，但因为与本文无关，留做后话。

走的是同一条路，不可能（也没必要）每个分岔口走法都完全相同。我走的是意象对话的路，但是一路发现好多适合我的工具，有助我到达目的地，那么我不需要在乎它是不是意象对话专属,拿来用就好。我就是这样走的。甲骨文、中医、躯体、瑜伽、儒释道、王羲之、诗词、历史、存在主义、现象学……统统都是工具。经验证明，它们很好用，但我本质上不是在学这些东西，是在成长，是在走一条路，属于自己的一条路。

在目的地发现有人走过这条路，我不会感到气馁，相反，我感到很开心，就像在景区碰上了志同道合的游客。我不会因为不是一路人，就拒绝我们之间的友谊。不但有人走过，而且他们在目的地看到的风景，跟我看到的完全一样，那么我更加开心，因为我们心心相印。不需要认识，不需要说话，不需要接触，却完全心心相惜，这种感觉棒极了。看过这风景，我们萌生了同样的念头：修一条路，引一些人来看这优美的风景，那我不但开心，而且简直说得上是兴奋（得要跳起来了），因为我们一拍即合，彻底地合。他修的路，跟我修的路，取不同的名，叫法不同而已，这有什么关系呢，完全无妨。

知行合一、致良知，叫法上的不同而已；文化传播，是那个修路的使命；背后要传的精神，是那一样的风景。没有不同。所以在我的概念里，这是意象对话，而且是意象对话的根本。

不止知行合一，不止王阳明，叫法不同，但背后精神跟意象对话完全一致的，有很多：早期道家、早期佛家、禅宗、孔子、孟子，等等。完全一致，完全兼容，没有分歧，没有出入。在我的理解里，以上这些每一条路，也都是典型代表，代表两条中的一条，显然都是能走通的路，是非常好的路。但如果我入门选的是这些路，我不能保证自己还能顺利走到景区，方法好跟我能走的好，没有直接关系。所以这一点上，我很感谢意象对话。

出生在宽松有爱的家庭，发奋读书，追逐自己的兴趣爱好，找到基本心愿，做自己喜欢的事，在意象对话群体里走自己独特的路，难以言说的自我体验，孤独、自立、真知、隐性我、知行合一、担当，文化使命，这些经历放在一起，有时怀疑不是偶然，像偶然中的必然，像是某个我，主动选择的这一切。所有偶然的发生，都像有暗中主线，一脉相承，水到渠成，自然发生。

基本心愿，和难以言说的体验，是同一类，都是没法概念化的体验。不能用语言，也没法使用意象，但是心知道答案。前者是基础，后者更深入，本质上是同一类型。从头到尾所有经历，都很孤独，也都很自立。读书的路很特立独行，意象对话的理解跟很多人都不一样，文化传承、担当，都很独特。独特导致孤独，独特造就自立。不是这样孤独的探索，也就不会有这样纯粹的自立。小时候家庭环境很有爱，其实自己内心挺孤独。爱和孤独同时存在，谁也不影响谁。就像我不说话，并不是不喜欢别人，只是没有人真的能理解到这犀利的内心，除了自己。可是没有家人的爱和宽容，可能不会有那么深的信心敢做自己。职业选择上，没有父母的不干涉，恐怕也没有机会如此忠实于自己的内心。

30 年人生，有些东西在变，有些东西没变。故事在变，主题没变。表象在变，实质没变。甚至有一些东西，本性中的某一些东西，从头到尾没动过，开始什么样，结尾还是什么样。忍不住让人怀疑，有没有过改变。

2010 年我在幻觉体验中碰到了自己的曼荼罗❶，是一个四方形图案，四边的图案元素分别是：牛、兰花、炼狱、《泉》（名画）。我非常震撼，也特别感动。同时生起一种感觉，有点滑稽，搞得我忍不住想笑。这个图案我太熟悉了，小时候放牛，我没事就摆这个造型：兰草对面放一块石头代表牛，然后左右两边弄两个泥人，分别代表我的爹和娘。不知道为什么，我特别喜欢，摆完了自己盯着看，虽然不知道自己在看什么，但是看得非常入迷，随便就能看一小时，一动不动。现在看来这两个图案，根本就是同一个：我爹性格暴躁、易怒，讲毛泽东思想，声音跟打雷似的。成天用不完的劲，不是在开荒就是在修路，像炼狱。我娘很有爱、很滋养，像泉水。对小雪兰的爱是天生的，没有理由，一直是最爱，从未被超越。那头牛，就说来话长了。它出生的时候，我出生也还没有太久。这个世界上，要说感情，跟我最深的一定就是它了，虽然它跟我在一起的时候从来不讲话——倒也算投其所好了。曾经长达五六年时间，我几乎每天放牛，其实就是带它到森林里吃草。一个人刚进森林的时候是很恐惧的，但是有

---

❶ 见本书附录二第 15 条“曼荼罗”。

它在我就很安心。在森林里陪它一天，然后晚上带回家。它经常趁我不注意蹦到玉米地里，将一个玉米棒子含嘴里，跳出来若无其事往前走，低头边走边嚼。它可能以为我不知道，我只是懒得拆穿它。满地的口水，还有玉米粒，我还能不知道发生了啥？每次只要我远远地出现，它就兴奋地又蹦又跳。然后走近了，它就抬头，搭我肩膀上，露出脖子，让我给它搔痒……感情的话说起来没完，总之有一天，我突然发现自己跟它挺像的。那年我六岁，这个害羞的发现始终不敢告诉别人。

2014 年到 2016 的三年里，我扎了个辫子，目的是耍酷。后来我发现我喜欢那种不男不女的感觉。喜欢偶像也是喜欢不男不女的那种。审美也是。准确说，不是不男不女，是骨子里很男，表现很女的那种。就像书法，最爱王羲之，表面看着很柔媚，内在非常有风骨。然后发现我自己有点不男不女的。这种感觉不是现在才有的。小学六年级，几个建筑工人在我家住了半年，天天一起吃饭一起玩耍，有一天放学回家晚，他们都问我二姐：“你妹妹今天怎么这么晚还没回？”也不是六年级才有的，据说怀上的时候，我家三个姐姐都希望是女孩，爸妈希望是男孩，我出来之后，就两边都满意了。

妈妈没上过学，但是她身上有种本能的爱，不是学来的，似乎天然地就会。至今没能在哪本心理学的书上，找到比我妈更懂爱的例子。她只要把我喂饱了，扔一边管都不管，随随便便就把我弄得很开心。现在看到我姐怎么照顾她家娃，就能猜想小时候我妈怎么照顾我。她没有教过我读书写字，但是她培养了我读书的兴趣，非常浓厚的兴趣，浓厚到周身血液都在围绕这个主题转。她不给我弄美食，但是教会了我品味天下最美的美食：土豆、苹果、玉米、白菜，等等。直到现在，我一吃到这些东西就觉得特别好吃，再优秀的厨师也调制不出的美味。她不懂节食、营养搭配这种道理，但她默默地让我学会了：好吃的东西少吃，饿的时候不吃饱；五谷杂粮有些不喜欢吃的也吃一点……初中有一次看家里散放着几盒香烟，神不知鬼不觉，我偷偷揣走一盒，一直没人发现，我很得意。两年后有一次全家人坐一起聊天，几个姐姐也都在场，无意中有人提到烟，妈妈说：“你拿走一盒烟我是知道的，不过因为是小事，不值得提，就没提。而且主要是觉得，你肯定不会抽，你拿去是给小伙伴抽，所以无所谓，需要的话可以再拿几盒。不过要是你抽了的话呢，就给我小心了。其实也没事，过去抽过没事，只要不抽了就好。”我瞬间浑身冒汗，倒也不是多难受，就是知道了什么叫羞惭，以后再也不干这种事了。回到重点，有一天我发现，妈妈身上的这种爱，我自己身上有，天生的，一直就有。只是年龄没到的时候没开花，年龄到了它自己就开花长成了。我很惊讶：这辈子遇到我妈，看见她身上的这种爱，究竟是我的爱还是她的爱？

我初中偶像是班主任李老师，武功高强；高中崇拜语文老师王老师，满腹诗文；大学以虚云为偶像，再没变过。他们内在有种共同的东西，是我内心追求的——通透；文的通透，或者武的通透。偶像在变，追求实际没变过。我不了解虚云，第一次见到照片，是他118岁的那张，我觉得实在太亲切太熟悉了，一定要亲近这位老爷爷，就凭这熟悉的照片也一定要亲近。后来才知道他已经去世了。之所以那么亲切，是因为我的内心住着一位120岁的老人。小的时候放牛，森林里过于静谧，待一整天，一个人，有点难熬，靠的就是跟这位老爷爷对话。得以见到虚云照片，自己莫名地感激涕零。30岁以后越活越分不清，我是在追求成为外在的偶像虚云，还是内在的老人？是从小到大在追求虚云的这种人格品质，还是现在倒退看到了原先的性格潜质？那位老人，是什么时候闯入我内心的？

原地踏步的感觉，一方面让我气馁，另一方面让我欣慰。我气馁没有长进；欣慰还是自己。仿佛有一部分自己是静止的，30年前是静止的，30年后还是静止的。甚至可能在我妈妈那里就是静止的，到我外甥身上还是静止的。没有血缘关系的某位人，或者某种物，也可能一直静止在我内心。我孤独，从小就孤独；我自立，一直很自立。从来不需要别人，始终不给别人增添麻烦。似乎从出生开始就注定了是这样。

人最宝贵的是生命，生命对每个人只有一次，回首前半段里的这一小半段，我这样总结：没有辜负青春，非常自我；而且真的很好带。

向着幽暗之处

甄静慧

缘起，希望

多少年来，我和这个男人，都惯于以互相攻击和伤害的方式去爱着彼此。多少年来，仿佛记忆永远只能定格在青春期以后，那段充满着咒骂、怨怼、哭泣和情感生生被撕裂的日子。

“我恨他啊！”抚摸着被打痛了的脸，我曾对自己说。我默默地流着泪，让心远行。

马不停蹄地出差，采访；不眠不休地吃泡面、写稿。人群中不知有多少个幽灵，跟我一样，用身体在都市里打拼，心在荒原中流浪。变了形的互动模式是这样的：带着伤痕远离，又以不得不为的借口靠近，再度受伤远离。彼此都紧守心防，永不开口说爱。曾以为今生便是这样了。哪怕看到他的头发一年年变得花白，刺痛了双眸，却又要在瞬间掩去眼内流露的脆弱，作一脸无动于衷，只留到午夜梦回辗转垂泪。

哪曾想会有一天，当心灵一点一点修通，当爱的暗流渐渐涌动，某日凌晨两点，手中拿着亚隆的书，静静掩卷闭目，本来只想让大脑有片刻静憩，却突然觉得内心一片辽远空旷，空旷得可以任风自由流动。一个声音由内而外地呼喊，“没有恨，我已经没有一丝的恨了！”

仿佛身心都变得轻盈，可以在暗夜中飞舞。

近乎神迹！

真的就这样发生了吗？既在不经意间，又有突如其来的清明。我打电话，只是说，“爸爸”，眼泪几乎就掉下来了，多少年没有这样叫过一声“爸爸”。我其实还是害怕的，害怕突然卸去了防卫的自己，那么柔软不设防，再没有能力防御那些曾经如利剑般的伤害。

但是多年后蓦然回首，那里并没有刀光剑影，只有父亲在厨房做菜的殷殷身影。20 年了，第一次，吃父亲做的菜；20 年了，第一次，借着手机短信，说出那三个字，“爸爸，我爱你”。我静静地看着父亲回复的信息，原来我们除了相互指责和伤害，也可以交流，可以对话。

往昔开始像突破堤防的流水渗进记忆。我曾是那么美丽可爱的小小人儿，画着缤纷的水彩画，唱着欢快的童谣，蹦蹦跳跳。那些曾经被父亲宠爱的记忆，原来我一直拥有，只需要打开心锁，就可以从封存的匣子里取出一点，再取出一点，成为滋养心灵花朵的土壤。

我是，多么深爱这个给予我生命的男人。

以上，是很多年前写下的一篇随笔。那时我才刚下定决心走心理成长的道路一年多，而生命中一个重大的主题——与父亲的关系——已然被掀开，且开始发生翻天覆地的变化。

但老实说，最初，我并不完全清楚自己为什么要学心理学。我的工作和生活表面上都很 OK，唯独可见的问题就是性恐惧，以及和父亲极其恶劣的关系，这些并不会对生活造成难以为继的影响。然而，在内心深处却莫名地觉得不能这样下去——几十年如一日地工作、结婚生子然后退休；想到这些，我就觉得自己行将死亡，如同行尸走肉。

那时我感到：我急需搞懂自己是怎么回事，否则这辈子算白活了；同时，我想拥有一种可以真真正正帮助别人的技能，不用它去挣钱，而是义务的，去帮助那些像曾经的自己那样，处于心理困境中无助的人，以排解生命当中弥漫的那种无意义感。

正巧当时无意中听说有心理咨询师培训考试，我特别兴奋，觉得跟自己的需要挺切合的啊，没来得及太了解怎么回事，我就报名了。考证不难，上了半年课就考过了，但我的内心却是极其失望的。不仅因为书本上的知识并未能真正教会我怎么做咨询，更重要的是，关于心理疾病、心理健康的种种标准，令我感到非常困惑，难以认同。其间，我去看了一些经典精神分析的书籍，又觉得颇为艰涩，对动力学的因果论很难理解，同时又对泛性、女性的阴茎嫉妒及阉割焦虑等理论出离愤怒。

“如果心理学不是为了理解人性，而是要让人都变得更‘健康’，更适应社会，那并不是我想要的。”我告诉自己。

正是因为这巨大的失望及其带来的反思，突然让我更清楚自己的困扰所在。我的原生家庭当中有着很多的痛苦和创伤：死亡恐惧、贫穷、疾病、父母之间无休止的战争，难以一一赘述。我有很多符合诊断标准的问题，失眠、焦虑、抑郁、社交回避、性恐惧，等等，然而这些，以及内心的伤痕累累都不是最重要的，真正促使我要寻求一条解脱之道的，是对自我存在以及生命意义的怀疑。

从小，大概五六岁开始吧，我的心里就充满着各种稀奇古怪的问题：我是谁，让我感觉到“我”的意识是怎么出现的，世界真的是我们看到的这个样子的吗，我们的宇宙会不会只是一种巨型动物的指甲盖，时间真的是线性的吗……

成长过程中，我对人们定义的各种东西都充满着怀疑：怀疑客观事物的确定性，怀疑“我感”的真实，怀疑人生被赋予的各种意义，怀疑所有被划定为“好”与“坏”的标准。在这种“生命虚无”的氛围下，人其实是很难活下去的，不是外在的什么困难或不可承受的痛苦把你击倒，而是自身内心找不到坚持的理由和意义。

于是，为了挣扎着活下去，还是只能去寻找，找一个能勉强让自己相信是有意义的目标。但结果总是失败的，往往是走到一半，自己就亲自将其摧毁，跌入理想化破灭的幻灭感当中。比如，我刚毕业时的理想，是摆脱父母期待的公务员命运，当一个一流媒体的记者，支持弱势群体，揭露社会真相。几年之后，我做到了，却发现并无太大意义，苦难的真相根本没有那么简单，更往往与媒体打造的道德及正义无关。

我随后辞职，投身打造国内第一份公益杂志，只因性革命、公民社会、女性主义、社会运动，这些激动人心的概念深深吸引着我们。可惜结果还是一样的。一群理想主义的唐吉诃德，最后被现实打得七零八落，都要抑郁了。理想化、幻灭；建构、被解构——我永远无法真正相信什么，抓住什么。

所以，领到心理咨询师证那阵，我一度想，心理学会不会是下一个幻灭的泡沫呢？直到抱着试一试的心情，上了一个两天的后现代主题课程。这两天意义非凡。虽然什么都没学到，但后现代的解构方式、无中心意识和多元价值取向，尤其是对精神分裂症的非病理化解读，一下驯服了我那颗总是在挣扎和反抗的心。那种感觉，就像一个在黑暗的世界中徘徊的人，突然看到了一线微光。如果说之前的培训考试只是试探，那么在看到这缕希望之光的那一刻，我决定走上心理学这条路。

精神分析“毁三观”

现在回想起来，人做一件事情的初心真的特别重要，若理解了其中的动力，大概就离理解自己生命真正的主题不远了。其实从最开始我就知道，做心理成长最重要的不是参加培训，而是找一个看对眼的治疗师，做一对一地个人体验，或参加团体体验[1]。

问题是我不相信百度来的那些唬人的头衔，像我这样一个擅长怀疑世界的人，真不知道该如何去找到一个能被自己信任的治疗师。于是我还是走了一条相对曲折的路——参加了华南三年精神分析轮训。在谈到信任之前，我要先用自己的眼睛去看一看：那些让我特别反感的奇葩理论，到底是神来之笔，还是一派胡言？那些声称能够洞察人类心灵秘密的咨询师，到底是智者，还是神棍？

而这个过程……我只有一句话——精神分析毁三观！心中那些跟道德有关的条条框框，像玻璃一样“哗哗”地碎一地。尤其毁的是性观念，每次老师在上面讲黄段子，我都默默地怀疑人生。

我一直以为自己是一个很叛逆的人，强烈地渴望和追逐自由。做公益杂志，尤其可以满足我强烈批判传统道德观念和父权社会的欲望，我希望超越男性，我曾经是激进女权主义的支持者。

然而，一旦走进精神分析这个真正毫无道德底线（不讲道德，只讲动力）的世界，这个坚固的自我认同便崩塌了。我清晰地看到，自己的超我是多么强大，内化的道德观念束缚着我的每一条神经。原来对外部世界那么激烈的反抗，不过是把本我与超我的冲突投向了外部而已。比如，我常常把亲密关系里的男性

[1] 见本书附录二第 9 条“成长小组”。

（简称男朋友）投射成压迫者，把很多“直男癌”的观点强加给他们，然后再去反抗他们。

天哪！天哪！天哪！太荒谬了！

当一个人终于收回对外部的投射时，大概都会有这种“好丢脸”的反应吧。而解缚，也在对自己真正产生觉察的同时发生了。那段时间的变化是很明显的，包括衣着打扮、与异性交往的模式。说起来丢人，都快30岁了才开始穿裙子。有天，一个认识了好几年的男同事突然跑过来说，“你终于找回了自己的性别。”

与此同时，我生命中的另一个重大变化发生了——就是与表面上相互仇恨的父亲关系的破冰。真的不知道这一切是怎么发生的。只记得那之前一周，是第一次上苏晓波老师的课，课上我对一个男生非常愤怒。因为他像我爸，我老想揍他。老师冲我狡黠一笑，招招手，“来揍”——只有一个条件，要跟着音乐舞动着揍。结果是，我揍了几下，突然不想揍了，然后我俩跳了一只舞。回家一周后，就发生了开头那篇随笔所述的一切。

多年后，我做了很多的心理体验，对自己的情结比较理解后，当然明白这一变化的动力所在，这部分后面再说，其实并没什么神奇。但在当时，我却觉得不亚于一场巫术，当下也就对心理动力学心悦诚服，再没什么怀疑的了。

然而问题依然存在。三年精神分析轮训将要结束，对我们这些连半吊子都没学到的菜鸟，老师反复忠告：不要纠结理论和分析，一定要体验、体验、再体验。但如何体验呢？我仍然没有在广州找到适合自己的治疗师。于是，我开始试着在广州参加一些沙龙、小组，寻找那一眼的缘分。

说到这里我都觉得自己真是个事儿妈。后来自己当了咨询师，我发现很多来访者就比我爽快得多，很快就能推心置腹地信任，对此我总是很感动。但我就是这样一个人，没有办法。“信、爱、知、行”四种心理品质中，“信”对我来说总是最不容易的。就在这样的背景下，我遇上了意象对话疗法。我觉得这是特别非常幸运的事。因为意象对话真的特别适合当时的我。

首先，它是动力学取向的。其次，它不像精神分析的各个分支流派那样，有那么多的理论要去学、去啃，而是特别注重体验。最后，它不仅重视体验，且强调自我体验。什么是自我体验呢，大白话说就是可以自己做的体验，包括起始意象、子人格[1]等，很多通过一段时间学习就可以直接操作的技术，好学、

---

[1] 见本书附录二第6条“子人格技术”。

易懂，还好玩儿。最后这点对我来说至关重要。“自我体验”的意义不仅在于可以自己操作，还意味着这个疗法很鼓励人相信自己的感觉，用自己的力量去探索，而不是依赖和听任权威。这个感觉很奇妙，尤其是当老师什么都不说，只是带着你自己去体验，等待着你自己去领悟时，阻抗自然而然就消失了。

还有什么比这更适合我的呢？

核心情结，献祭，救赎

很快，我成为意象对话五期全程班学员。每两个月从广州飞到北京，前后一周，不是说不艰难的，所以每一次体验和学习我都特别珍惜。

用意象对话的理论来说，每个人都有一个核心情结，有的人核心情结的主题比较明显，有的人需要通过长期的体验及对分支情结的梳理才会慢慢呈现。

我大概属于前者。

记得全程班的第一次课上，蔡晨瑞老师带着我们看房子意象。房子象征自我，我看到的是一个用蛋糕、饼干和巧克力做成的房子，外面有霸王龙在走来走去。当时蔡老师说了句，“各种房子都见过，还是第一次见到把自己做成‘吃的’。”而我的内心则非常恐惧。

那段时间，无论是看什么意象，都会高频出现有献祭行为的人物：献祭的少女，受伤的美人鱼，被剥皮的白狐狸、雪人、稻草人、献给死神的婴儿、羊……与此同时常常出现的，是黑白对立的意象，比如：分别通向天上和地下的两条路、棋盘一样的黑白格子地板、黑兔和白兔……

大约半年后，还是在蔡老师的引导下，我看到了集体无意识层面的献祭意象。第二天晚上我做了一个梦，梦见自己不断穿越时空，回到过去，替代曾经发生过的故事主角，承担她们的痛苦，解救她们或是对她们的重要他人。其中最令人毛骨耸然的场景，是一个小女孩，正在被自己的父亲亲吻。这个梦，特别清晰地呈现了我情结最核心的部分——乱伦焦虑、献祭、救赎。当初那个蛋糕屋的象征意义也非常明显了，就是一个“祭品”。之后一段时间，这一系列主题的梦不断出现，故事里的罪恶越来越深重，面对的意象越来越恐怖。其中一个梦里，我手里有一长串的待解救名单，画前是一副副棺材，里面都是僵尸、吸血鬼等怪物。解读这些梦，面对这些意象，是一个非常痛苦的过程，但也是对自己的理解日渐深入的过程。

之前我一直很困惑，虽说我的原生家庭很糟糕，父母都是苦难深重的人，给彼此带来了很多伤害，但他们对我的爱与深情是显而易见的。因此每当团体里的同学诉说着各种不幸时，我都很迷茫，我没有什么可控诉，然而内心却又有那么多实实在在的痛苦——孤独、不存在、无意义、死亡恐惧。但若追溯到家族层面，就顺理成章了。

献祭，总是和罪恶有关。

我父母的家族内部，都经历过极之重大的苦难，也发生过一些非常严重的罪恶——这当中的很多事情，都在我做心理成长的过程中，根据自己的体验，一点点探问求证而来的。但基于对父辈的尊重和隐私，我并不想将它们写出来。

说起来，妈妈的命运才是最悲惨的，她曾经是家族罪行最直接的受害者，也因此而独自承担着所有耻辱和罪感，一直远离家乡，不愿意再回去。前些年，父母离婚，妈妈信了基督教。她的痛苦太过巨大，个体心灵已然无法代谢，不得不托庇于宗教。而我，作为她的女儿，注定与她共同分担这一切。作为祭品的命运脚本是这样的：当一个清白的“处女”（象征层面的），献祭，用自己的洁净，洗净家族的罪恶，使家族获得救赎。

由此，我终于在一个较深的地方理解了自己。追求“清白”，所以有那么强大的超我。

想要寻求救赎，所以被黑暗与苦难中的人吸引，选择记者这么个职业。那些年因着工作，接触了各种各样的边缘人群（艾滋病人、性工作者、囚犯、上访者、精神病人）；去过各种阳光照不到的角落（麻风村、戒毒所、传销组织、走私基地）——跟那个拿着救赎名单,面对着一个个恐怖棺材的梦何其相似。但，这个过程中，我的内心也一再感觉到情结的荒谬性。

当我忘记记者只是一个记录者，总是抱着一种英雄主义的心态，以为自己可以为别人做些什么，很快就会被现实“啪啪”打脸。记得大学毕业那年，世界麻风病日，我主动要求到麻风村去采访。麻风病曾被视为绝症。麻风村的存在是为了将病人与健康人隔离，防止传染，所以它们都在孤岛上，与世隔绝。说是“村子”，其实不过是荒岛，没有物资，缺医少药，病人被赶上去后就自生自灭了，只有幸运者可以存活下来。虽然同行的志愿者提前反复告诉我要做好心理准备，我还是很难形容走进去那一刻的震撼。岛上全是老人，他们的身体大多支离破碎，触目惊心。最常见的是双腿腐烂。最初都是从一个小伤口开始，慢慢发炎、腐烂，从脚掌到小腿、膝盖，渐渐整条腿烂掉，直到有医疗志愿者涉足这里，替他们截肢，方得解脱。双手健全的人也少，很多人十指的两个指节都没了，留下半寸指节，如爪子一般箕张着。因麻风杆菌侵蚀导致的严重皮肤毁坏就更不用说了。至今还让我印象深刻的是，有位老太太，70多岁了，坐在屋外，没有眼球，脸上只有两个圆的、淡血色的洞，也没有手指，还在自己淘米做饭。

一开始，我是出离愤怒的。这些老人，都是被自己的至亲抛弃，赶到这里来。要说那时人们害怕绝症，没有办法。可是早在20世纪80年代，中国已经基本消灭了麻风病，这些老人也早已康复，然而他们的亲人甚至亲生儿女，仍然不把他们接回家。要知道，他们的手足残疾并不是麻风病造成，而是因为一直困在孤岛上，没有医疗条件处理，所以哪怕是普通的炎症和破伤风，都会付出惨重代价。那时年少气盛的我，自然而然地把这些老人视作受害者；而那些放逐他们的人，以及他们的儿女，则被我认定是自私、冷漠的。

但意外的是，老人们并不太领我的情。村长拉着我，再三请求，不要向外透露孩子们的信息，不要指责他们。"你不知道，家里有一个麻风病人，会受到怎样的歧视。"他说，即使你说自己已经好了，别人看到你的样子还是会害怕。其实村长的身体看上去是最健全的了，儿子也希望他回去，但他还是宁愿留在这里，生怕影响到年幼的孙儿孙女。

这是一份那么厚重的爱，令人无法不动容。但终究还是意难平，我只能找到政府不作为的茬，凛然批判，也算满足了无处安放的正义感。

类似的心理落差在之后很多年的职业生涯里常常发生。比如性工作者根本不需要被同情或救助其脱离"火坑"；很多"受害者"根本不想离开所谓"迫害者"……概而言之，越是想做点什么，最后往往是越感到无力。

前面说过，当对记者职业的理想化破灭后，我又想去直接当一个公益人，做些更直接的帮助别人的事情，包括再后来想当一个会做心理咨询的志愿者。

如今，这一切都得到了动力学上的解释——我把自己内在想要替家族寻求救赎的情结投向了社会。这个过程中，我的内心是分裂的。我心中有三个角色：迫害者、受害者、拯救者，我自己认同了拯救者，把迫害者和受害者投给我的形形色色的采访对象和批判对象。而世界则被我分裂成黑白对立的两面：一面是光明的、清白的、无辜受害的，另一面是黑暗的、罪恶的、迫害性的。我以为做一个正义、勇敢、善良、清白的人，就可以战胜黑暗，救赎光明。但如前所述，无论是成长中的心理体验，还是对现实的观察，都在不断告诉我——不是这样的。

村长是第一个在现实中与我的情结对话的人。他那一番话，我当时不太理解，直到在心理成长中，对核心情结有比较深入的体验后，才真正体会到，在人类的生存本能面前，很多看似残酷的选择，既无可奈何又充满哀伤，却唯独与道德无关。然后再回想起麻风村的故事，就能设身处地想象那些被迫抛弃至亲的人的处境，他们为了家庭、家族的存续，做出这种痛苦的选择，自身是要承受着多么巨大的愧疚乃至罪感。而当年我的愤怒，是多么肤浅和幼稚。

花了那么多篇幅来讲麻风村的故事，是因为它与我父亲家族中发生过的一些影响深远的事情，内在有非常相似之处。说到底，在抛弃与被抛弃的关系中，根本没有迫害者和受害者，彼此都是在人性中挣扎和受苦的人。

黑白，阴影，整合

再说说成长的艰难吧。

我觉得自己对心理成长算是挺有动力的，学意象对话以来，不仅每两个月飞一趟北京上全程班，还在广州上其他课，每周参加不止一个小组。前期在那样的强度下，我都不以为苦。但自从觉察到自己那种对清白感的追求，以及拯救者心态的荒诞性之后，情形就开始急转直下了。

先是身体出现问题，连续剧烈的腹痛发作，不得不几次中断出差的行程以及工作坊。到医院检查，确诊出比较严重的妇科疾病。从那时开始，我的子宫渐次出现各种问题，身体每况愈下，有时几乎每天都在忍受不同程度的疼痛折磨。

同时，那段时间我经常梦见太极图、黑白鱼，有次一整晚不断梦见一个个煮开的太极火锅，以及一尾在里面挣扎的鱼。梦里出现太极意象，含义是非常深邃的，到现在我还远不敢说已经有足够的理解，只能简单地说一下当时的体会——太极象征宇宙阴阳的对立与统一，在梦里，它同时也象征着子宫。人在生命之初，从一个受精卵到胎儿，再呱呱坠地的过程，像极了“混沌生太极，太极生两仪，两仪生四象”的这个过程。

有阵子我喜欢在温泉里做体验，因为温泉池，尤其是那种圆形的小池子，特别像子宫，在里面一会儿，人就退行了。当时，池子里只有我一个，我突发奇想，双手抱膝，把自己蜷成胎儿状，连同头顶深深浸泡进去。当身体完全放松，我像胎儿一样在水里自然转动（此处有呛水的危险，不建议模仿），渐渐地会感觉到宇宙的宁静、永恒和无边无际，耳里传来那一下一下的心跳声，仿佛跳一下就是一百万年。

我是这么理解的：我们每个人在子宫里刚开始都处于一个“混沌”的状态，没有清晰的“我感”，没有人我、世界与我之分。那是一种和宇宙浑然一体的极其和谐的状态。这时如果非要问“我”是什么，其实什么都不是，但同时也是“全部”。从心理上（不是物理上），“我”的形成，相对于原初的混沌来说，是一个分裂的过程。盘古开天辟地，把混沌分成了阴阳，阴阳是一个大概念，涵盖了所有对立统一的东西——天与地、男与女、好与坏、光明与黑暗。而“我”之形成，则需要将原初的浑然一体，分裂成“我”与“非我”。“非我”是子宫、是母亲、是世界、是他人，通过把“非我”排除和划分出来，心理上的“我”的轮廓，亦即我们常说的“自我认同”，才能形成。

太极，一个那么奇妙的图案，表面上阴阳分裂，实际阴中有阳，阳中有阴。它无声地呈现出“阴阳”表面上相互冲突，实际相互依存（依赖对方的存在才能存在）的特性——没有黑暗，就无所谓光明；没有男人，亦无所谓女人。

此间我最大的领悟是——要想通过驱除黑暗而达到光明，是不可能的。同样地，“非我”是因要形成“我”而被异化的概念。从这个层面看来，“我是一个什么样的人”这样的认知，某程度上也是一种幻觉。

那阵子常占主导位置的子人格，不再是之前的献祭少女和白狐，而是一个满头满身缠着绷带，坐在轮椅上，不会说话，守着黑暗与光明边界的女孩，叫七七。七七与白鱼很像，满身的绷带，象征自我边界的虚无，需要用物质性的绷带来维持一个能被看到的形态。是未曾具有清晰的“自我”边界的，原始的“我”。意象中，七七一直努力守在那条边界上，将那无边的黑暗与光明地带隔开，但她已经快守不住了，黑暗中总有各种力量往外冲，即将突破边界。白鱼在太极火锅中挣扎，以及黑暗（阴影）力量的冲出，都是清白的自我幻觉破灭后，呈现出来的更深层的状态。

以往，我一直把心理学上所说的，人的阴影，理解为一个人“是，却不承认是”的部分。直到这些意象出现后，我才渐渐体会到，那样的理解是非常狭隘的，在无意识层面，“非我”都是阴影，包括很多人类集体性的阴影——各种的丑陋与罪恶。这些阴影力量，一直在我身上寻求表达和意识化。

与这些梦和意象相呼应的还有——我渐渐看不到象征自我的房子意象了。起初房子只是变破、变烂，变成报纸做的，后来干脆都没了。那能看到什么呢？各种各样的远古遗迹、无限深邃的古堡，圣母、圣子、耶稣、死神、罪人……

“房子”消失，听起来挺可怕的，但这种感觉对我来说并不陌生。从小我就对自我的存在非常怀疑，“我感”一直都是很虚无的。之前看到的那些房子，都是我为了活下来，努力为自己建构的自我躯壳。但它们如此不稳定，说白了连我自己都不太相信我是个怎样的人。社交活动时，我常常冷眼旁观地看着自己防御，看着自己表演；只有在独处，或跟真正交心的朋友在一起，我才是真实的。但那时的我，也说不上是怎样的，倒是有各种真切的情绪和感受，能体会很多东西，像一个被穿透的通道。可以说，“没有房子”正是我内在的真实状态吧。

奇怪的是，以前我很讨厌那种没有自我的感觉，很想努力建构自我；到了这个阶段，却反过来了，我开始拒绝人非要有一个坚固的“自我”的健康标准，甚至为了这样的分歧跟一些老师争执。

不过，“没有房子”的状态是非常痛苦的。那阵子参加意象小组和体验工作坊，总是会自动成为别人的投射对象，别人投什么我接什么，表达的还全是阴影。有阵子我受不了了，退了几个小组（嗯，没错，是几个，我很疯狂）。然而那也没什么用，类似的情况很快扩散到生活中。本来我就是一个遇事容易内归因和自我攻击的人，那段时间尤甚。亲密关系中也频繁出现问题，我都认为是自己的错，并体会到强烈的负罪感。意象中，我是一个穿着一身白色的旧麻布衣，跪在地上垂头哭泣的罪人，感觉自己罪孽深重、毫无价值、死不足惜。

从对情结的理解上，我明白这是一个必然的过程——“清白”与“罪”是献祭情结的一体两面。当我看清了追求清白无法完成我想要的救赎后，情结黑暗（罪）的一面就开始呈现了。但与此同时，作为拯救者的幻梦破灭，一直潜藏在内心的无意义感也大爆发。

在罪感、无意义感，现实关系困境，以及身体的折磨共同夹击下，那一段时间，我真的怀疑自己撑不下去了。我甚至怀疑心理成长，到底是把我变好了还是变糟糕了；为什么我不仅感觉自己更痛苦了，而且对自己更不接纳了。“我既无法拯救任何人（幻灭），还给别人带来痛苦和灾难（罪感），那我活在世上有什么意义呢？”那时，心里冒上来最多的就是这样的想法。

一开始，我特别害怕。这样的念头冒出来，我马上就关注呼吸，看磨盘（看沉溺），回观，做动中禅，想把自己拉回到生本能区。直到有一天，我感觉到生死本能[1]的对抗在我体内是如此激烈时，突然回想起半年前看到过的一个意象——当时，我看到的是一个纯洁的白衣少女，手捧着夜明珠，离开了光明的地面，正在往黑暗的地底深处走去，同时，内心冒出一句话，“莲花不是要追寻光明,而是要走进黑暗。”那一刻,我战胜了内心的恐惧。不再对抗,只是觉察,无意义、死亡的能量在我身上流动,我感觉到回到大地的平静、舒适,能量的归零;而后，并不是结束，而是发芽、抽枝，生命另一个轮回的开始。

面对了死本能，也就看到了生与死的一体两面。否极泰来，这是死神的另一面，亦是献祭的原始意义吧。女娲造人，在大地上取走一抔土，最终，人类需要以无机体的形式还回去，作为新生命的祭品。

此前，看到献祭情结及其荒诞性之后，我评上了意象对话珍珠级咨询师。如果说，那充其量只是对核心情结有所觉察。那么到我真正下决心走进黑暗，探索黑暗，且不再将它看作光明的对立面时，我觉得可以说是情结开始化解了。

对我来说，探索黑暗最开始要面对的，就是罪与死亡。对“罪”的态度，我一共走过三个阶段：第一阶段，是分裂和投射的。表现为认同情结性的“替罪”——我自己是清白无辜的，别的犯了罪的人，把他们的罪感投射给我，我是一个替罪羊。第二阶段，看到并承认自己是家族和人类“共罪”的一分子，但对此不接纳、罪疚、批判。第三阶段，体会和理解人类生存史的艰难与残酷，存在于人类基因中的黑暗与原始性，文明发展如何以对原始性的压抑为代价，以及由此衍生出来的各种禁忌与阴影。

目前我仅走到这里，至于后面还会不会有其他阶段，现在还不知道。通过第三阶段的这些体验，我对很多所谓“罪恶”的理解，就渐渐超越了道德范畴，深入到人性层面。

在此我想简单谈一下乱伦焦虑。前面我说过，这是我的一个深层焦虑，也是一个集体性的禁忌与阴影。根据弗洛伊德的理论，每个人内在其实都有乱伦焦虑，只是在每个人身上表现出来的程度有所不同而已。它在我身上为什么表现得那么强烈，有很多原因。一部分跟我的核心情结、家族情结有关，这一块就不具体说了；另外有很一个重要的原因——父亲非常爱我，我一出生，就被他

[1] “生本能”“死本能”释义见本书附录二第 18 条。

视若珍宝，他对我的爱，很快就超越了对母亲的爱。父亲年轻时很帅，有很多红粉知己，有几次差点就跟母亲离婚了，于是，母亲无意识地拿我去跟外面的红粉竞争，最终父亲都因为舍不得我而作罢。

因为自身情结中对罪感的防御，对清白感的追求，到了青春期，我根本无法面对如此之大的俄狄浦斯张力❶。为了防御这种张力，我开始越来越恨父亲，同时自身的性压抑也越来越强。正好他经历中年危机，本来就暴戾的个性变得越来越残暴，和母亲的冲突越来越可怕，我也找到了无数怕他、恨他，将他视为恶魔的理由。表面上，我对父亲的恨非常有说服力。然而在文初提到的那一次精神分析的课上，老师还是从我的表达中，体会到我内心涌动的暗流。他没有直接拆穿我，而是让我随着音乐舞动着、挥动攻击的武器，从象征意义上，那就不再是攻击，而是调情，是假意攻击底下，被压抑的性能量的流动与表达。

确实，看清了自己的情结后，那完全就没什么神奇的了。只是当时，老师却不能让我知道是怎么回事，因为我的意识会受不了。对那时的我来说，性和欲望本身都充满着罪感，更何况是触碰全人类的禁忌。所以，和父亲关系的破冰，并不是那一次就完成的，反之，恢复亲情纽带的这个过程非常痛苦和漫长，不一一赘述了。

我花了几年时间去面对乱伦焦虑，这期间，弗洛伊德的两本书对我启发特别大。一本是《摩西与一神教》，另一本是《图腾与塔布》。里面最有价值的是谈了乱伦禁忌的形成过程——重点不是禁忌，而是它是怎么从一个非罪的原始性的东西，变成了一个有罪的禁忌性的东西，这个过程完全与道德、善恶无关。

“所有禁忌底下，都是欲望。”弗爷这句话，简洁而有力度。把欲望与原始性去道德化，才能真正地理解“罪”，理解人性。

讽刺的是，当我体会到人性中所有阴影和黑暗面自己都有，并开始理解它们，放下批判时，我突然发现了一个最大的谎言——我要救赎的哪里是别人，哪有什么妖魔鬼怪需要我去拯救！真正需要救赎的是我自己！是那个无法接纳家族/人类的（其实也就是自己的）罪恶的自己！

真是一场大梦啊。但至少，我现在是越来越喜欢自己了。越发现自己的黑暗，就越感觉完整，越喜欢自己。以往觉得的问题，也不再是问题。比如“我感”的薄弱，如果不是这样，也许我就无法体验和理解到那么多人性中被分裂和压

---

❶ 见本书附录二第 19 条“俄狄浦斯情节”。

抑的黑暗。比如无意义感，它一直在提醒我寻找和返回正确的道路。

成长的路很长，救赎的路更长。

最后要说的是，我并不是一个人走过来的。特别幸运的是，在最恐惧被黑暗吞噬的时候，找到了一个能让我全身心信任的，能在最黑暗的位置陪伴我的体验师。

如今，我是真心爱上了咨询师这个职业——不再是为了拯救谁，而是感动于竟然可以和这么多鲜活的生命一起探索人性的幽深之处。

做这样的祭品，挺好。

穿越自卑找到爱

李　拯

冥冥中好像有注定，上天自有安排。我在大三的时候开始考虑考研，但是考什么专业呢？我不喜欢本科专业，那么就要涉及跨专业考研的问题。这时，心理学进入了我的视野，我开始看心理学的书，去选心理学的课程。大三我知道了我们学校有心理学课程，我就去蹭课。第一次听课，我就特别惊奇，怎么会有这么有意思的老师，学生和老师之间的互动怎么会那么好，课程内容怎么会那么有意思。他坐在讲桌上，就在那里侃侃而谈，学生们和他激烈的讨论、辩论，课堂气氛热烈又深入。上完这节课我的心某个地方被打开了，我意识到我以前都是为了学习而学习，为了考得好而学习，但没有真正地发自内心地去热爱学习。而这个老师的课让我第一次感觉到了用“心”学习是什么感觉，我的心告诉我，去考这个老师的研究生。

接着我就开始了考研的时光，没有本科心理学的基础，专业课全部需要自学，虽然压力很大，但是我学得津津有味，一头扎进去学习。那段紧张的考研时间，现在回想起来还是充实、满足、快乐的。那种在知识海洋中徜徉的感觉特别美好。

很幸运的是，2005 年我直接考上了研究生，顺利成为我梦寐以求的导师——朱建军教授的研究生。从这里开始，我的人生开始发生转变。

相遇意象对话

学习心理学专业，除了要进一步加强理论知识之外，还需要加强自我成长，解决自己的问题。在正式上研究生之前，我知道学校每周有一个意象对话成长小组[1]。但是成长小组是什么形式，对我有什么用，参加成长小组会收获什么，我一概不清晰。

我当时认为既然已经开始学心理学了，肯定就要成长，要参加小组。记得第一次参加成长小组，我震惊了，一个学员报告了自己的一段意象，老师进行带领，然后突然来访者的情绪就爆发出来，内心的情绪汹涌而出，当时我的小心脏都要吓出来了，怎么突然就会有这么强烈的情绪出来呢？

后来有一次集体体验“山洞”意象（山洞意象是意象对话里面的一个经典意象，用来探索我们早期的无意识）我在体验这个意象时，我进入到山洞后在地面上看到了一个八卦门，八卦门打开下面是一个垂直的山洞，我掉下去了。我恐惧地说：“我不想掉下去！”那是我第一次经历强烈的恐惧情绪，心跳加速、全身发抖。当时老师带我去体验和宣泄了我的恐惧情绪，直到从意象里面出来我还惊魂未定。但那时大家对我说，你很勇敢，挺好的。我当时候不明白怎么就挺好的，我都快吓死了。不过现在回顾这个意象，发现那时我的无意识已经揭示了我接下来的成长主题，只不过那个时候意识中的我并不知道这些。

读研后大约有半年的时间，我都是在懵懵懂懂中度过的，不过我每次小组都参加，积极的发言和表达，也积极地体验意象和感受。但体验的这些意象有什么意义，对我来说意味着什么，我还是懵懵懂懂的，就特别想问老师，这意象代表什么，这说明了我什么问题？通常得到的回答都是：再看看，再体会体会。于是我开始学着一点点回到自己身上去体会自己的感受。其间，我也开始系统的学习和了解意象对话的理论和知识。我们除了每周固定的小组外，我们还组成了三至五人的朋辈督导小组，每周活动体验，各自探讨各自的问题，共同分享和支持。

说实话，学习心理学之前我对我的人生是稀里糊涂的，没有好好地审视过自己的人生，没有认真的想过人活着是为了什么，没有想过要怎么样活着，我

---

[1] 见本书附录二第 9 条“成长小组”。

信奉的是快乐就好，糊涂一点。我一直知道我是不太自信的，我知道我是好强的、爱嫉妒的，我也觉得爱的路不太平坦，我自认为了解自己不少。

可我开始踏入心理学大门之后，才发现人心多么地奇妙，人性多么的复杂和丰富。我通过意象体验发现了很多未知的自己，我一步步地贴近深处的自己，通过成长来发现和找到自己的情结，这个过程痛并快乐着，一步步把我从懵懂无知的状态带入到自知觉醒的状态。

作为心理学专业的小菜鸟，我决定带着一颗好奇上进的心，勇敢打开自己，探索自己的无意识。

面对自卑

深藏内心的自卑，从小到大，都伴随着我。害羞、紧张、不自信经常在我的情绪中体现出来。也许外表大家看不出来，但我自己知道，我不能接受自己弱小，我表现得自信，表现要强，容易嫉妒他人，其实底下是深深的自卑。

我是家里三个孩子中的老小，哥哥比我大八岁，姐姐比我大六岁。小时候爸妈太忙，哥哥姐姐带我的时间比较多，那时候我就觉得自己各方面不如哥哥姐姐，婴幼儿的自己会用乖巧听话、努力做事、努力学习来抵御内心的弱小感，想跟着哥哥姐姐玩，但他们经常不带我这个小不点。

上学后，爸爸非常看重我们三个孩子的学习。记得在小学二年级的时候，背乘法表没背好，我被数学老师责骂：你们家三个孩子，哥哥姐姐学习那么好，尤其是你姐姐，你怎么背个这个都背不好。被老师责骂的这一幕，深深的印刻在我的心里，从那时起就产生了这样的想法：我一定要超过哥哥姐姐，我不能落后。

“勤奋”是我面对自卑感的唯一武器。

小学毕业，我勉勉强强进入了初中的重点班，是班上倒数几名。因为觉得自己不如别人，所以我非常努力学习。那个时候的我还给我学习好的同学下战书，每天学习至深夜。初二下学期时，我的学习成绩下降，拿着班上第十几名的成绩单回到家，爸爸脸上的不满和厉色我至今还记得，他把我的成绩单从窗户外扔进屋里，令我羞愧难当。为了不让爸爸失望，我只能更加地努力。

中考，我以全校第一的成绩考入了市里的重点高中。

初中的我可以说“两耳不闻窗外事，一心只读圣贤书”。记得那时我有一些信条，比如：求人不如求己；与其羡慕别人，不如让自己成为别人的榜样，等等。我的内心始终不相信自己真的很好。记得那时有个同学评价我，“学习好很善良很亲切”，我的内心充满惊讶和欣喜。

因为是初中全校第一进入重点高中的，高一的我还是自信满满的；可惜好景不长，不久我的学习成绩开始下降，各方面都找不到自信，只有英语是我的骄傲。因此我在班级上很爱发言，可是高二的时候，有一次我发言次数太多，总举手，结果老师并不点我名，我一下子就觉得自己很不好，觉得自己太爱炫耀。现在回想，那时的我好强，找不到自信，内心非常失落，太想从某个点上获得认可了。高中的我苦闷、压抑、学习压力非常大，非常希望自己考进名校，继续初中时期的辉煌，可是最后并未如愿，我只考上了北京林业大学的林产化工专业。虽然也是“一本”，可离我心里的目标还是不够的。

从大一开始我最纠结的就是我的身高，为什么我就不能长得再高一点？为什么我个子不到155cm呢？为什么我的腿不够直？为什么我的眼睛那么小？为什么我就不能考进一所更名牌一些的大学？为什么我进了林业大学还学了一个这么冷门的专业？当我遇到名牌学校的学生时，我明显能够感觉到自己的自卑。为什么我喜欢的男孩子不喜欢我？为什么我不喜欢的男孩子却来喜欢我？为什么我在乎的人却不在乎我？为什么我不够坚强？为什么我要那么脆弱？为什么我那么敏感？为什么不够漂亮呢？为什么我不能更受人欢迎呢……

直到我开始学心理学，我开始了解我自卑的来源和应对，并且开始真正学习正视我的自卑感。阿德勒写过一本《自卑与超越》，他提到，自卑感是行为的原始决定力量，自卑感本身并不是变态的，人的行为都是出于自卑感及对自卑感的克服和超越。我发现我的成长就是一个超越自卑的过程。

我是家里最小的孩子，最小的孩子最没有话语权。我潜意识是以乖巧懂事、学习努力来获取父母关注的，我学习规避哥哥姐姐获取关注失败的经验。我采取的是表现好，委屈自己来获得好的认可。由于最小，比较受宠也比较受保护，但最小的孩子的想法也容易不被重视、不被尊重，在家里没存在感、没位置，大事小情不让我参与，这让我产生了弱小感和自卑感。

我是计划生育外的孩子，出生前，妈妈东躲西藏，我在胎儿期便感受到不安和恐惧。出生之前父母期待的是男孩，之后的成长过程由于父母工作太忙，我经常被一个人放在家里，内心体会到的是被忽视。

一个早期被忽视的心灵，内心深埋一颗自卑的种子。

一次体验的过程中，我发现三四岁的我，觉得这个世界不值得信任，我得靠我自己。这个信念产生的那么早，影响我很深远。为什么我觉得世界不值得信任？因为我觉得早期我的生命不被真正欢迎。小时候的被忽略，没人真正看到我，懂得我的感受，让我觉得恐惧、愤怒、难过、伤心、委屈。小小的我，深藏自卑。于是我说，那好，那我就靠我自己。

我的"强"

我的"强"，有一部分是真正的内心强大，另外一部分，是撑出来的强。我为啥要那么强？因为我不肯接受自己的弱小和自卑，我要保护我的自卑。

我发现我不服输，我爱挑战。出去讲课、出去带小组、上电台直播，其实我很恐惧啊。我怕我带的不好，我怕被否定，但我还是会出去带，出去讲；我恐惧的手脚冰凉、拉肚子，但我还会坚持。

其实这几年，都有不少人对我说：小小的你，怎么会有那么大的能量？小小的你，怎么那么多的精力？怎么那么好强，奋进？

我有一个女性子人格，名字就叫作"强"，她感受到一点点不接纳都会特别愤怒：你们怎么会知道我曾经经历了什么？你们怎么有资格随便评判一个人？你们怎么知道我为什么要保护我内心的儿童？我为什么要保护我的弱小自卑？

我的强，是要保护我的弱。我越自卑，就要表现的越好强！因为内心的恐惧太大，内心的委屈太多，内心的愤怒太强，这些都是儿时的创伤感受，当我体会到我内心的弱，看到我内心的弱，我欢迎我的柔软、懦弱、无力。我的"强"也变了，没那么强势，她变成了一个好阿姨。

学习爱自己

我记得有一次做心理成长，我对一个老师特别难为情地表达了我对自己身体的不满意。我觉得我表达出来这一点都是特别羞耻的，我为什么会这么不好看呢？我记得那个老师当时就问了我一句话，你觉得你爱你自己吗？你爱你的腿吗？你爱你的身体吗？

我认真想了想这个问题：我爱我自己吗？我很震惊的发现：我不爱我自己。其实外界很少有人评价我长得不好看或说我个子太矮的，大部分人都觉得我是小巧可爱，甚至有些人还是羡慕我的。可我自己却并不认为这样，我为此纠结痛苦，羡慕别人有而我没有的东西。你看那大长腿，你看那小脸盘，你看那大眼睛，你看那是名校的……

我发现纠结的源头是：我根本不爱我自己，我只接受“好的自己”，我不想要自己身上“不好的东西”。我的意象中出现很矮小的、受伤之后不再开放自己的花朵，镜子中流血的人，灰墙灰砖门窗紧闭的房子，极富攻击性的蛇……

我越不接纳自己，内心就越分裂。就像意象对话里面所说的，每一个意象都携带着心理能量，有些消极意象你想消灭它、否定它，但是它携带的能量并不会消失，只是被压抑到无意识中去了，你越压抑，它反抗的力量就会越强大。这就会造成内心的矛盾和冲突。

其实成长的过程就是去面对那些我认为不好的部分，那些消极意象；一点点地去面对和转化那些消极意象。我花了数年的时间去这么做：开始学习了解自己，去爱自己，爱本来的自己。真正学习爱自己的过程是漫长的，需要一点点面对自己脆弱和不安，面对自己的不完美，面对自己的嫉妒和恐惧。成长的过程是痛并快乐着的，虽然痛，可是心里很踏实很快乐。我非常积极地去参加各种心理类活动：意象对话成长小组、工作坊。我泡在小组中，经常和其他组员互相带意象，互相“照镜子”。这样经过了几年，慢慢地我发现内心矛盾冲突的部分减少了，自卑也慢慢减少了。我越来越能够如实的看到自己，接纳自己的好，也允许自己的不好。我爱自己越来越多了。

其实，当你越来越喜欢你自己的时候，你会发现外界喜欢你的人也越来越多了。你真爱自己，就会吸引珍爱你的人。因为你这个生命独一无二，无须比较。

接纳自我，和自卑做朋友

浸泡在心理学氛围中 12 年了，我不断的自我觉知、自我反省、自我体验、纠结挣扎，不断的面对和发现，并开始自我整合。我开始越来越接受我的自卑。

有一次，我和一位好友聊天。她说：我们都能理解，自大的人背后通常是自卑，但是，其实自卑的人背后也是自大。我问：为什么呢？她说：每个人都有自卑的这一面，你不能接受自己的自卑、弱小、无能；你以为你全知全能，那是深深的自大。现实就是，每人都自卑弱小无能，但，同时也很强大。

当你开始接纳自己的自卑弱小时，好像内心的孩子不再那么控制我。我开始更加坦然和流动，开始更能充满爱，更能敞开去接纳自己的优点和缺点，更能接受攻击。我开始发现，每个人都是独特的，每个人都有自己独特的美，我更加愿意欣赏别人，愿意鼓励别人，愿意看到别人好。

给自己的建议就是：既不妄自菲薄，也不要骄傲自满。因为人外有人，天外有天。你没有你想象的那么好，你也没有你想象的那么不好。

我想说，让我们对生命说“是”。

感谢“自卑”的陪伴，让我进取，让我有种不服输的韧性，不断成长和求知。感谢“敏感”的陪伴，让我学习坚强。

我想对自卑说，感谢你，我会静静地陪伴你，让你在爱和关怀中慢慢融化。

在恋爱中，面对缺爱的自己

朱建军老师说，恋爱是人一生中最重要的课程之一，这门课学好了会一生幸福。这门课学不好，所受的打击也是很沉重的。

青年人恋爱的时期也正是他们试图发现自我、理解自我的时期。因此，他们也就尝试着通过恋爱去发现和肯定自我。由于恋爱是一种极亲密的关系，在恋爱中人们对自己最开放，与恋人之间最接近，而且恋爱时情感也很投入，因此恋爱最能暴露出一个人的内心，最能展现一个人的种种特点，所以恋爱也的确是发现自我的一个重大机会。人格中的种种优点和弱点，都会因恋爱而显示出来。如果你有潜藏的情结，在恋爱时它们也会出现并产生影响。你有可能通过恋爱，获得了对自己的正确的认识，这对你的一生都有益。你也有可能在恋爱中得到了一种歪曲了的自我形象，这也会遗害不浅。因此，要慎重对待爱情，不可以玩火。爱情中的错误会牵连人格的其他方面。现实生活中常见的一种现象是，人们靠爱来肯定自己。如果这种爱成功，人们就会增加对自己的信心，失败则会使自信心受到严重的损害。

在我的成长过程中，恋爱是很重要的功课，第一次恋爱失败，给了我很大的打击，我一度非常抑郁和消沉，觉得这辈子可能都没人会来爱我了。失恋的过程正好是我学习心理学的过程，在成长中，我逐渐看到了我的心结，我潜意识中的消极信念是“我是不值得爱的，我是不重要的”，同时我也看到了我的自卑和匮乏感。我的行为模式就是，我不主动表达自己的需求，暗暗期待对方会按照我需要的方式来爱我，当他不能如我所愿地对我的时候，我就心存怨气和委屈。一次生气我冲动下提出分手，本希望对方能来挽留我，结果对方没有任何的挽留，我们就这样分手了。这让我更加确信我是不被对方重视的，我是不被爱的，我是不重要的。

“如果爱我，怎么会这么轻易地放手呢？”

“如果爱我，怎么会不懂得我的需求呢？”

“如果你爱我，你就应该知道要这样这样对我……而不是那样那样对我……”

“如果你爱我，你就应该猜到我需要什么啊……”

“要是我都说了我要什么，我说了你才给，那多没劲……我不说你就应该知道啊”

上面的这些话在很多女性心理都有。我也没有例外的这么想过，这么做过……可是对方也不是我肚子里的蛔虫，如果我不表达，对方怎么会知道我要什么呢？很多时候在恋爱中的女人就把自己变成了小婴儿，吃喝拉撒心烦累了，妈妈就能知道及时来满足。可是恋爱中的伴侣毕竟不是你的爸爸妈妈。你不说，对方可能就真的不知道。

多年之后我才知道，其实那时的他也不懂爱，正如我不懂爱自己，也不懂爱他人一样。恋爱中我们的种种人格特点、儿时未得到满足的心理需求，无一例外地会在恋爱中体现出来。

亲密关系往往是检验一个人成长水平的试金石。

在恋爱中我们会暴露出自己的问题，我们早年的创伤渴望在亲密关系中得到疗愈。关系发生问题的根源，往往是彼此无法进入到对方的内心，双方不能满足彼此的期待，无法真正的感受到爱，无法活出真实的自我。一旦展现真实的自己，就会受伤，所以我们可能会封闭自己或攻击对方。

恋爱和婚姻是最好的成长方式，通过恋爱的受挫我们可以回到自己去发现自己成长中的问题，如果我们继续活在自我压抑中，活在原生家庭关系模式中，活在无意识式的桎梏中，我们将无法让自己自由和幸福。因为真正的爱的感觉是广阔的、轻盈的。如果我们的内心充满沉重纠结、愤怒不满足，那么我们就没有在爱里，我们没有在爱自己也没有在爱他人。

在我的成长中，我会清晰地看到我的不完整在恋爱关系中的影响。如果对方满足我懂我，我就开心；对方不能懂我、满足我，我就伤心、难过、愤怒，我就可能会去抓取、去抱怨、去作。我总在确认在对方心里我是不是重要，对方是不是足够爱我。如果他一直在我身边，我就开心，但同时心里又会担心这种爱的关系能不能长久。

爱的过程是一个不断回观的过程，每一次受挫都是成长的机会。我看到了我的情迷，我的外投，我无法回到自己来满足自己。这个时候的我看不见自己，也看不到对方，这个时候其实是无法真正对对方有爱的。

弗洛姆说，爱是一种能力，爱是我们能够实事求是地看待一个人，认识到其独特的个性，尊重他人的成长和发展。我希望被爱的人应以自己的方式，为自己的目的成长、发展，而不是来迎合我。而尊重是建立在自由的基础上的。发展内心的力量和创造力是与世界建立新型关系的前提。

所以在关系中，我们需要保持觉察，觉察自己的身心反应，觉察自己的情绪模式、行为模式，发现自己的情结。爱他人之前，我们需要好好爱自己。期待他人来爱自己之前，先好好地学习爱自己。当我们越来越能如实地接纳自己、尊重自己，我们将不会把我们的很多需求外投，期待对方来满足。这样我们才可能真正地做到尊重他人，给他人自由，给自己自由。这样的两性关系才可能是充满创造性的关系。

很多女人在遇到失恋创伤之后变得不再相信爱情，怨恨男人，沉浸在痛苦中，或者欺骗自己。这样的话，我们只会延续创伤而无法在爱中获得成长。如果我们没有遇见真实的自己，那么我们将无法知晓爱的滋味是什么。正如朱建军教授说的，在爱情道路上，有鲜花也有陷阱。爱情的创伤，可以摧毁一个人，也可以帮助我们提升自己。

在亲密关系中，很多人会无意识地期待对方来修复我们早年的创伤和缺失，来弥补我们心中的不满足，所以会去索取会去纠缠，会因为在对方身上得不到满足而心生怨恨和不满。但这都不是真正的爱。只有我们勇敢地面对自己，我们才可能收获真爱。

我发现当我去索取，去要求对方关注自己、想通过对方获取存在感、价值感、重要感，我只是在不断地“要”，经常会让自己陷入求而不得的痛苦里。当我发现这一点，我知道这是我应该受的“苦”，我需要谨慎地、充满觉察地看待自己。

我们每个人都需要为自己的生命负责。接受我们的父母、配偶、子女不符合我们的想象是所有人的功课，接受自己的想象破碎而不对他人和世界绝望，是关系走入生机的机会。

接下来是我的决定，也是我现在正在修的功课，我不敢说修的有多好，但我正在这么做。我决定回到自己，勇敢地爱自己。我对自己说：“李拯，我来爱你，即使这个世界上没有一个人爱你，我都会爱你。始终如一地爱你，接受你本来的样子。我不会再抱怨你指责你，我会来关怀你、呵护你。给你所需要的爱，我会好好地对你，不再让你受委屈。”

这是一个重要的功课，它让我有力量，不再恐惧不被爱，也把我从外求的模式中解脱出来。我开始学习勇敢地为自己负责，为自己承担。因为真爱，是蜕变了自己之后遇见的爱。

“信”自己值得爱

很多人不相信自己值得爱，不相信自己美好。

很多女性觉得自己不会被爱，难以走出这个怪圈。

我的早期情结的穿越：生命不被接纳的愤怒

三年多前，我体验了一次强烈的愤怒。愤怒的宣泄中带着恐惧，面对恐惧继续宣泄愤怒时，感觉到背后是很深的受伤感；是感到刚来到这个世界而不被接纳和欢迎带来的受伤感。我看到最早期的内心升起的自动化的想法：你不好所以不被爱。当我允许我压抑的恐惧、愤怒、受伤感释放出来，哭出来、喊出来之后，我内心升起了一种很大的安定感和力量感。我发现，不是我不值得爱；而是，我很值得被爱。

在某次两性关系工作坊上，有一个环节是对在场的所有人说“我爱你”。当老师说完这一条要求之后，我心里发出了“咦咦”的两声，在表达着一种害羞、不好意思和不屑。但老师要求我们要沉下来真心对每一个人表达这句话，不可以嬉闹玩耍，随意对待这个表达。而且要求你的表达要发自内心，要让对方收到你的诚意，被表达的人也要真心感觉收到了这句话的情感才可以结束。

当一个女性伙伴来到我面前，我看到她真诚亲切的眼神，对我说，“我爱你”。不知道为什么，我就开始哭，我摇头身体往后靠。我不信任她，心里想，怎么可能有人真的爱我？她继续对我说：“我爱你。”我说：“我不相信。”她说：“你不相信，我也爱你。”我还是不相信，但是心却被深深触动了。我哭的特别伤心，说：“我脏、乱、差、丑、矮、贪财，你都爱我吗？”我听到对方还是紧紧握着我的手坚定地说：“无论怎么样都爱你。”我说：“我不好，你还爱我吗？”对方还是紧紧握着我的手坚定地说：“爱你”。我继续说：“我很差的，你也爱我吗？”她说：“我爱你，无论怎么样我还是爱你。”

我对对方说：“我想相信你，可心里还是有点怀疑。”对方说：“无论怎么样，我都爱你。”我说：“我只想感受到爱，我不想爱你，可以吗？”对方还是坚定地对我说：“我爱你，你不爱我，我也爱你。”这时我终于放心下来，允许自己相信她的爱，慢慢放松下来感受到被爱的感觉真美好。意象中，一个一直在阴影中的孩子走了出来，一点点地勇敢地走向阳光中，走向爱。我内心的一块坚冰融化了。

这个过程让我感觉到，接受爱是需要勇气的；“信”自己值得爱是需要勇气的。临床中我发现很多人因为曾经的创伤让自己的心关闭了，不再去相信爱，已经失去了爱自己和爱他人的能力。因为不信任和害怕再次受伤，不再敞开自己的心扉去接受别人的爱了。

这个过程同时也让我意识到，心理治疗的效果是有层次的。

马斯洛曾经说过：“对于我们需要碘和维生素C这样的说法，任何人都不会产生疑问。我要提醒你们，我们有以完全相同的方式需要爱的证据。”我们的成长需要爱，就像植物需要水和阳光一样。缺乏爱会造成创伤，这些创伤恰恰是形成我们心理问题的重要原因。

但是当来访者的心理问题不是很严重的时候，他们只需要单纯接受来自咨询师给予的心理营养（如爱、接纳、尊重、理解、支持、认同和自由等）就会有效果。但是如果创伤比较深比较大，那么来访者就很难直接相信咨询师给予的爱，会对直接接受所缺失的营养存在阻抗。这个时候我们就需要帮助来访者坚持成长，宣泄掉一些消极情绪、处理消极意象。只有帮助了解和看清自己的情结，看清楚自己的“结”到底结在哪里；才能够一步步化解情结，去勇敢地接受来自咨询师和外界给予的各种积极的情感，最终内心的障碍就能够得以化解和消除。

人人都需要爱，可是很多人在真爱来的时候是极其恐惧的。就像我所体验的这样。因为我们都存在着情结。情结是阻碍人看清真相的。只有“结”被解开了，才能破除心里的坚冰，才能去信任和爱，心理能量才有机会自由流动。

我开始允许自己相信爱。我越来越在心里确信：我值得被爱，我的生命独一无二！同时我也开始以自己的体验来帮助很多内心觉得自己不值得被爱的人找回信任和爱的能力。

女性能量的觉醒

虽然很多人觉得我外表看起来很温柔可爱，但实际上我的女性能量并不高，女人味这个东西，对我来说还真算是很陌生的。我发现我很多时候的女性状态不是像妈妈就是像女儿，成熟的女性状态很少见。我大概是在生了孩子之后，我才开始滋养自己的女性能量。

在我的印象中，真正那种既温柔又独立的成熟女人在社会上比较少见，只有在极少部分的女性身上能感受到那种特别的成熟风情、有女人味的感觉。我觉得我的成人女性状态一直在等待我的看见，她渴望真正的活出来。

从我的经历来看，从小就被爸爸严格要求；小时候很害怕爸爸；他希望我学习好，有出息，能出人头地、光宗耀祖，所以我从小就很上进好强，但对人、对自己的接纳度、包容力都不够。我会非常勤奋地去做一些事情，不允许自己松懈，不允许自己失败，不允许自己不如别人；当发现真的不如别人的时候又会攻击自己。我的限制性的认知模式“做个小女孩比较讨人喜欢”，令我一直不敢让自己真正长大，我觉得长大了我就会失去别人对我可爱的评价，我就不能得到爱了。所以很长时间我的女性能量并不高，充满竞争心。这完全是男性能量在起作用。

这些年，我一直在成长、修炼，参与和组织了各种深度心理成长、两性关系等方面的课程，随着不断的体验和修行，我发现我身上的女性能量越来越多，我对如何进入和锚定在“女人”这个状态有了很深入的体会。我开始注重觉察我和亲密关系交往的过程中自己是在什么状态，是孩子？妻子？成熟女人？还是母亲状态？有了更多的觉察后，我会更容易清楚自己的状态，清晰的觉察带来的好处就是可以帮助我更好地锚定在女人状态，可以去拥抱和活出女性特质。

李安妮说，一个真正性感的女人，是一个能够容纳、接受、不会否认或切掉自己任何女性特质的女人。接受自己的美好很容易，可是要接受自己的愤怒、忌妒等所有的负面情绪就非常不简单。当你能够学习拥抱自己的黑暗面，你才会变成一个迎接光与爱、完整的女人。一个完全“敢当”自己的女人，这样的女人因为非常自在，所以非常的性感有魅力。

上面的这段话看起来很简单，但其实很多女性要活出一个全面接纳自己的女性特质的人，是要穿越很多早年创伤、家庭的模式以及社会文化带给我们的影响。而一个人要想活出自己，得先从活出自己的性别特质开始。社会文化和家庭环境等很多方面对女性会造成深远影响，长久的男权社会的压抑，对女性角色、女性能量的不接纳，以及在原生家庭、夫妻关系所带给的孩子的影响都是非常深远的。

比如，生命的早期父母对孩子有性别期待、重男轻女的思想、母亲在怀孕期间不想要孩子，考虑过流产或者打胎、或者怀孕期间母亲强烈持久的消极情绪等都会深刻地影响女性的女性能量、性能量的成长和发展。

临床中经常出现的这样一类案例。明明是非常优秀的女性，她们工作努力、待人友善、内外兼顾、多才多艺，但是骨子里却非常自卑，会经常感到不安、恐惧或者没有价值感。经过心理分析发现，她们不喜欢自己的性别。她们一生都在努力证明，我作为女人，我值得被爱，我不比男人差。

她们到底在向谁证明呢？追根溯源，都是在对自己的亲生父母证明。她们的一些早期体验非常类似，母亲怀孕的时候期待是男孩，或者母亲怀孕的时候不想要这个孩子，或者母亲觉得孩子的到来是累赘……以上种种会在无意识中让这个孩子感到自己没有价值。这样的女性活得很辛苦。

我自己也是如此。出生时，家里期待我是个男孩，当看到我是女孩的时候，他们能接受孩子的到来，但是心里是失望的。我在深度心理分析时，这些感受都是能体验到的。我体验到我的出生，家人不是热烈的欢迎而是内心失望的时候,那种不被接受不被欢迎的恐惧和痛苦让小小的我无法承受。为防御这个痛苦，我无意识中采取的方式就是不断地对自己说：我要成功！我要优秀！我要证明自己的价值！我要让你们知道我值得你们接纳和爱！

这样的早期经历，让生命一开始从骨子里就有了一种自卑感，我觉得自己不被完全接受，我觉得自己不被爱。这种深层的自卑一定会带进成年后的亲密关系中。当然这颗自卑的种子也成了我无意识里的动力，促使我变得性格刚毅、行为乖巧、学习优秀、工作努力……在我学习心理学之前，一直不知道为什么我那么自愿自觉的爱学习呢。我小学的时候就会因为作业的事情熬夜写到晚上12点，初中的时候经常是12点以后睡觉，都是在学习。现在我知道了，因为我的爸爸看重我学习，学习好是我获取家人关注和爱的最好的方式。我也知道了为什么在高中的时候有人叫我男人婆，因为那时的我短发，不注重穿着打扮，顶着一头乱头发、穿着哥哥的大裤衩就去学校……我的内心也不想“像”个女孩，那时我经常想一个问题就是，为什么我要做一个女孩，做女孩一点也不好，下辈子我绝对不做女孩，我要做个男的！

现在回想，我那时的自我接纳度很低，对自己的性别角色不认同。虽然我看起来学习不错，为人友善，可是内心的发展是停滞的。内心那时不时袭来的痛苦、自卑、嫉妒、不安和恐惧只有自己知道，不过这些东西都被我藏在了内心的深处。这样的我又何来女性魅力呢？如果我不成长，我很可能会变成一枚不折不扣的女汉子，一个强撑着的女汉子！但同时也是一个内心不愿意长大的小女孩，总想停留在装可爱状态的女孩子。成为“女汉子”抑或是“乖乖女”，无法体验到做女人的感觉。我也观察到，其实社会上这样的女性还真不少。

很多女性如果不接触心理学，不接触心理分析师，可能永远都不明白，为什么自己那么努力，却始终找不到成就感和满足感；也不明白为什么自己已经很成功了，心底还是自卑的；为什么在面对心仪的优秀男士时，会觉得自己配不上？为什么我都对人家那么好了，对方还不能对我好一点？当然也不知道为什么在怀孕期间、生产之后会有那么多的焦虑、担心，却不清楚到底在忧虑什么。

伴随着成长，我开始越来越多地了解自己，内心接纳度越来越高，也活得越来越自在，我喜欢现在的自己，我爱自己的女性身份，爱自己这个人。

意象对话成长的关键词之一：真诚

很多接触过意象对话老师的人都会和我反馈，意象对话的老师特别真诚、真实、不故作权威；这也是意象对话创始人朱建军教授身上很明显的特质。

刚开始学心理学的时候，我发现在人际关系中，为了不破坏关系，我会委屈自己，我不能真诚地表达自己；我也可能会采取委婉迂回的方式表达，目的也是保护自己不被对方攻击，但结果是对方感知到我的不真诚反而会疏远我。在恋爱关系中也是如此，明明我是对对方有需求的，但我会压抑自己的需求，反而去满足对方，心里暗暗期待对方如我所愿地回应我，当对方不能如期对待我的时候，我就会委屈和抱怨。和家人的相处也是如此，不能真诚地表达自己的需求，但心里又会有很多委屈。还有些时候我明明不想帮助别人，但可能会碍于面子无法拒绝，可是不拒绝心里又会心存不满。这些都是不够真诚直接的表现。这种不真诚直接的方式，让我无法靠近别人的心灵，也会让别人误解我。

其中整整有两年的时间，我都在修炼自己的真诚表达。我会直接表达我的不满和委屈，不再压抑自己，我不再害怕破坏关系。我发现通过真诚地沟通，可能会有冲突，但更容易建立更加真实和深入的关系。当然我们也需要反观和调整，如果你的真诚表达让别人不舒服了，我们需要回头来看看自己内心是否有攻击性和不满。

当我们对自己真诚，会发现我们内心很多的虚假、隐藏，会看到自己的阴影面。去面对这些阴影，需要我们的勇气。在不断面对、不断对自己真诚的过程中，我们的内心的力量会逐渐增长，心里就越来越会有一种稳稳地踏实感。真诚也许看起来不那么美，但非常有力。

意象对话成长的关键词之二：承担

承担意味着为自己负责。以前我是个特别纠结的人，面临一个选择的时候总是左右为难，犹豫不决，很怕选错。随着成长，我发现：不敢选择的背后是不敢承担选择后的责任。

我们每个人都需要为自己负责，我们有责任为自己创造一个良好和谐的心境，不管外境如何，我们都需要为自己负责，承担属于自己的责任，承担成长中的痛苦，承担自己的命运。我们需要承认，我们必须首先让我们自己健康起来快乐起来，才有能力去付出，去影响别人，而不是去承担别人的东西而把自己搭进去。

以前的我特别操心家里人，操心父母，我潜意识觉得我妈妈一辈子过得很苦，如果我过得好就好像是“背叛”了父母一样。所以我不敢给自己花钱，不敢让自己享受，不敢让自己过得好一些。虽然我意识中明明知道是不需要这样的，但是无形中却把自己活得和父母一样辛苦。后来我逐渐体验到，当我在担心着父母，不让自己活自己，不尊重自己的想法、感受，那么父母看到我内心痛苦委屈的样子，他们也并不会快乐，他们也同样会担心我。

我明白了，对父母最好的孝顺是我过得好。我允许自己去过自己想要的生活状态。如果我们过度地超越界限去付出，就会迷失自己，为别人而活，为别人而活的自己并不会真正的快乐。为自己负责，才是最大的负责。每个人都有一个界限，这个界限清晰明朗。每个人都为自己负责，并不需要我们过度付出什么，因为即使你付出了也未必能真正帮到别人。

意象对话成长的关键词之三：成长

我以前是一个追求快乐的女孩，就觉得人，快乐一点，糊涂一点就好，很多事情不用搞得那么明白。但随着我接触和学习心理学，发现了心理咨询是有层次的，有的心理咨询的目标就是让人变得快乐一些，拥有积极的情绪和心态。这样其实也不错。但是从意象对话的角度来看，意象更注重人心理的成长。一个人精神上的成长是没有止境的，我们可以不断地成长让自己变得更加成熟和完善。当我们的人格、处事方式更加成熟完善之后，我们整体的人生也将会比较幸福、顺利。

但人生不如意十之八九，你如何面对人生中的不如意才是考验。

植物的成长，是靠着和大自然的风霜雨雪搏斗；虫鱼鸟兽，也是在弱肉强食中经历挣扎才得以存活和繁衍。人虽为万物之灵，但人经历的苦难、委屈、难堪、打击，更有甚于其他的生命。从孩童开始，人会经历寒暑的冷热，身体的病痛，家长和老师对生活的管教、对学业的要求，成长过程中的种种，如失恋、失业、受委屈、被误会、被诱惑、不得志，病痛、创伤，等等，这都是种种的不如意。那么，人的成长就要靠这种种的不如意来磨炼，当不如意来的时候，正是我们越挫越勇之时。一颗愿意成长的心灵会更加信任自己，会不那么害怕困难，我们可以在事情、经历中磨炼自己。

孟子说：“天将降大任于斯人也，必先苦其心志，劳其筋骨，饿其体肤，空乏其身，行拂乱其所为，所以动心忍性，增益其所不能。”这也是告诉我们，我们要在不如意中积极向前，自我成长。

在心灵成长的路上，我们要珍惜日常生活带给我们的各种不舒服、不如意的场景，借此反观自己，成长自己。因为，会触动我们的，一定和我们的内心相关。生活哪里都是道场，我们都可以借用来成长。

境由心造，心是一切的根源。

修炼心品质

王路骋

缘 起

梦想，对于大部分30岁左右的男人，绝对是一个折磨。因为有梦想，总觉得现在做的一切都算不上什么，不断地憧憬，老是觉得未来没有落实。弄得人心慌慌，弄得心急火燎，弄得东抓西抓，弄得躁郁相随。

34岁的我，虽然在一家合资公司做车间主任，但是却觉得没有继续发展的空间，于是辞职，离开了生活和工作十多年的济南市，来到北京这个更大的城市，以为自己将会有广阔的空间。

实际情况是，两年多的时间里，我辗转北京和上海，换了四五个工作单位，还是不称心。别说靠近梦想了，我甚至觉得自己比两年前并没有进步。

问题出在哪里了呢？经过分析，我才意识到外在的空间和天地，是与我内在的心理空间相对应。我不得不承认当时自己的内心实在是狭小。所以要想自己的未来有更大的发展空间，必须先认识自己的内心，先扩大自己的心量！

其实在这两年间，为了追求梦想成功，我也读了一些成功学的书。最后发现，这些书概括起来就是一句话——要积极主动地去做。但是自己练习的时候，我发现背后的力量才是重要的。读这些成功学书的时候，会觉得自己有被鼓舞有劲头的感觉，可是过几天，就找不到力量了。如果把其中的名言抄录下来一遍遍地背，也有劲头，可是不默念名句的时候，就又回归了平静。

噢，原来被激励的劲，只有靠刺激才能得到；没有了刺激，就没法从内心产生动力。说白了，其实我自己内心的力量没有发展出来，当然就无法持续使用。所以对于我来说，问题就演变成——“怎样才能使自己有内在的积极主动的力量呢？”就这么左思右想的时候，我看到了心理咨询师的培训消息，冥冥中觉得好像学习心理咨询就是我的一道曙光。

心理咨询师的培训学习一般都是周末进行。自从上了第一次课之后，我发现每一周的时间都变成了盼着周末上课和周末正在上课的时间。很明显，我被心理学深深吸引了。觉得心理学有着不可言说的魅力，特别吸引人，非常令人着迷。

甫一接触心理学，才发现之前学的所有其他理论都有一个共同的特点，比较硬实。可心理学理论好像有点软和虚，不说硬的事实而说什么虚的感觉和柔的情感，还说什么想象比现实重要，说什么记忆是有选择性的，这简直就是对我过去认知的一种颠覆。因此，学习心理学理论的过程，就是我在内心层面对自己不断进行扭转的过程。

当时凑巧的是，在我学习心理学理论的时候，有个华裔美国心理学博士莉莉来中国实习，她组织我们一批刚学心理咨询的爱好者，练习助人技巧。还带了摄像机把我们练习的情形记录下来，帮我们分解练习过程中我们做了什么，觉得还应该怎么改进，应该怎么提问，应该怎么倾听，应该怎么观察交谈中的肢体语言和表情变化等这些反映内在心理的微信息。这时，我们才发现平时日常的交谈和心理咨询会谈差别原来这么大啊。最初让我觉得幼稚、为难又别扭的练习，实实在在地给了我最专业的基础引导。

当我考到咨询师证的时候，我做的第一个咨询案例，就是抑郁症个案。这个来访者的目光带给我极大触动，就像一个人在黑暗里忽然看到了希望，原本灰暗的眼睛刷的放出明亮水灵的光芒，交谈过程中，她说感觉我比他父亲对她还亲还爱她。她只有 17 岁，但是已经打了三四年的工。之前在上海的时候，半夜里用大锅煮鸭子，经常烧着柴火，就睡着了，于是三番五次地被老板娘臭骂。处于青春期的她太需要睡眠了，可是一夜只能睡四五个小时，怎么能够呢？后来，她觉得坚持不下去了，就回到安徽农村。她爸爸却说，下面还有两三个弟弟妹妹要养要上学，还是要求她出来打工。她就觉得爸爸不在乎她的感受，认为爸爸不爱她了，于是睡眠再也没有好起来，还一直做噩梦，接下来精神就垮了。

这个案例，让人非常痛心。她说她周围有无数的还是青春期的小姑娘，却要打工，要上夜班轮倒，有的人不但是睡不够，月经都不规律。

大约是受来访者的情绪感染，我回家后一口气睡了足足 12 个小时，就是睡不醒，感觉很沉。经过分析我才明白，原来睡眠除了要满足生理需要，还满足心理需要啊，这个比正常睡眠多出来的部分，就是心理睡眠。

通过第一个来访者，我切身感受到了心理症患者的痛苦。除了现实层面的痛苦，还有心理需要得不到满足、得不到理解的痛苦。他们生活在普通人的水平面之下，他们很压抑，他们很艰难，他们很无力，他们很无助。他们也有着和我们一样的生命，被同情、被理解、被帮助、被尊重。

感受生命的阳光

接下来，将近两年时间的周末和假期，我持续做着一件非常有意义的工作——志愿者，对我来说这是一段沐浴心灵的经历。

2003 年年末开始，有个慈善机构，专门做河南省因艾滋病致孤的儿童救助工作。这个机构最初给这些儿童发放救助金、营养金、生活补助和学习补助。后来追踪发现这些儿童说话少，不爱和别人交往，行为退缩放不开，可以推测他们心理上也受到了影响或伤害。于是 2005 年年初，机构就启动了心理救助工作，希望通过帮助活动，让这些儿童的心理同正常家庭的孩子一样健康发展。

当时仅艾滋病一词就很有冲击，令人望词生畏。为了应对恐惧，我们就先看录像，了解预防艾滋病传播的知识。然后请心理专家来上课，确定从哪些方面入手。接着我们几十个志愿者，讨论设计可行的团体辅导活动方案。并且自己先分组做这些活动，体验活动感受，改进其中不足的部分，进一步加强我们的配合。最后，我们带着大包小包的活动物品和小礼品，坐火车又换汽车从北京来到河南周口的一个农村。

每次活动的前天晚上，我们会对预定的方案做最后的演练，讨论各种应急措施，保证活动顺利没有差失。和孩子们一起搞团体活动的时候，我们自己也相当投入，像孩子似的，轮到玩什么就玩什么，有什么感受和想法就及时分享。

为了更贴近孩子们，我们还给自己起名石头哥哥、土豆哥哥、小草姐姐……使得孩子们和我们之间毫无隔阂，仿佛是同学间的互动，把心理辅导进行得细润无声。

现在回想起来，志愿者的工作，关键不在于专业技能和知识，而是那份从内心深处涌出来的爱。这份爱不断激发持续。在工作启动的时候，我们就已经放下对报酬、利益、名誉等的期待。此时我们的心相比以往，简单了好多，纯净了好多，也透明了好多。因此，我们更开心，更快乐，更有活力，也更有灵感。随之而来的工作活动，也变得更多姿多彩、奇妙有趣。

再深一层的是，当我们投入地去和孩子们互动的时候，我们内心深处的生命力也被激发了。和这些孩子相处沟通，我们才知道什么是真正的对人生、对生命的渴望——当他们的父母亲去世的时候，他们才知道天塌了，靠山没有了。想吃饭，得自己去灶下烧火，哪怕是饭烧糊了，哪怕是苦苦的味道，也得咽下去，毕竟他们还要继续活下去。

没有了亲人的照顾，生活的方方面面没有了头绪，也失去了光芒，自己变得手忙脚乱、慌张无措。这个时候，才真正懂得了别人的一点帮忙，都是雪中送炭，都是对自己的珍惜、爱和关心。这个时候，会有发自心底的感恩冒出来。看人不再觉得他们有恶意，也不计较对方的方式方法是否得当。别人的一个眼神，都是对自己的一个关注，都是善意的关心。

因为惜福，也更爱周围的人，更加珍惜生命的相遇。他们没有怨天尤人的资本，只有跌倒就爬起来的成长。当无亲无故的慈善机构工作人员送来帮助的时候，孩子们的内心感受到了震醒，仿佛黑暗中看到了希望的光芒，于是发自内心地感谢，感恩的弦歌也从心底处铿锵地发出来。

听到一个孩子的故事，我就感动地流眼泪。再听另一个孩子的故事，还是那么的尽情流泪。我不知道我流了多少泪，但我知道我有多么地感动。这是孩子们的生命之歌，我流着眼泪，表达我对孩子们自强不息精神的赞叹，没有怜悯和同情，只有理解和敬佩！这些泪水洗涤了我的心灵，我感恩每一个孩子！

说到志愿者行动，有没有回报，我发自内心地说，回报无比巨大——因为我由此懂得了，什么叫作生命！

相遇意象对话

2005 年的一个下午，我在网上读到一篇根据意象对话初级班录音整理的文字稿。下午读的时候就觉得很有意思，匆忙吃了点晚饭继续读下去，内心深深地被初级班的授课内容和生动过程吸引了，觉得里面说的一个个意象太神奇好玩了。我一口气读到了凌晨两点，也不觉得累，读完还兴奋的没有睡意。美美地想，我一定要学习这个心理学方法。

后来,2005 年 12 月 25 日下午,我有幸见到了意象对话的创始人朱建军教授。朱教授在北京林业大学每个月都有一次公开的心理学活动，数十人聚集在一起，打开心扉，以意象对话为主题进行讨论、体验、分享和互动。

有着强烈权威情结的我，是很害怕权威的，见了权威就紧张，不敢说话更不敢表达自己的观点，生怕自己有什么要命的错误，缩着自己的身子使自己的身位比其他人至少靠后四分之一。可是另一方面，我的潜意识又总想让自己表现一下,比如咬文嚼字让自己某句话说得很特别,或是出人意外地做出某个动作。

令我没想到的是，朱老师态度平和，透露着对我的接纳、尊重和亲切，让我感觉自己一下子就融入当下的环境，起初的紧张也一点点地缓解。朱老师还温和地看着所有人，称赞我对“体会”一词的理解很有道理。

于是，早就想学意象对话的我，当即就下定决心，我要学习意象对话，而且要学好意象对话。

后来一段时间，一有空我就参加意象对话的小组活动。小组里有学习意象对话时间较长的学员，他们对我的性格表现进行温和的解读，让我觉得一下子就和他们的心靠在一起，打成了一片。每次活动都会带一个意象进行体验，每个人分享的意象都非常有意思，形象生动、如诗如画、很美很醉人。不知不觉中，意象对话小组活动成了我生活中的必需。

2007 年 6 月，意象对话第一期全程班学员的招生消息刚发布，我立即报名缴费。8 月开学典礼的时候，朱老师带着大家展望两年的学习。结合一个老中医的例子，他希望我们通过学习对心理和心理问题的敏感，就像这个老中医一样具有“英雄肝胆，神仙手眼，菩萨心肠”的功夫。朱老师还强调，学习意象对话的过程，要面对自己的一个个心结，实在是一个很辛苦、很痛苦又很困难的过程。心结这个东西看不到摸不着，只能用心去体会，所以化解起来非常之艰难。

正因为如此，一旦我们在这两年踏实学习，一定会比上三年硕士更有收获。

从此，我开始系统学习意象对话。进入了全程班[1]，我才知道，我们之前主要是用逻辑判断进行讲话，比较生硬和冷静。学习意象对话后，通过锻炼和恢复意象思维能力，我们再讲起话来就既有情有理，还形象生动、能够感染人。

学习意象对话的第一步是先找内心的感觉。第一次上课，经过连续十几天的上课培训，朱老师夸奖我越来越有感觉了，这让我备受鼓舞。本来我们一期全程班的同学有16位，可是还不到两个月，就有两位女同学因为解心结的痛苦，退出了全程班。四个月后，又有一位男同学退出。最后是13位同学坚持到毕业。

我们一期全程班同学基础最扎实有以下原因：第一，我们会参加北京乾德举办的所有意象对话培训班课程，以及中意国际躯体治疗班的课程。第二，我们坚持每周两次的小组练习，找感觉找感受，体验情绪，体验躯体感觉，互相带意象，互相看潜意识。第三，我们会去林大旁听朱建军教授对本科生、研究生讲的各种理论课程，比如心理咨询、意象对话、精神分析、心理动力学、中西文化等课程。第四，我们每年至少接受朱老师督导[2]10天，接受珍珠水晶以上老师的督导20天。

大家一块学习的过程，既有互相促进的部分，也有因为各自内心情结造成的相互碰撞。因此内心的各个面向都会暴露出来，弱小、伤痛、自恋、自卑、幻想、自大、隔离、投射、防御、攻击、压制、扶助、友爱、牵制、同情、厌恶、愤恨、指责、讨好。

各个情绪也会释放和表达，委屈、愤怒、悲伤、伤心、恐惧、惊恐、害怕、嫉妒、焦虑、怨气、抑郁。各种情感互动也同样表现出来，怜爱、关心、温暖、冷漠、热情、帮助、诋毁、打击、保护、悲悯。

同时在练习和督导过程中，还会看到各种躯体症状，松紧、疏堵、软硬、冷热、痉挛、发抖、吐酸水、吐血、疼痛、出汗、打嗝、放屁、哭泣、抽泣、号啕。真是心理百态，世间百态啊。世界这么丰富多彩，每个人不同的内心状态也在发挥作用。

说到心态，一个人有时像个孩子，有时像个老人，有时像头老牛，有时像只狐狸。这些不同的性格侧面展现，我们在专业术语上称之为子人格。每个人

---

[1] 见本书附录二第7条“全程班”。

[2] 见本书附录二第8条“督导”。

都能看到几十个性格侧面呢。

当然在学习的过程中，各种心理情结也会显现出来，比如早期经历的缺爱情结、被忽视情结、被抛弃情结、恐惧情结、委屈情结、各种创伤情结、过度付出情结、依赖情结、控制情结、受害者情结、拯救情结、英雄情结、求关注情结、口欲期固结、自恋情结、表演情结，等等。

在 11 月的一次督导课上，在分析一个同学梦的时候，我忽然觉得牙疼难忍。督导老师就让我猜测自己的这个情绪躯体化症状与哪些子人格有关，我感受到可能与书生、壮士、保长、学童、私塾老师有关。接下来督导老师就让我选其他同学扮演我的子人格，一番互动后我的牙齿不疼了。通过这次督导，我看到了书生、私塾先生和保长以稳重平和为由对壮士的压制，但越压制壮士子人格就越愤怒越冲动，与此同时还有私塾先生对学童以不关你的事不去看的名义对学童的限制和压抑，导致学童子人格的退缩和憋屈。

随后的一次课上，我说了一个梦，督导老师看到了我的悲伤情绪，她让我把内心最能反映这个感受的一句话说出来，我就说“天塌了，天塌了……”，然后号啕大哭，终于把父亲去世带来的悲伤情绪宣泄释放了出来。同时，老师也指出，其实平时我是压抑悲伤情绪的，潜意识里内心的孩子不愿意和父亲形象分开，甚至误以为自己应该为父亲的去世负责，可是事实真相是：“谁能为另外一个人的生命负责呢？”

在老师的带领下，我们体验到每个情绪在内心是有颜色的感觉，也有轻重的感觉，也有冷热的感觉，也有声音的感觉，也有味道的感觉，等等。正是有情绪的存在，我们的内心才丰富多彩，然后我们看这个世界才会斑驳陆离。复杂的内心体验，决定了我们心中世界的变幻莫测，也决定了我们眼中世界的风云变幻。一个人所具有的成熟心态，会令他眼中的世界显得相对平和与稳定。否则，他就需要处理自己相应的心理冲突。

关于性格决定命运这一理论方面，我们体验到，每个人有着几十个性格侧面，各个性格侧面之间的关系有的协调，有的纠结；有的和谐、有的矛盾；有的友好，有的敌对；有的关爱，有的憎恨；有的是一头热，有的是双向流动；有的是同时和多个发生关系，有的是独立，有的是孤僻隔阂；有的是控制，有的是随顺等。

每个人内在性格侧面之间各种各样的关系，会在外部导致类似的人际关系和人际互动。这么多的内心故事，就会与之相应地，在外部演绎成一幕幕波澜壮阔的人生之戏。因此，如果一个人真正明白了自己内在性格侧面之间的关系，也就必然会读懂自己人生的起起伏伏和命运转折。所以，调节内心性格侧面之间的关系，就是在调顺自己的人生走向。最后，我们会心有感触地得出结论——“自己的命运掌握在自己心中”。

化解情结

2008 年 5 月，有一次我坐公共汽车，听到一个人说“管得着吗”。我对这句话很有感觉，通过意象我看到一个十岁的小女孩，她对外的情绪是愤怒，她自己的情绪是委屈。这个小女孩，穿着方格的上衣，比较瘦，头发扎成两个刷子。在她面前站着一个高大的妈妈，对孩子说这样不应该做，那样不应该做。随后，我还询问了几个同学，他们反馈自己看到的意象和我看到的差不多。

可是麻烦就来了，我这样共情来的母女意象在我心里待了一周多，挥之不去。并且，母女关系不和谐，让我心里一直有别扭的感觉。后来我就想我可以试着调节这个意象呀。做了很多遍的尝试经验后，我在想象中让妈妈递给孩子一杯果汁，说“妈妈是爱你的”，这个时候孩子终于可以听进妈妈的话了。“可是，妈妈，你对我说这样不应该，那样不应该，我觉得很难受。”意象中，妈妈愣了一下，好像孩子的这个表达，让她第一次注意到女儿的感受。于是，妈妈解释说：“妈妈这样说，是担心你外边做的不合适，别人会找你麻烦。”孩子就回应说：“妈妈你放心，在外边我是有眼色的，我知道该怎么做，不该怎么做。”意象中，妈妈再次定眼看看女儿，觉得女儿是聪明的，于是说：“你是好孩子，在家里我也不用太管你了。”“妈妈，我爱你”。于是意象中母女的矛盾有了和解，再看看，女儿的格子衣服变成小碎花衣服，头发也不扎着了，是个可爱的娃娃头，身子也变得胖了。意象进行到这里，我舒心了，也放松下来。随后也就不觉得困扰了。

接着我想，我能解决共情来的意象中的问题，我可不可以自己看看内心意象的问题呢？这个女孩是被限制的委屈，我自己意象中的小明是被压制的委屈。于是我回到自己的意象中，小明对压制自己的大手说：“爸爸，我知道你有担心，怕我在外边出头被打击，我理解你。”意象中大手变松了，变软了。随后小明说：“爸爸，我知道怎么保护自己，我知道在外面可以做什么，你放心吧。”接着意象中的大手拿开来，原本方头方脑的小明意象，变成了虎头虎脑的小明。意象调节至此，我开心极了。

有了这段经历，我觉得自己学习意象对话，真的是开窍了，自知、真爱、行动就是这样被我感受到了，我信任意象对话！

参评珍珠

意象对话有个学习评级制度，通过学习和内心体验，我们会达到相应的水平，比如珍珠、水晶，等等。

我第一次参加意象对话珍珠考评[1]是2008年10月6日。当时我基本看清了我的委屈情结和恐惧情结，觉得心中的父亲似天一样压在我的心空，这种被压制的感觉，就是我当时体会到的委屈。而通过意象对话我似乎也看到了我婴儿时的一个意象，当时妈妈不在身边，我因极度饥饿而恐惧，仿佛是自己非常害怕会死掉。那么一种感觉，就像眼前有黑洞一样，我如果不紧紧趴在原地，我就会掉进黑洞而离开这个世界。说白了就是，我内心的母亲意象对我来说，就像地一样，带给我安全感。对于婴儿意象来说，如果母亲不在身边久了，仿佛觉得身边有了黑洞一样极不安全，非常恐惧。

参加考评之前，我认为自己知道考评珍珠的要求，如果我投机，就可能通过考评，拿到珍珠证书。但这个荣誉对当时的我来说是不实在的，所以，我没有“超常”发挥，而是正常考试，最后获得了准珍珠的称号。更清楚地说，这时的我只能在所碰到的意象的当下体会感觉，对于哪怕是看过的意象也不能很好地把感觉体会出来。也就是说我不能随时体会感觉，所以我不能为了考好试，而让自己巧夺名誉。我有自知之明，我希望自己实至名归。

第二次考试是2009年8月。我本来准备得还不错，但到了考场，老师却说为了照顾远道而来的人，不让我们全程班的同学考试，过几天再为我们考评。因为这些反复让我有了不能操控的感觉，我情绪化地生气了，当然我也就没考评过。但是好处是让我在整个考试的前后几小时都能体验那种恐惧和无能为力。

其实，从我内心里讲，我觉得自己只是差不多，可以通过也可以不通过。

---

[1] 见本书附录二第10条“意象对话评审”、第11条“珍珠级意象对话心理师”。

几个同学也希望我真真正正地通过，觉得这样对我有好处。因为两年的全程班毕业了，有五个同学获得了珍珠称号，而我还是准珍珠，这让我不得不思索。正是这一思索，我分辨清楚了珍珠只是意象对话的珍珠，和一个人的心理咨询能力，以及个人成长的水平，是几个不同的概念，可能有点关联，但不是我原来模糊觉得的、混为一谈的一码事。

当然，由此我也发现了自己的较劲，表面上看是和老师较劲，其实是自己内心的小孩与权威意象的较劲。

第三次是2010年5月份的考试，我依然没有通过考评。考完后我的情绪很丰富，有怨，有恨，有气，有急，有委屈，有受伤感，有无奈感，有不公平感。当然情绪归情绪，我觉得我还是应该自己为自己负责，是自己没做得足够好才没通过考评。

后来和同学谈起来，同学说我当时考试的时候有委屈的感觉和其他感觉，但是我没有说出来，那么就没有人知道我是不是当时有感觉并自知。这时，我才知道我应该除了对情绪有体验觉知，还要表达出来让别人也明白我。

总结起来说，就是因为我受内心无意识的影响，把几个评委投射为故意压制我的人，我还是内心较劲，还是有恨，有自负，有自以为是。

回顾刚过去的一年半中，我所谓的自恋的感觉，就是为了防御自己内心层面的小孩的弱小感、自卑感和无能为力感，以及对内心哥哥、内心父亲的恐惧感。通俗地说，就是为了避免自己的焦虑，为了让自己好受一些，我表现得自恋。实际上我此时体验到的内心小孩的感觉，是潜意识深处的感觉被唤醒和体验到了，我不只是在评委面前无意识地表现和部分投射，实际上，我是整个地落在这个感觉中，并通过向外投射，而得以表现。自恋妨碍了我对别人的了解和感知。而要做到很好的对外交往与互动，我必须体会清楚自己内心的感觉。那么体会的过程，就是打破自己的自恋，然后边体验痛苦难受，边化解消融这些负面感受。

第四次参加考试之前，我觉得自己的体会能力相比以前有很大提高，我也知道委屈是有好多不同表现和体会的，比如不被理解的委屈，不被重视的委屈，被忽视的委屈，被打击的委屈，被压制的委屈，被限制的委屈，等等。怨，可以是怨恨，也可以是怨愤，可以是埋怨，也可以是抱怨，也可以是自责，也可以是怨天尤人。也就是说我清楚情绪是有很多丰富的内容和形式的。我觉得通过考评对我来说，只是时间的问题，而不是能力的问题。

另外我也不觉得自己一定会在这次通过，因为这时（打破自恋后）我不自负了，甚至也不是太自信了，同时我还感受到了自己的弱小感，自己的无能为力感。

当然，考试的时候，我就能把自己的体验如实展现出来，并把当时的感觉表达出来。表达完后，我体会到自己心里有踏实的感觉和稳定的感觉，我也马上表达给评委老师。这时，我觉得我基本是通过了，但是没有必定的感觉。2010 年 8 月 14 日的下午，第四次参加意象对话的珍珠评审考试。我通过了珍珠的评级，并获得珍珠证书。

于是我感叹，意象对话全程班，虽然为期两年，我却上了三年。现在，我要对我的同学们和朋友们所给我的帮助，深深地感谢！我也对曾经感觉到被我碰撞伤害的同学和朋友深深地道歉！

在心理成长的过程中，有些感觉和行为是无意识的，是不由自主的，但既然是我的表现，我就应该负责。可以这么说，在通过珍珠考评的时候，我的“自我”也长起来了。这时，我对意象对话的精髓“自知，真爱，行动，真信”，有了不错的认识和体验。

继续修炼

接下来，就是珍珠后体验阶段了。大概两年的时间，我对“阴影”[1]有了很多的体验。有了“自我”后，我对感受更敏感了，我能体会到心理的表层，也能感受到心理的深层，尤其是对阴影部分深有感觉。在这个阶段心理体验的时候，我甚至非常害怕，也常有惊慌感出来。记得朱老师说他体验深层恐惧的时候，下楼梯会有恐惧的感觉出来,我觉得我也体验到了。因为体验到了内心的惊慌感，我在小区的绿化区散步时，看到对面的人过来，我都有惊惧的感觉升起，我只能提醒自己说，“内心体验看感觉外部现实看表现”，而让自己知道心理和现实是两个层面。有时躺在床上，也会体会到不安感，于是我就抱着靠垫让自己踏实下来。

在“阴影”的体验中，我在意象里看到自己置身山阴之中，阴阴的、凉凉的感觉。有时又体会到“没救”的感觉出来了，仿佛是没有希望了，“唉，认命吧！”那种强烈的无能为力感，好像把人的生命意志都消磨了。再体验生命底层

---

[1] 见本书附录二第 14 条“原型”。

的心理，可能是地狱的感觉吧——痛苦，被折磨，无奈，没有脾气，阴暗无光，没有一丝希望，连想法都被消磨没了，这个阶段只能用一个词来形容——“熬”。

就是这么一段体验，我对人间痛苦、对人心痛苦，有了一个深刻体会。我才知道什么叫作“弱”，我才知道什么叫作同情，那是真正的悯人的感觉。这个时候，我才理解心理咨询师，应该有什么样的心理基底——用爱对“弱”就是注入生命力量啊，也许这就是人心深处的慈悲吧。在这个层面上，如果谁内心中对“惜”有感觉，他一定会爱惜一粒米、一滴水、一株小草、一只小虫。

同时我还体会到了尘埃的感觉，飘浮在空中，起落都不由自己决定，在空中浮多久怎么浮，都是听天由命啊。人类说大也大，说小也小。一切的观点，都可能是你内心体会的反映。知见偏见，都不过是一私之见啊。这样体会之后，我反而不容易自以为是了。

从某种意义上说,心理体验是没有尽头的。心理体验最后要服务于现实社会。于是，我又回到了现实层面继续心理成长……

我们经常思索，对于每个人的心理困境，出路是什么？通过深入的体验，我清楚地知道答案是，生命的出路——与道同行。

用意象透视我的人生

王惠清

2017年2月6日，收到邀请，说要珍珠级[1]以上的咨询师合作出版一本书，关于个人成长的，我答应写写自己的成长经历。

我一开始回忆的都是童年的一些负面的记忆。这是心态的问题，一个人在情绪比较好的时候，更容易回忆自己童年的好的记忆；情绪不好的时候，更多的是一些消极的记忆。因为情绪和记忆有连接，情绪总是会形成族群，也就是佛教里的一念天堂，一念地狱。就是自己的念头好，就感觉自己生活在天堂里，念头不好，自己就生活在地狱里。

因为这几年也受经济大潮的影响，我觉得自己的物质生活不好，内心处在烦躁不安里，这样带动了一大批的内在消极的感受，似乎我成了世上最不幸的人。内心充满了怨恨。有一天心情好了一点，我回忆起来很多童年的美好记忆，我相信这个是我的财富，远比现实的钱财更有价值。我的个人经历有快乐也有痛苦，也有很多独特的地方，我的童年经历成了我后来的命运的根源，我自己努力地要改变自己，慢慢地学习心理学，做长周期的心里成长，接受个人分析，我以为我是在改变自己，后来我发现是找回自己，我的情结让我把自己丢失。感谢知识产权出版社，让我有机会从这个角度来重新整理自己。

---

[1] 见本书附录二第11条“珍珠级意象对话心理师”。

我出生的背景

我出生在山西长治的一个农村，我小时候的农村和现在已经有很大的不同了，经过改革开放三十年，我居住的农村也发生了很多变化。改革开放让农村物质生活大大提高，人们的生活水平已经不能同日而语。不过也有一些负面的影响。

记忆中的农村，有很多的树，若是从附近的五龙山上俯瞰我们村，有几个自然村，并没有相连接，基本看不到房子，因为被大量的树遮盖着，庇护着。走进村里，有很多树，有高大的槐树、榆树、柳树，还有一些杏树，走进院子里还会看到李子树、桃树、枣树、樱桃树、核桃树、葡萄树。还有一些家禽家畜，那会儿每家都有鸡、有猪，也有几家会养鸭子和鹅。鸡可以自己觅食，再喂一些剩饭；猪主要是吃剩饭、洗锅水和人不吃的糠、玉米皮子，加上一些野菜，用大锅熬。人们还会用铡刀把玉米秆铡碎加上土混进猪圈，让猪自己滚，经过一段时间，猪的粪尿和玉米秆、土就变成了很好的农家肥。这是一种生态平衡。

我的户口现在还是农村的，我是在农村长大的孩子，是一个地道的农民。我有着中国所有农民的特点：憨厚、朴实、本分、善良、腼腆、胆小、小农思想，会为小事计较，对土地有一种亲情，没有太大的抱负，活得很简单，衣食无忧就可以了。在改革开放的大潮中我心里也慢慢的有了一些变化，也有一些不适应，也会有仇富心里。我也会想，凭什么那些富人就是富人，凭什么我就是穷人。当然我也有一些个人的优点，我做事能坚持，人很朴实、简单。

出生前的氛围对我的性格形成有很大的影响。我会具有大多数的农民的性格特点，也有跟不上经济大潮，在社会底层的自卑。这让我有些不合群，在一个小的生活圈子里，没有能做成什么大事，连普通人的收入都不如。改革开放三十年，看着很多人都发展的很好，我却一直很一般，有人会说心有多大，世界就有多大，我明白这个道理，可是我的心不是说大就能大的。

童年的环境

我的童年有很多美好的记忆。我生在农村，这里的自然景色很美，是一种慢节奏的生活。我家的小院，是我爸爸和二爸共有的房子，有三间是二爸的，两间是我爸爸的。房子的东边是我二爸的厨房，是一个很简陋的小屋子，这个在当时的农村，只有在夏天才会使用，冬天就在主房里做饭，这样做饭取暖都有了。西边是当时为了扩大房子，经过村里干部同意多围起来的空间。整个院子感觉有些乱，有主体建筑，也有附属建筑，院子里还有鸡舍、猪圈、樱桃树、梨树。后来因为养猪效益不好，就不养猪了。但养鸡还是不错的，开始是几个散养的鸡，后来有了鸡圈，能有 20 只鸡，鸡蛋大多数被妈妈带到市里卖，贴补家里的开销。

这样的环境，虽说有些乱，还是会带给我比较安逸的感觉，一切都是这么的慢，心就会安稳。现代人也许会觉得这是胸无大志，但那时候没有现在这么浮躁，倒也怡然自得。

我们家有很多的杏树，也有很多的樱桃树，每年到了春天，农历三月份，院子里的樱桃树开满了花；出了院子，到了街上，也是我家的樱桃树，一排十几棵，全是白花花的。那种被大片白色花朵挤满的感觉，扑鼻的花香，让我陶醉在一种满足感里，有烂漫仙境的感觉，心仿佛是在空中，轻轻的。到初中时，邻居在我家前面盖了房子，很多的樱桃树被毁掉，我心里的这份美好也逐渐被毁。后来只剩下院子里的三棵樱桃树。每到樱桃红了，就会有很多的人，来我家吃樱桃。樱桃仁有通便的功效，肠胃不好了，可以吃炒熟的樱桃仁，作为泻药用。有一年樱桃生虫子，有很多的枝条上密密麻麻地爬满了虫子，我和姐姐、爸爸一起齐心协力拿着麻棒烧这些虫子。

四月是杏树开花的季节，小时候我姐姐常说，桃三杏四梨五，就是说桃树是三月开花，杏树是四月开花，梨树是五月开花。杏树比樱桃树要大，时间要晚，不如樱桃树移栽方便。我家杏树三棵，我二爸家三棵，我大爹家三棵，我奶奶还有两棵，这些都是我家的杏树，很有满足感。我小时候爬树不行，胆子小，我同学想吃杏，就自己爬树。到了杏快熟的时候，就是杏还没变黄，还是青绿色，吃着是苦涩的，就会有很多村里的孩子来偷杏，有的爬上杏树，有的是用弹弓打。这时候就需要我们来看护自己的杏树，奶奶就会在中午大家都午休的时候，出来坐到门口，看着这些杏树。看到孩子们偷杏，奶奶就骂他们。有的孩子偷杏，不是摘杏，而是折断枝条，这个很让人心疼。等到杏成熟了，我们全家用布单子展开，一个人爬到树上猛烈的摇晃，就会有很多的杏掉下来。若是某一天刮风，也会有很多的杏被风刮下。我们收集的杏自己吃不完，吃不完的杏剥开取出杏仁晒干后可以等到冬天再吃，也是酸酸甜甜的。杏仁还有止咳的功效。大多数的杏由妈妈带着到市里的学校门口卖，很多学生会买。我妈妈樱桃熟了就卖樱桃，杏熟了就卖杏，这样可以贴补家里的收入，因为我爸爸那会是名民办教师，工资每月 20 元，根本不够家里开支。记得一次我妈妈回来说卖樱桃的秤被市容管理的人抢走，然后我妈妈去市容监察大队去求他们归还秤。

读小学的时候，看到有的人卖给同学杏，我一次也带了几颗，不会卖，我说价格是两分钱一个，一个同学说你可以一角钱七个，这样卖得快。我还没反应过来，也觉得卖得快，看到他得意的笑，我才觉得是不是卖亏了。

樱桃和杏，这个记忆带给我的是比较积极的，满足的，也是一种富足感。这是大地母亲赐予的，不需要怎么劳动就会拥有，只要自己种植一棵树，慢慢的看着树长大，自然的就会有回报。我家里的收入不多，但是我却是有满足感的，可能我到现在也受这个影响，我在需要花钱时觉得没钱，自己很穷；可是没有什么需要花钱的时候，我觉得我不穷，我沉淀在满足感里，比较安逸。挣到不多的钱，就会满足，没有挣更多的钱的欲望。

那时的农村，真的很接地气，每年都能享受到大地母亲的馈赠。院子里有一些菜，有一些果树，有几只鸡；我家樱桃吃完，就开始吃杏，然后吃梨，然后吃葡萄，一个夏天到秋天，有吃不完的果实。这是一种富足感。冬天主要吃秋天腌制的酸菜，就是把白萝卜切丝和萝卜上的绿叶一起用大锅熬出来装入大缸，然后用泥土密封起来，等到冬天就成了酸菜，现在一些饭店还有酸菜豆芽，就是这样制作出来的。

我家养的有一些土鸡，每天早上打开鸡舍，看着这些鸡兴奋地跑出来，拍着翅膀，我会被这种自由所感染。鸡自己会觅食，我们也定时喂点吃的，每天晚上鸡会自己回到鸡舍，我再把鸡舍用砖堵上。那会到了夏天，傍晚的时候，我和姐姐，有时爸爸也会参与，去捉小飞虫。我们叫它“黑屁屁”，它们在黑夜出来吃草，密密麻麻的有很多，我带着瓶子把这些昆虫装到瓶子里，等第二天早上喂给鸡，鸡很喜欢吃这些虫子。鸡是我生活中的一个伙伴，我会跟鸡玩，也会欺负鸡。我有点好吃的都会给鸡一点，在吃早饭的时候，也会用筷子甩给鸡吃。我有时会恶作剧，把早饭甩到鸡的头上，看着鸡拼命的甩头、甩掉饭，我会很开心。在我心情不好的时候，也会欺负鸡，来发泄情绪。

我家也养过猪，只是养猪没有挣到钱。记得我家买了两头小猪仔，没几天就要把猪阉割。公猪阉割，母猪要取出卵巢，这样的猪就只知道吃，没有攻击性。

看到兽医用刀切开小猪的肚子，小猪惊恐的嚎叫，也许嚎叫确实可以抵消一部分恐惧，在剧烈的嚎声中，手术结束，取出的睾丸或者卵巢一般会喂狗吃。兽医放开小猪后，小猪胆怯地跑开，我心里有一种说不出的感觉，看着一个小动物受刑，我也心疼。然后我会去安抚小猪，但小猪会惧怕人，这会儿会躲着人。喂猪简单，就是每天的剩饭加上玉米皮子、玉米面子、糠、有时候加上一些野菜，在一个锅里熬熟了带着大量的汤给猪倒上，猪就会抢吃了，在农闲的时候很多的农村的人都会去地里挖野菜，有的是人吃，大多数是喂猪。我只记得一种野菜叫灰灰菜，开水煮一下，再调制成凉菜。我没事的时候，会去给猪挠痒痒。这时候猪会很享受，很配合地躺下，挠到前腿，就配合地抬起前腿；挠到后腿，就很配合地抬起后腿。我觉得很好玩，这是一种互动，服务和配合服务的和谐。后来猪喜欢被挠痒痒，用树枝轻轻一挠，猪立马就躺下，我觉得好笑。

和动物接触感觉是很美妙的，这让我觉得我不是孤独的，在我的身体之外，还有一个生命，会和我互动。这也是和自己的动物性在连接，荣格说和动物连接也是和神性连接，这也是很接地气的。动物和人都是大地母亲的孩子，也是人类的好伙伴，和动物连接让我的心很踏实。

大爹养的一头牛，是黄牛，我那会儿比较小，五岁左右，没事就跟着大爹一起赶着牛运送粪便到田里。我还自己指挥这头牛，“嘚嘚，咧咧”，“嘚嘚”是指挥牛向左转，“咧咧”是指挥牛向右转。“驾”是前进，“驭”是停止。一次给我家田里运送粪便，我在岸边，被牛车轱辘压着脚过去，还好脚没有太受伤。

牛就是牛，牛的性格直接，也会暴怒，比较莽撞，也很依赖主人。牛没有更多的欲望，是老实本分的类型；不像虎狼一类有攻击性，也会有计谋，能吃掉的动物就去吃，不能吃掉就用计谋，或者是团队。而牛就没有这些，很简单，高兴了就干活，不高兴就顶撞。

我们家大多是牛性格的人，我大爹就是这样的人，平时很老好人，偶尔也会发脾气，毫无缘由地发脾气，其实是平时压抑的情绪较多导致的。我爸爸也有牛性。像牛一样温和，没有虎狼的霸道和占有欲；只是有时候会有点牛脾气，比较犟。他生活简单朴素，任劳任怨，勤勤恳恳，兢兢业业，做老实本分的人。我自己也有牛性，曾经在意象里看到过一头黑色的水牛和一头黄牛。

现代人都被物化了，农村新盖的房子也没有空间种菜，更没有空间养鸡、养猪。只有狗和猫，而狗和猫太具有人的味道了，狗和猫是进入人的生活空间的动物，鸡和猪不会。鸡和猪更具有自然性，更具有动物本性。狗一天到晚依赖着人，可以形影不离；猫可以钻到人的被窝里。荣格说过，动物是人的神性，我觉得是这样的。

我不记得我家是什么时候有的收音机，只是记得最早有安装在门上的喇叭，是村里统一安装的。那会儿应该是七几年，走到哪儿都能听到广播。后来我家有了收音机，是安装四块电池的，我每天会打开收音机听一个节目——“小喇叭”，每天听到熟悉的声音，是一个女童的声音，“小喇叭开始广播了，嗒嘀嗒，嗒嘀嗒，嘀嗒”。然后是一个成年男人的声音“叮叮当，叮叮当，我是人民的邮递员，给小喇叭送信去跑的忙”。我每天都听这个广播，广播一开始就进入状态，放下其他的事情，专心听小喇叭的故事。听完后会兴奋几天，然后我就讲给比我小的几个邻居家的孩子，有一段时间他们都喜欢听我讲故事。现在这些精彩的故事我基本都忘记了，不过有一个故事的片段还能记得，因为里面有一个顺口溜：“红军桥，造的好，地主老财过不了。”有时候我也会找一些比我年龄大的人给我讲故事。

我小学时也喜欢看《儿童文学》《少年文艺》,《少年文艺》后来丢失了，我难过了一段时间。那时候正是小人书最盛行的年代，我家没有怎么买，但是同学之间会传看，我也借着看。我爸爸是小学教师，也会拿一些小人书回来。因为小人书有图画，还有简短文字说明，这样可读性就很强，看着图画和文字就更容易进入到故事里。

过去经常使用的水桶是木头做的，几根木头削成板，拼成一个圆形，用两到三个桶箍围着，下面有桶底，这样就做成一个水桶。后来才有了铁皮做的水桶。而废旧的桶箍，可以用铁丝做一个钩形，推着桶箍在地上滚动，这就成了一个简单的玩具。小男孩喜欢推着跑。

那个时候许多小男孩会玩弹珠子。珠子一般是玻璃球，里面有一些图案的；放在手里，握住，用大拇指快速弹出去，目标是先进入一个很小的圆形的坑里，我们称这个坑为“窑”。“窑”一般都会在半坡上，当然这个窑也不是容易进去的，需要恰到好处；用力过猛就超过了，用力不够也到不了。进入窑后珠子就有了级别，我们叫成精了，出来就可以杀死别人的珠子。

玩桶箍使儿童有了控制感，可以掌控一个圆形的物体旋转，很多儿童对旋转的物体很有感觉，我觉得旋转就是轮回的体验。弹珠子这个玩法，也有一些象征意义，进“窑”成精，就如同进入子宫，再出来就成精了，这个成精的意思是，这个人真的出生了，这个要比没有出生的人，更具有现实能力。

童年的这些记忆，是我的成长过程，也是我的财富。有自然和谐的院子，这些很接地气；还有一些精神的文化的渗入，就是广播。一个真实的，比较完整的童年呈现出来了，我原来一直在自卑里，看不到完整的自己，现在看到我的童年的其他部分，我的心踏实了许多，原来我也有很多财富在我身上，是我骄傲的地方。当然，不能有了优势的地方，就不看自己的缺点了，那样也一样是不完整的。

我的家族背景

我爷爷是农民，我没见过我爷爷，因为他在我出生前一年就过世了。我不太清楚爷爷做过什么，似乎是做过小买卖。没有爷爷我就把奶奶看护的一颗老杏树当成爷爷。

我们家六代以前的坟找不到了，据说是女人不上坟，男人外出做生意，遇到灾难没有回来，所以就丢失了。刚解放时，我家是贫农，没有地方住，住在一个庙里。后来我爸爸那代自己盖房子，用的都是庙里的材料，建成的砖瓦房。其实只是前脸儿是砖，里面还夹杂着一些土坯，就是人工把湿的土打压成形，没有经过烧制的土坯。院子用一些石头铺起来，现在我家旧院子里还保留着一些庙里的石头。

找不到祖坟，这是和祖先的连接有一个断裂感，根上有空白，归属感略少。往大的说，中华民族也和祖先有些断裂，我们的历史是断代史。用庙宇的材料盖了自己的房子，这个隐约有些影响，爸爸比较信神鬼，（神鬼属于集体无意识）我是不太信的，因为我从小学读的课本上说这是封建迷信，可是心底深处对神鬼信仰却充满了好奇。我无法在学校学的知识上找到答案，我会反对我爸爸烧香，因为我不能闻这个烟的味道。因为骨子里好奇，我后来对周易八卦有过兴趣，也很努力地学了一些，可是心里仍然有冲突，我的科学观不接受，国家的大氛围也不接受，我还是放弃了周易的学习。后来学心理学，一副远离封建迷信的味道，再后来学意象对话，发现朱建军老师也会研究周易，2016 年学习荣格分析心理学，发现荣格很喜欢中国的易经，我内心对周易又重新有了兴趣。

说起我的奶奶，用现在的话就是一个“古董”，奶奶是旧社会到新社会的过渡，她身上有很多清代女人的特点。奶奶给我的记忆是，头发上用发簪裹着，戴一个黑色帽子，腰间有一个大肚兜（也可能不叫肚兜），里面可以放很多的东西，有吃的零食，也有用的针线包。记忆最深刻的是奶奶的小脚，一次奶奶洗脚后我看到奶奶的脚，严重变形的骨头，只有大脚趾没有变形，其余四个脚趾全部折回来放到脚底，脚后跟和脚掌似乎是分开的，洗完脚后，要用很长的白布裹起来（这让我想起一个农村的俗语：老婆子裹脚，又臭又长）。我奶奶还是半个神婆，也许不能算神婆，因为她没有给别人看过病，倒是心情不好的时候，就会唱出来，这个行为很像是神婆，所以被人说我奶奶有神，我奶奶也愿意说她有神，这样自然的会有一种无形的支持，别人会对她多些尊重。我觉得这是一种自恋的满足。

我奶奶给我的感觉是：很古老很遥远，奶奶身上有很多我不了解的过去，现在想起来似乎是两个世界的人。奶奶的类似神婆的特点，让我很排斥，我对神婆也很排斥，我自己对巫婆的体验也很拒斥，因为我学习的书本说这个是封建迷信，那时的我要和封建迷信划清界限。

我爸爸是奶奶最小的孩子，据说之前有过大约九个孩子，很多都夭折了，只有大爹、二爸和我爸爸成人。我爸爸做了一辈子教师，做教师前做了很短时间的村里的保管，但是被别人排挤，没做多久。当时正好村里需要民办教师，我爸爸就做了一个教师，一做就是 30 年。有很多年没有转正，爸爸就苦苦等待转正；还好在我结婚后第三年转正了，我家的收入才有了大的改观。我也因此感受到贫穷和贫穷带来的自卑，记得有一年我家没钱买菜，就一直吃咸菜，吃了大半年，吃的我肠胃不好，感觉很干燥，舌头上火，好不容易才盼了吃一顿蔬菜。一次有亲戚给我和姐姐、妹妹，一人一个冰棍，那时的冰棍是五分钱一个，我爸爸知道就急了，抢了我和姐姐的冰棍，还打了我姐姐，幸好我妹妹跑得快，没挨打。

我妈妈是一个胆小本分的女人，但也喜欢打扮自己，喜欢购物。现在快 70 岁了，也还是喜欢买衣服。知道我妈妈小时候，在我姥姥怀着我妈妈的时候遭遇到了离婚，然后嫁给后来的姥爷，又生了五个孩子，我妈妈是老大，所以我妈妈一直很胆小。我小时候妈妈总是交代我不要去看吵架，不要去公路上，因为汽车多，不要惹事……这些交代就是在说，不要找麻烦，因为有了麻烦父母不会给我撑腰。

爸爸妈妈的出身和境况，对我的影响比较大。爸爸因为收入低，养成了节约的习惯，很会精打细算，我也是很会精打细算。一次在意象对话高级班我看到一个意象是小型的金算盘，我一下明白我的生活是处处都要精打细算的，用我爸爸的一份工资养三个孩子是很难的，这个带给我深深的匮乏感，在这样的家庭很多愿望都会因为没有钱而被压抑。我也因此对爸爸有不满，很多的怨恨，怨他怎么这么没有出息，不能让家里富裕，让我受尽贫穷和压抑。

我妈妈没有安全感，就会经常教育我不要去冒险，要老实本分，这一切都是要保本。我做事基本都是小心谨慎、适可而止，虽然不是缺点，却也是懦弱胆小的特点。在爸爸妈妈都比较懦弱，安全感不够的氛围中，我家就生活得比较窘迫和压抑，这也是后来我们被邻居欺负的原因。我总有一种没有把自己的劲使出来的感觉。

胎内记忆和一岁前的生活

妈妈怀我的时候，我爷爷刚去世一年，我有个姐姐比我大两岁，奶奶觉得没精力照顾我，就建议不要生下我。我爸爸是孝顺的儿子，没主意，我妈妈也没主意，后来我姥姥说还是生下来吧，她可以帮忙照顾，这样才最终决定生下我。这对我也挺有影响的，我懵懵懂懂有胎内的记忆，似乎能听到外面的声音，如同隔着水听到的，声音很慢，也不清楚。

我不确定外界对我是欢迎的，还是排斥的；我总是在角落里，不引人注意，也怕别人注意我。我内向，不多说话，不能很好地表达自己，在很多场合我都说话不多，内心也比较敏感细腻。在学习的课堂上，我也很少主动提问，没有要表现的欲望；只有我确定必须要做的事，才会鼓起勇气去做。在轮到我上台讲话的时候，我会匆忙说完，尽快下台，我在台下比较安心自在。

我一岁前，我奶奶似乎没精力照顾我，也不够喜欢我，也不让我妈妈多抱我，理由是孩子抱多了就麻烦了，不容易放下，需要一直抱着。因此我在床上躺的时间比较长，我妈妈说我的头骨都有一些变形。我记得我在床上看着墙上的八面连续图案，可以静静地发呆。看着屋顶我糊的报纸，联想着报纸上是一些人物的部分，我一向安静、乖巧、沉默寡言。因为哭闹也没用，就自己安静的待着呗。我的嘴唇比较小，吃奶还可以，大声说话就难点，更不会大声哭泣。

这是我不合群的原因，但我很渴望能有人和我有亲密的关系，渴望能被拥抱。

在很长的时间里我对拥抱是渴望却不敢表达的，第一次和异性拥抱是参加意象对话的深度体验班，课程结束后，赵燕程老师拥抱每个学员，轮到我，我就很不好意思。赵老师说我，还不好意思，那要不要拥抱，我说要，只怕错过这个机会以后不知多会儿还有。我结婚后，也希望能和老婆每晚都拥抱着睡觉，每天都要抱抱。在小学的时候，还幻想我若是结婚了，就抱着睡。怕不能长久地抱着，就想能不能在身体腰部缠上布条，把我和未来的老婆裹在一起，这样不用力也能抱着。

三次受惊吓的记忆

第一次受到惊吓，我好像还不会走，只可以沿着墙站立。那时我在奶奶的炕上玩，奶奶大概在一边忙碌，我用手拉一下窗帘（窗户是上面用纸糊，下面是两个玻璃，玻璃上有一个简易窗帘），突然一只蜘蛛惊慌的跑出来，速度很快，我一下被吓到了，一屁股坐在炕上。然后听到他们说，吓到了，赶快找人看看，于是找神汉来叫魂。我的一个亲戚爷爷是神汉，在我面前用手扇风，嘴里还念念有词："去、去、去！"好像要把我身上的东西扇走，让我觉得好笑。

这次惊吓，让我刚要出头探索世界的状态，被打压回去了。这个背后，是妈妈看护不得力，没有得到母亲全然的照顾，后来我长期对有母爱的女性有感觉，特别希望有一个女性如妈妈般地照顾我，来满足过去缺失的爱。

还有一次，我在小池塘边玩，我的一个侄子，比我大两岁，是我老爹家的孙子。我爷爷是老哥俩，我爷爷有三个孩子，我大爷爷三个儿子，因此我爸爸就是老哥六个。他应该是故意的，一下把我推到池塘里。我落水后惊慌地在乱刨，一边哭，一边游，到了池塘的中心；水并不深，但对于小孩还是没顶，幸好我老爹出来看到了，赶紧下水把我捞起来，送到我奶奶的家里。他们把我的衣服脱光，我记得我站在桌子上哭，好像这次也叫了我的那个神汉爷爷来驱鬼、叫魂。

在水里的害怕是没有支撑，没有了大地给的稳定感，也没有手能抓住的掌控感，很可怕。可能这次记忆很恐惧，让我无意识地怕水。小学阶段，在砖窑有小池塘，水略微深了一些，我都不敢下。一次下水，一个小伙伴在水里摸我的腿，把我吓坏了，从此更加不敢下水了。直到现在我还是不会游泳，几年前我买了救生圈和泳衣，叫上几个朋友去游泳，他们很自然地便会狗刨，我却不敢下水，在池边站着，只是练习了憋气。朋友说游泳很简单，就用手托住我让我尝试游泳，我到水里一下觉得悬空，手里没有抓住的东西，万分恐惧，还呛了几口水，我和几个朋友都吓坏了。但我内心还是想突破自己，等有机会再去学习游泳。

从小我的身体比较弱，我家的很多杏树，我都爬不上去。我怕妈妈晚上去看电影，我总是要求我妈妈背我，其他的小伙伴都自己跑着玩。我胆小是真的，夜里不敢回家，在家里不敢出去。我要小便，我怕妈妈懒得看我，我需要妈妈，就和妈妈商量，你来的同时，我也过去，这样我们就能在短时间相遇。

身体的虚弱也和内心的虚弱是一致的，因为在小时候最需要妈妈关心的时候，我妈妈爸爸是有些缺位的，我觉得我的身体的虚弱根本原因是在子宫里不够安稳，出生后妈妈的照顾不够导致的。

见到响尾蛇的记忆

这一次我还是被吓到了，我吓到的记忆一共有三次，蜘蛛、响尾蛇、惊恐发作。我不记得是几岁时，应该是五到七岁吧，我家旧院子、我二爸家的废弃厨房，是夏天做饭的地方，那会儿我二爸已经搬到市里居住，我不知去厨房干什么，里面全是杂物，我进去后听到一种奇怪的声音，很急迫，我也紧张起来，我并不知道危险在哪块，一抬头看到一盘蛇，是盘起来的一条蛇，直径估计要一尺多吧，我吓得尖叫着飞跑出来，然后我爸爸就跟着我来看蛇，蛇已经离开，只看到蛇的尾巴,从屋顶逃走了。后来我在电视里看《动物世界》看到过响尾蛇，响尾蛇的尾巴震动发出声音，这声音是那么熟悉，确实是响尾蛇。

蛇是集体无意识里面共有的，既是生命力，也代表吞噬性，还有执着缠绕的意思。我当时的恐惧应该是对未知事物的恐惧，也是对吞噬性的恐惧，和对死亡的恐惧。那种紧迫的声音是警告，警告我不要靠近，现在去体会一下，我的身体会紧张，尤其是心脏感觉到紧张，心脏感觉要剧烈的抖动，同时还有窒息感。这次的记忆对我后来的生活到底有什么影响，我还不够清晰。

据说做梦梦到棺材，就能发财，我姐姐说的。我就盼着晚上能梦到棺材，结果很多年也没梦到棺材，好像一次梦到了棺材是黑棺材，不是红棺材，据说红棺材才是发财的梦。

说起梦，我小时候也真的做过跟死亡有关的梦，我梦到我家东边水库下面原来是许多的窑洞，里面很大，有很多的人在里面住，都是过去的人，身穿古装衣服，我觉得他们都不真实，其实我那段时间身体弱。可能和一次惊恐发作有关。

惊恐发作的记忆

我一直能记得一个小时候的恐惧记忆，那是一次惊恐发作。当时我到底是几岁，我不记得了，我问我妈妈，她也不记得是几岁，至少我的恐惧发作不止一次，可能有五六次吧，总之我小时候很胆小，身体也很弱，我妈妈常说我走路没劲，要她背我，我却不记得这事。

因为记忆是很久远的事了，可能已经和真实的事件有些不同，所以我请烁方老师来长治做释梦工作坊，说了这段记忆，把这个记忆作为一个梦来解。

> 我记得，我只有三四岁，一个人躺在床上，房间有些灰暗，这时候突然感觉从墙外有一个金黄色的球状气体穿透墙壁进来，我能感觉到它，耳朵似乎能听到声音，这种声音是飘忽不定的，然后会到我身边把我的灵魂带走，我就会死掉。因为有这个恐惧，我非常恐惧，全身发抖，惊恐万分。恐惧是先从头部开始，脑袋嗡嗡的，然后全身扩散，其他的都不记得了。而我妈妈对此的记忆是，我瞪着眼睛，惊恐地呻吟，她就用手捂住我的眼睛，但这样似乎对我也不起什么作用。

烁方按象征的角度来解，氛围是恐惧，内容是一个三四岁的小男孩一个人在熟悉的空间里，突然有一个未知的陌生的东西进来，他很害怕。

各部分的象征：

小男孩——弱小的、无力的、无能的部分。

房间——密闭的、灰暗的、子宫，母亲。

金黄的火球——鬼怪、男性生殖器、火帝星君、炎魔、父亲。

最后我才明白，这是男孩对父亲能量的恐惧。在我身上父亲能量一直没有进入我的内在，我一直在寻找男性气质，在这个记忆里，我没有得到男性能量，我很害怕，因为我怕被父亲能量淹没，而失去自我，

下一步，就是接受这部分，让父亲的能量能和小孩连接，小孩才能真正长大，成为顶天立地的男人。男孩成长为男人，先是从子宫里得到很好的照顾，在心理层面从子宫出生，慢慢长大；成为顶天立地的男人，是更精神化的男人，男人如山，稳定而挺拔，坚韧，自信，这时候才能算是撑起一片天。

《荣格自传——回忆，梦，思考》第一章童年里，荣格最早的记忆的一个梦和我的记忆很相似。

> 我有了最早的梦的记忆——一个占据了我一生的梦。那时我大约在三岁到四岁之间。
>
> 我们的住宅孤零零地立在洛枫城堡附近，那里有从教堂司事的农场延伸过来的一大片草地。梦中，我在这片草地上突然发现了一个黑色的、长方形的、石砌的洞，我从未见过它。我好奇地跑过去并扒着洞口往下看，然后我看到有石头阶梯向下延伸。带着迟疑和恐惧，我走了进去。洞的底部是一个拱形的石砌入口，被一块绿色的帘幕遮住。那是一块又大又重、类似锦缎制成的帘幕，看起来非常华丽。好奇心驱使我想看看那后面藏着什么，我把帘幕推向一边。在暗淡的光线下，我看到面前是一个灰暗的长方形房间，大约30英尺长。拱形屋顶由凿过的石头砌成，地上铺着石板，房间中央一块红色的地毯从入口铺向一个低一些的平台，平台上立着一个富丽堂皇的黄金宝座，看不太清，宝座上可能有一个红色的垫子。那是个华丽的宝座——童话里真正的国王的宝座。宝座上立着一个什么东西，最初我觉得是一个12~15英尺高、1.5英尺到2英尺厚的粗树桩。那是个庞然大物，几乎顶到了天花板。但它的结构很奇怪：它是由皮肤制成并且是裸露的，顶部像个没有面部和头发的圆头，头顶像是它的一只眼睛，一动不动地盯着上面。
>
> 虽然没有窗户和明显的光源，但是它在这间屋子里显得相当明亮。在那颗头的上面，似乎是一个光环。它没有动，我却觉得它随时都会如一条虫子般向我爬来。我害怕得瘫软了，这时我听到从外面的上部

传来母亲的声音。她叫道，“对，看着他，那是个吃人的东西！”这使我更加害怕了，我大汗淋漓地醒来，吓得要死。之后很多天我都不敢睡觉，害怕再做如此可怕的梦。

荣格幼年也经历了不敢面对内在的男性气质，男性气质是勇敢的、积极的、突破的，要呈现自己、暴露自己，就要稳住自己，这是每个男人都要经历的。

家　人

我二爸在爷爷奶奶的支持下考上中专，后来做了官。据说我爸爸那会学习也不错，只是家里的条件只能供一个人读书，因此我爸爸没有读上中专，也就没有工作。在我两三岁时，二爸搬离农村，到了外面工作生活。我爸爸和二爸在一个院子里，二爸三间房子，我爸两间房子；二爸搬离之后，我家就住在二爸的家里，一下子宽松了不少。

我们家也算是一个大家族，小时候我吃饭就经常去我奶奶住的房子，还有我大爹住的房子，一大家人经常坐在街上吃饭，很多人都边吃边聊，似乎在家吃饭没意思；村里的其他人也经常在街上吃饭、聊天。

我三岁断奶，我记得父母把我送到姥姥家，我姥姥给我做的开裆裤，是深灰色的棉布裤子。我在姥姥家也是比较乖，我口渴，问姥爷要水喝，我姥爷说可以吃饼干解渴，我心想这是在骗我。一次看电影，电影里叫妈妈是娘，（我姥爷都是河南林县逃荒上来的人，组成的一个村，叫林移村）我就问，你们村叫妈妈也是娘，电影里的口音应该是北京话，你们村和北京说话一样。我姥爷就说，我们村就被称作小北京。我心里有些觉得不真实，可我还是觉得一种优越感，我就在小学同学炫耀，我姥姥家是小北京。

小时候，我是先用勺子的，后来开始学习用筷子。我姐姐也不会用筷子，我心里不服气，就想学会，我要超过我姐姐。在我的努力下，每天尝试像我爸爸一样用筷子，当然开始还是会比较笨，但是我不能退缩，有一种不学会就誓不罢休的精神，没过多久，我就学会用筷子，后来我姐姐还是没有学会。

这个经验，让我有了一些自信，我相信我只要努力，只要坚持，不轻易放弃，就一定能学会。这个和后来学习心理学有关，我心里有一种自信，就是我坚信我能学会，并且我希望学难学的，我相信我能学会困难的课程，只要我努力，我就一定行。

我有过一个妹妹，比我小四岁。我还隐约记得妹妹的样子，圆脸、短发、水汪汪的大眼睛，也老实、听话、懂事。我记得妹妹出生时，我和我姐姐在院子外面玩，似乎知道我妹妹要出生。我有时候会嫉妒父母对妹妹的照顾，还有一次，我在妹妹面前让她看我的阴茎，我是用手半捂着，让妹妹猜是什么，看着妹妹尴尬的表情，我还有窃喜。后来才知道，这是潜意识的在炫耀自己男性的优越性。

妹妹一年级好像有人欺负她，我知道了要找那个欺负她的人，好像没找到。在妹妹七岁的时候，一次生病，我爸爸着急，就找一个农村医生看了；不见好转，就换了一个医生看，另开了一些药物，结果两种药物配成毒药，妹妹很快就病危，我爸妈就赶快将她送到市里和平医院。当晚我大妈在我家陪我，她坐在我家的火台上打瞌睡，我躺在床上看着我大妈。第二天，我知道我妹妹抢救无效，已经去世。我也不知道悲伤是什么样子，看着大人们哭泣，我也跟着哭泣。妹妹死后大约六年后，有村里的人介绍邻村有一个男孩车祸死亡，就和这家结了鬼亲，当时还给了我家一千元的彩礼。

我的家里的完整感破坏了，我一直不知道我妹妹的去世对我有什么影响，后来才知道影响还是很大的，只是压抑在了很深的潜意识里。妹妹离开后，我没有机会完成一个男孩子青春期的保护弱者的需要，也就是少了一个弱者需要的保护，我的英雄情结没有完成。我一直对比我小的女孩子有不一样的感觉，总想亲近，总想照顾她们，我舅舅家的女儿，比我小十几岁，我对她就很偏爱，每次走亲戚，到了姥姥家，就会让妹妹到我怀里，她也愿意被我抱着。我对村里邻居的小女孩（五岁左右的）很喜欢，就逗她们玩，抱她们。再后来我离婚后，也对年龄小的女孩子有偏爱，我幻想我妹妹死后投胎，还会在这个世界。2003年我认识一个小姑娘，就幻想她是我妹妹的转世，就对她很好。我妹妹是七岁去世，就是在1982年去世，这个女孩是1983年出生，我就联想是转世。我妈妈还问过那个神婆，说我妹妹被某一个神婆带走做了童子。这个说法多少让我有些安慰。家里的不完整感，成了我后来内心空虚的一个原因，可能也是后来我喜欢吃零食，让自己有些胖的原因。

青春期的记忆

我爷爷一共盖了十间房子，五间房子是我大爹住，另外五间房子是我爸爸两间、我二爸三间。我奶奶住的一个更旧的院子也属于我爸爸的。我二爸考上中专，然后到长治市郊区做办公室主任，就在我两岁左右离开村里，我家自然的就把这五间房子全住了，我家院子前有很宽阔的自留地，两边是我家自己种的樱桃树，每到春天三四月的时候，满街都能看到我家的樱桃树开的花，特别美。可是好景不长，我们村里一户人家看到我家的地理风水好，就给村干部请客送礼，在我家前面审批下了宅基地，然后就在我家前面盖起了房子，好好的阳光就被他家给遮挡住了。因为此事也吵架几次，还是失败了。我家的杨树在他家院子里，也被他们拦腰斩断。我家东边的邻居也和他家好，处处刁难阻挠我家，我们全家生活在比较压抑的环境里多年，我二爸的那三间房子也很久没说通给我家。直到我家新审批的宅基地后，我二妈才私下同意给我家，爸爸给了我二妈两千元买下，拿到了土地证。

这个事件对我也有很大的影响，比较沉闷，也有要走出去的动力，要做一番事业的劲；我不甘于受气，所以才有一个要学习的劲。在青春期的时候，正是一个男孩子自我成型的时候，也是走向独立的过渡。我的青春期就是在这样的压抑中度过的，这个让我一直不够自信，没有勇气，遇到困难也是退缩的；怕和人发生冲突，也会在冲突发生前就逃离，看到一帮青春期的男孩子，我会有些害怕。

贫穷对我的影响，让我想起了很多小时候的记忆。爸爸不让我们吃冰棍；吃了一年的咸菜，不给我买蜡笔、到了初二才给我买了水彩笔；一次在长治市街上看到一些画，就想给我买一幅画，让我临摹，结果一看是裸体画就放弃了；看着别的小朋友能吃罐头，我却没有；他们有球鞋穿，我只能穿妈妈做的鞋子，等等。

青春期，我在读初中的时候，是建立男性气质的时候。那会我家前面有了新邻居，占用我家的自留地。我家原来是正南门，可以直接走到我奶奶住的地方，因为他家，我家就改成东南门。我家东边的邻居巴结他家，我家西边的邻居是大爹家的大儿子，我妈妈和我嫂子也不和。我家后面是野地，我家等于是三面受困，后面还没有依靠。所以一次的梦中才会出现我初中的班主任，还有我路过院子不能进。我哥哥的院子挤压我家，也是当时的感觉。记得一次我爸爸突然摔倒在门口，我们都不知道，我爸爸那会儿患腰椎间盘突出和骨质增生，我二爸家的大儿子，我哥哥对我说，你爸爸腰不好，以后全家就靠你了，我听了觉得很奇怪，我这么小，干嘛要让我承担全家。能记起那会儿的我很压抑、很自卑，想到我家的窘境，我就想尽快改变家境。

我到高中也很压抑，对自己的现状不满，就一直想要改变。我不想读书了，虽然我很喜欢物理和数学，最差的是英语。我考英语主要凭眼睛偷看别人的答案我，我的眼睛视力是 2.0，可以隔着一个桌子偷看别人的答案。我高中毕业后，就自己一心要改善自己家里的窘境，我积极的做了一些事情。主要是养鸡，第一年养了 50 只鸡，挣到 500 元；第二年养 200 只，存活 140 只，效益是 4000 元，这年的养鸡投入是 2000 元，我把我家的玉米预算进去，把我爸爸的工资预算进去（我爸爸当时是民办教师，每月工资 50 元），我把 50 只鸡的收入也预算进去，才刚好能投资够 140 只鸡。一次我爸爸生气，觉得他的钱都投入到养鸡上了，就扬言要把我的小鸡都摔死，幸好他没有这么做，不然我的创业就要夭折了。这一年的 140 只鸡，收入了 4000 多元；在 1993 年，农村人能挣到 4000 元已经不错了，这个要比我爸爸的工资每月 50 多元高多了。我决定下一年扩大养鸡规模，在院子里盖鸡舍，这次养 550 只，希望这一年能有好的收入。可是这一年的 550 只鸡，却没有挣到钱，只挣到 3000 多元。因为这一批鸡在育雏的时候，温度不够，前期的照顾不好，鸡后期的发育都不够好，还有一些不良的习惯，就是啄食其他鸡的羽毛和肛门，这样这一批鸡的死亡率很高，所以没有什么收成。我并没有气馁，下一年继续养鸡 400 只，这一批鸡真的不错，鸡的健康状况很好，产蛋率一直很稳定，死亡率也很低，这一年收入 12000 元。我有了娶媳妇的钱，终于有了抬头做人的感觉。可是家里还是旧房子，比起那些有新房子的人来说，还是不够。可是已经到了 24 岁,眼看着同龄的小伙伴都结婚了,我也开始着急了。

这是我意识开始觉醒，就深刻感受到我家的贫穷，这个成了我的情结，后来学习意象对话看到的一个主要的子人格——乞丐“三毛”就是这个时候形成的。

我的青春期是一个比较压抑的阶段，从被邻居欺负开始，我的青春期就一再受挫，总觉得压抑，不能舒展，以至于我自己慢慢变得麻木，对世界漠不关心；自己表现的清高，更加不合群，一个人孤独的待着，别人都说我很木讷。一个算命的说我，五官很好，就是眼睛无神；另一个算命的说，我可以戴眼镜，这样别人就看不出我木讷的表情。其实我那会儿是心死了，是青春期的创伤，不断的挫折带来的，幸好有心理学。我后来学心理学，这个是潜意识的动力，原本以为是为了挣钱，还好，我不断地努力学习，这些症状在逐渐消失，找到新的自我。我一直有一个劲，就是自卑和超越自卑的劲。

结婚的钱，都是我自己挣的钱，花了 20000 元。那时我的花销是最贵的，前妻家不帮助我,还坑我,卖掉我的用作饲料的原材料玉米,我一直想壮大养鸡事业，可是得不到我爸爸的支持，也得不到我前妻的支持，很无奈。我不能离开鸡，哪怕是出门玩一天，前妻不愿意给鸡喂饲料；我出去打工几天，鸡就得病。他们喂饲料的时候，不去观察鸡，养鸡就要把鸡当成自己的孩子；鸡会给饲养者打招呼，鸡看到主人，会很活跃。我前妻喂饲料时，就算鸡死在笼子里她都不看。

恋爱和婚姻

我的暗恋，是在初中的时候，对象是我的一个同桌。她比我小一岁，很文静的女孩子，长相看着很舒服的，也是一个美女。我暗恋她，都没有胆量表达。因为自己自卑，对家里的贫穷的自卑。我就想，等我以后有钱了，我就来表达，可是没想到，我并没有在短时间摆脱贫穷，同时我也不可能在短时间更有男性气质。那会儿正流行过节送明信片，我让妈妈买的明信片。我觉得不好，没有别人买的好，就生气，又买了一套。我挑出一张自认为最好的，偷偷送给她，我想让她知道我的心意，又很怕她知道我的心意。后来到了结婚的年龄，村里的同龄人都结婚了，一个朋友的妻子和我同桌是朋友，我还托她帮忙问问我的同桌是否愿意，答复是不愿意。

我那会儿，因为自卑，没有勇气真正表达自己，这是我的一个失败，自卑让我止步不前，我需要有动力。这也是我后来学习心理学、学习意象对话、做个人成长的主要动力。

我陷在自我的冲突里，对自己现状不满意，就一直不想结婚，但是又羡慕别人有了老婆，这样就不用每天一个人睡觉了，就可以抱着一个异性睡觉了，还可以有性生活。我一直不着急找对象，到了 24 岁，身边的同龄人都结婚了，我也着急，正好有媒婆带着去一个村里相亲，我看到一个女孩很活泼，她的活泼打动了我，因为我很内向，这个正好可以弥补我的不足。其实我对前妻的文化程度低有些不满意（只读到初中一年级），可是年龄大了，父母家亲戚也着急，就匆匆结婚了。当时对方家里不愿意，我家也担心时间久了，要花很多钱，可能也不成。我内心着急，就希望能提前让对方怀孕；我自己内向，但是两个人互动，对方对性也好奇，就在一天的中午，我们偷偷地有了性关系，结果这次真的就怀孕了。我心里暗自高兴，她家父母虽然不愿意，可是眼看要肚子大了，还是同意了，不过彩礼要得比同龄人多，这个成了我的新创伤。因为我家一直就有贫穷的感觉，希望她家能有些扶持，结果没有扶持，还是要花更多钱。婚后我也希望她家能帮助我家，我养鸡，需要玉米做饲料原料；去丈母娘家购买玉米，她家就花我的钱，后来又卖掉我购买的玉米。前妻是领养长大的，因为她娘家流产过几个孩子，有人就建议领养一个孩子；果然领养了前妻后，就又生了两个孩子，一个弟弟一个妹妹，所以前妻也没有安全感。我和前妻闹过几次离婚，我一直觉得对方家庭不照顾我家，我希望她家能帮助我家早日脱贫，这也是我对自己的父母不满意的地方，尤其对爸爸的不满，让我很辛苦。

自己的自卑，前妻的冷落，我自己养鸡希望前妻能帮助我，可是她喂养鸡的时候，只是草草地添加饲料，不去观察鸡的状态，和鸡没有互动，没有投入感情。

我的婚姻，我自己也有很多的过错。我自己不成熟，斤斤计较，尤其是我的幼稚，我内在小孩总是希望能被照顾，总是想逃避属于我的责任；这是我的心结，也是命运给我的。离婚是我的创伤，也是我继续学习的动力，我多次参加两性关系的课程，我后来对荣格分析心理学理论的阿尼玛很感兴趣。我在多次的两性关系课程上慢慢地认识自己的问题，看到自己的不足，慢慢地练习和人说话，主动承担，我的男性气质也在慢慢地长大，自信心也慢慢地长大。

学周易

我小时候对神秘事件有兴趣，但是我们学的书本都是讲科学反对迷信，认为这些是糟粕。我对我爸爸的一些迷信行为不满，我会在我爸爸烧香后，觉得空气不好，就匆忙把香倒插到香炉里。我觉得这个行为不只是不愿意闻香的烟味，更多地是反对封建迷信，我后来不抽烟，可能和这个有关。

高中毕业后，我没考大学。当时学校是为了提高升学率，让一些学习不好的学生提前毕业，不让参加高考，没有能参加上高考，我很气愤，也很遗憾，后来自学两门函授大专，到后来学习心理学，总有一种没有用出来的劲，我要坚持，不能比那些考上大学的人差。

我家丢失过三轮车，我妈妈找算卦的问，我舅舅有算命的书，是邵伟华的《四柱预测学》和《六爻预测学》。我就借来看，看了一遍没看懂。过了两年，我家再次丢失三轮车，并且我的婚姻也不好，一直吵架，我妈妈还是问算命的，我再次拿起算命的书看，这次能看懂了，就自己起卦看一些事件，不懂的正好村里也有几个喜欢看算命的书的人，就请教他们，这样就能深入知道一些算命的思维。我自己又迫切需要补偿自卑，我就翻看一个朋友家的书《奇门遁甲密旨》，我也是看了两遍没看懂，就放下，后来再一次看，就看懂了，知道怎么起奇门的局。再后来为了学好，并且为了补偿自卑，我要学会别人觉得难学的技术，并要超越别人一大截，就去石家庄参加一个奇门研讨班，是当时一本《神奇之门》的作者张志春举办的研讨班。

周易带给我的，是一次和潜意识的接通，和主流文化不同的文化、和神秘现象连接的过程，也是我对与命运不满，想突破命运所做的努力。不过后来发现有些问题，人们还是会陷在自己的欲望或者恐惧里，寻求周易帮助，更多的目的是逃避，这样不能带来真正的成长；也有一个悖论，相信命运，人就被束缚在命运里了。学习心理学，成了我后来真正发生改变的一个方法。

与意象对话的缘分

2003 年有人建议我学习心理学。这个是国家支持的，将来是一个出路，我也觉得好，当时并不知道，其实是我的情结推动我进入心理咨询行业的。我的情结是，婚姻不好，青春期受挫，没有勇气、胆量，对很多事情麻木，眼神呆滞……这些是算命不能解决的。

2003 年在太原一个咨询师报名点报名，开始学习心理咨询。2004 年去太原面授心理咨询实操技术，也结识了不少心理咨询的同行。当时因为我懂一些周易，被同学们当作宝贝，每天都有同学请吃饭。也会给她们看看名字，看看命运什么的，人总是有好奇心，不过有时候看不准，我也失望、自责。

2004 年，因为学了一些心理咨询的技术，就有机会做心理咨询，发现自己根本不会做，只是劝劝来访者。看着来访者无助的眼神，我也没多少办法。后来有两个来访者，一个是恋物癖，一个是同性恋。我不会接待，就请教太原的老师，她们也没有很好的办法。对于恋物癖，就想办法满足来访者，太原老师也遇到过一个恋物癖，是恋女人的皮鞋，喜欢收集女人的皮鞋，后来来访者自己开鞋店，据说还是没有彻底好转。我的来访者是对女人内衣内裤喜欢，喜欢去厕所偷看女人大便，希望咨询师可以找一些女人的内裤来看看，那会儿我和一个老师一起开门店，他是函授心理咨询师大专的。他也找来一件内裤，给来访者看，我看到来访者那种不满意的表情，觉得没有帮助到他，我当时就迫切地需要一个有效的技术。那时太原有三位老师去北京参加了意象对话的初级班，她们做了几期沙龙，我当时没参加，有几位同学参加了，反应很好。我就自己购买了书籍《我是谁》《你有几个灵魂》看，很喜欢，很实用，就照着书上去练习，很好玩，也很有效，就想深入的学习意象对话这个技术了，正好 2005 年太原有朱建军教授的初级班，我就报名参加了。那会儿还是带着很多的投射去学习，听说朱老师会把学员们看成一群小动物，心里还不以为然。看电影《大话西游》,朱老师让我们自己先体会,我也不会体会,就是会分析。那真是生搬硬套,孙悟空和观音打战，我就理解为孙悟空的金箍棒是男性象征，观音菩萨是女性，手拿一个瓶子，瓶子是女性象征；他们是在有性的沟通。听了朱老师的讲解，才恍然大悟，原来电影是这样的，还有很多的象征我是不懂的。

我发现了自己的不足，迫切需要提高，也迫切需要对自己的自卑做补偿，就不惜花钱在 2006 年去参加中级班。十年前参加的中级班，现在想起来还历历在目。那时的中级班学费 3500 元，加上路费需要接近 5000 元，因为要在北京上一周的课，还有住宿费、伙食费。这是我第一次去北京，还得到同学吕敬的妹妹和弟弟的帮助。我自己选择住地下室宾馆，因为这个住宿便宜。在课上看我的压抑和分裂，因为我的子人格都是不认识的，主导的子人格是乞丐三毛，对立的子人格是贵妇人。贵妇人抱着一只小狗，其实我真的不如这只小狗。我的子人格还有几个，一个压抑了五百年的怪兽，全身都是蛇一样的触角，和电影《加勒比海盗》里的怪兽差不多；一个律师，在自己的办公室里；一个受伤的军人，一个女兵，还有一个喜欢玩阴谋的日本人“川田大佐”，这个名字是我当时联想到的；还看到一个道士 (不过这个道士是一个骗人的道士)，一个喜欢抠字眼的学习周易的青年。在课上，代课老师是蔡晨瑞和何明华。蔡老师让我画出道士，我画出了，这个道士很瘦，还有一缕胡子。这个道士是动画片《宝莲灯》里，骗沉香的道士，道士对沉香说想学穿墙而过的法术，就要硬着头皮撞墙。第一次沉香撞墙，没有过去；道士要沉香用力猛一点，结果，沉香就撞晕了，道士拿钱逃走。蔡老师用分析画的方法，注意到道士的裆部线条没有连起来，就判断，我是在性上有问题，这是忽略了性。我当时和前妻关系不好，前妻拒绝和我做爱，这个判断也击中我了。

我那会儿生活得很压抑，麻木，在一个学员体验到悲伤情绪后，蔡老师问我什么感觉，我说，我想起这个如同我大妈（样子有点像）；问我什么感觉，我说没感觉，让我体会，我还是体会不到，蔡老师愤怒了，抬起脚想踹我，另一个女学员说要打我，因为我太麻木不仁了。

课下，何明华老师让我看看周易，我想让她督导[1]，她还要收我 200 元，我心里不满，觉得我给她看周易没有收费，怎么不能相互抵消？蔡老师让我看自己的感觉，算命的过程是哪几个子人格，我看到何明华是三个部分：美女、尼姑、师太。我自己也是三部分：喜欢学习的咬文嚼字的青年、骗人的道士、诸葛亮。后来我明白：能给人看准的，其实是这个骗人的道士，这个道士是用了直觉，何老师觉得这个是调用了死神的力量，这个我当时不明白，在 2007 年深度体验班看到死神后，我才明白的。

2006 年我自己正式开业，注册了心理研究所，朱老师建议若是学好意象对话，需要自己练习，最好有每周一次的小组，即使是两个人也可以，我就想着怎么成立小组。一次机缘，我认识几个也学习心理咨询的同行，就邀请她们都过来我这儿做沙龙，讨论沙龙的设置、收费。大家同意收费 20 元，由我先来分享意象对话的收获，之后由其他老师做学习后的分享，这样我就在长治开始了意象对话的组织和宣传，也开始带领成长小组。那会儿带组带得也很僵硬，大家看了意象，我做一些解释，带一段时间小组，就带不动了，我的能力不够。我就去太原、北京参加课程和体验班，来解决自己的问题，每次解决一些自己的问题后，我就有了心理能量，又能带领小组了。

2007 年去太原参加赵燕程和吴勤的深度体验班，我还清楚地记得，我去之前，我做的一个梦，我自己穿着我妈妈做的布鞋就去了太原，我怕同学们看到布鞋，就着急在太原买皮鞋。我现在明白那是一个面具，是自己不接纳自己的农民身份，

---

[1] 见本书附录第 8 条“督导”。

就用皮鞋这个面具来掩盖。这次的深度体验班，我的因贫穷带来的自卑情结给触发了，还看到死神；死神是自卑，有不能面对自卑导致的放弃，死神的特点就是放弃。

课程结束后，同学们都去送老师，我内在孩子部分，觉得没有依靠了，又不能赖着别人来依靠。自己一个人走在大街上，看着满街的繁华，霓虹灯在闪烁，行人匆匆，这个世界和我有什么关系，想起几年看过的电视剧的主题歌，歌词是："满目繁华何所依，绮罗散尽人独立。"我是山西长治的一个农村的农民，在这个省会太原，我是如此的孤单、无助、无奈、无能、无力，真正感觉到自己的自卑。那一刻，我和自己的弱小感在一起了，眼泪已经止不住了，那是泪奔的感觉，我也顾不上公交车上其他人是否在看我，我完全沉浸在自己的悲伤里，回到我住的房间，这个住宿也是太原主办者杨丽君给我找的宿舍，不用花钱的地方。第二天回长治，我到了车站，火车晚点两个小时，我就在车站的候车厅继续悲伤，这种悲伤是以前从没有过的，我想到我就是那个流浪的三毛，自己是如此的贫穷。我的生活竟是如此的悲惨。我明白我为什么要抗争，也明白我为什么真实的无能；我的生活就是这个乞丐在生活，表面我是普通人，也会穿一个看着还得体的衣服，来掩饰自己的贫穷。这也让我自己远离了这个感觉，我在自己欺骗自己，我需要醒过来。这一刻的感受，我仿佛悟到了什么，我明白了，我痛苦地明白了。不过这个并不能让我脱离贫穷带给我的影响，这个影响到2017年的现在还有。

2008年去北京参加赵燕程吴勤的深度体验班，看到组员们吵架，我是觉得好奇、好玩，心想这些人真的很特别哎，怎么这样情绪化。一次课上，20个学员，大多数都卷入了，我在旁边数了数，有16个学员卷入。老师为了保护学员，把学员分成两派，还用椅子和布隔开，我那会儿还只是看着，不敢去和人冲突。

2008年还有一次是参加刘天福的"以人为本工作坊，"我体验到自己如同一个游荡的灵魂，无家可归，2008年还参加一次躯体课，意大利人马龙带领的。意象学员周碧蓝说我是小孩，我把她投射为妈妈，我对这部分还没有清楚的意识和体验。2009年，赵燕程来长治的深度体验班。这次是三天的工作坊，那时候燕程的课费用还不贵，还是均摊成本，结果人很多，学费就很低。我自己在结束时，和老师合影，我当时突发奇想，想在老师的怀里做一个孩子，老师也爽快的答应，我躺在老师怀里，其他学员逗我，让我吮吸手指，我那会儿也没有反抗，就吮吸手指，再后来，我才知道，是我的内在小孩的需要。

学习意象对话，是我个人成长真正的开始，这也让我的命运真的改变，我开始学会体会，看自己的内心感受，也开始学会面对问题，不再逃避。经过了漫长的、点点滴滴的成长，我慢慢的改变了，我也带动了很多的人一起走上了成长的道路。我在长治多次组织意象对话相关的课程，长期带领个人成长小组，这一切磨炼了我，也成就了我，我反过来还是要感谢过去的痛苦，没有痛苦的经历，就没有成长的动力。

参评珍珠

我第一次评审珍珠[1]是 2007 年，那会是刚参加过中级班，我问杨丽君，她说评审也是一种体验。我自己觉得我学了不少东西，还是有不少自信的，现在看来是自卑的补偿，我迫切的想有一个补偿，让我能远离不喜欢自己的地方。那会我看了电影《山村老尸》《木乃伊归来》，还做了电影分析，觉得自己也蛮厉害的。在研讨会上我看到曹昱也很紧张，在年会的圆桌上，她就在旁边，不停的看自己的笔记本电脑，修改自己的文章，我心想估计她过不了珍珠吧。进去评审的房间，有五个老师，朱老师也在，还有一个做记录的老师。我很紧张，被评审的学员要坐在一个躺椅上，他们问我问题，我照答。然后我就讲我的个人的体验，我对歌曲《白狐》的感觉，为这首歌，我哭了多次。因为歌词里的一句，“我爱你时，你正一贫如洗寒窗苦读，离开你时你正金榜题名洞房花烛”。这是我对自己的贫穷的无奈、绝望。我觉得我不会有爱情，因为我穷，等我有了爱情，我已经老了，过了可以有爱情的年龄。朱老师说，评审不要做成督导，让我可以走了。我有点没依靠，带着失望出来，这次当然没有过珍珠。

第二次参评是 2009 年，我觉得我又学了不少，体验了不少。这一年，朱老师在一些学员觉得评审珍珠很难的要求下，在珍珠级前面又增加了两个级别，原来是珍珠级前面是准珍珠，再前面的一级是珍珠助理和珍珠实习。我这次评的是珍珠助理，我觉得也不错，距离珍珠还有两步。

第三次参评是 2010 年 5 月，那会儿是因为全程班有几个人要参评，所以组织了一次参评，我就过去了，因为我觉得自己又有很多的体会。这次一起参评

---

[1] 见本书附录二第 10 条“意象对话评审”、第 11 条“珍珠级意象对话心理师”。

的还有邱祥建，邱祥建这次评审通过珍珠级，我通过了准珍珠，我心里也很高兴，距离珍珠还有一步。

第四次参评是 2010 年 8 月年会，我信心满满地去参加，这次还是准珍珠。年会结束，一帮同行都去吃饭喝酒了，我心情不好，也没喝酒，我平时也很少喝酒。这次有很多珍珠级的老师都喝醉了，我和邱祥建一起把他们都送回家，我心想，这帮珍珠，都不合格，竟然还喝醉；你看我，不是珍珠，也没有喝醉，这点他们不如我。这是我对他们的攻击，也是压抑了自卑，没有通过评审珍珠，就没有获得补偿产生的情绪。

第五次参评是 2011 年 8 月，这之前，我的体验有了深入。这年的 4 月我离婚，陷入更深的痛苦里，还受着亲戚朋友的质疑，内在也在体验着我的无能感、弱小感。7 月去赤峰参加意象对话的课，我处处体验的是小孩部分。我的防御全面垮塌，我再也不能掩饰我的小孩部分，我的内在冲突也特别大。一次接几个人的体验，我看到一个有熊的头，人的身体，穿着西服的人，有人请教何明华老师，何老师说，熊是母性的部分，也是小孩的部分；就是说，小孩穿了大人的衣服，其实还是一个孩子。天哪，何明华为什么要这样的直接，我好不容易掩饰自己，还是被看穿了，我不得不掉入孩子的无能感里。后一天何明华正在带领中级班，我没事想参加，学员们大多数同意，可是何明华不同意；我想依赖的部分被抛弃了，我带着些许的怨恨。主办者田惠英看我有怨言，说好要去草原，我打算自己坐车去看，发现草原太大，坐车时间不够，我就没去，田惠英就让她老公开车去，正好王路骋和他外甥也去，我在小孩的无能感里去了草原，在路上我心情沉重，一路哭泣，这是为自己的孩子在哭。到了草原，也没有心情，我尝试骑马，发现马特别大，我很渺小，在马上不敢动，生怕自己摔下来。然后我带着自己的小孩部分回到长治。在长治家里，我整个人掉在孩子的体验里，似乎什么也做不了。终于在一刻，我一下子明白了，我的一生是这样的，我的无能感占据了我，我生活中处处是无能感、无奈感，我很多事做不了，我的人际关系是内在的孩子的关系，我的婚姻也是内在的孩子。在婚姻里，看着我是一个成人，其实我就是一个孩子，只是我自己不知道，也许别人都知道，就是我不知道。我成功的欺骗了自己，误认为自己还不错，其实就是无能的孩子。这次参评，我被我自己的无能感的出现弄得也没有信心了。评审中，评委蔡晨瑞问我："惠清啊，你觉得你这次能不能过？"我无奈地说，"我这么弱小，应该过不了吧。"蔡老师接着问："那你明年还来参评吗？"我说："不知道，也许会来吧。”但是我心里也觉得不确定明年是不是再来参评，因为这已经是第五次了，我这么笨，这么受打击，我要撑着的劲快用完了，我需要补偿的也没得到。

到了晚上，还没吃饭，我和邱祥建在聊天，他问我。这次能不能过，我不确定，觉得可能不过吧。这时蔡老师过来，对我说：“惠清啊，你得请客啊！”我说，“为什么？”邱祥建说，这说明你过了珍珠了，我心想怎么可能，我这么弱小的状态怎么可能过。

下面是我当时参评时的论文：

对妈妈的依恋

王惠清

2011 年 7 月 23 日在内蒙赤峰参加意象对话体验班，郭筑娟带小组，提到关系，我就说了我和我妈妈的关系，很久以来我不管做什么事，包括唱歌跳舞表演等都不能很放开的去做，总觉得我妈妈会在旁边看着我。这种眼神是渴望的，眼巴巴的看着，我自己觉得有压力、不自然，只好什么也不做。所以很久以来周围的人会说我是大闺女性格，比较内向，不多说话，不多吭气，难听一点是说我三棍子打不出一个屁来。我自己不知道是什么原因，他们这样说我，我还是比较生气，可我就是觉得不能太放开，这样妈妈会不舒服。这样的性格特点伴随我许多年，在小组里我选择了周碧兰扮演我的妈妈，“妈妈”总有注意力在我这儿，我的注意力也在我妈妈这儿，“妈妈”不能容忍我们中间有个组员霍伟贤，就让霍伟贤离开。我自己希望我“妈妈”能离开去忙她自己的事情，但是她做不到；即使去做家务她的内心也还是会在我这儿。这时我突然觉得是我爸爸不在场，我爸爸会在他的世界里，看看书、记记账，小时候听妈妈说过我爸爸经常开会，因为曾经做过村上的保管和学校的会计。再然后就是到我奶奶那儿，我大爹也会去；我的爷爷去世早，在我出生前两年就离开我们。小时候我爸爸妈妈每年都会吵架，大多是因为我奶奶，特别是在过年过节的时候。到我 18 岁时，奶奶去世后，我爸爸妈妈吵架才减少了，我妈妈内心是恨我奶奶的。记得我奶奶一次病重的时候，我妈妈对别人说我奶奶已经糊涂了，内心是透露出高兴的，我当时听了只是疑惑不解。因为是妈妈，我也不会去怨恨她。我妈妈也很苦的，我姥姥离婚后怀着我妈妈嫁给我姥爷的，所以我舅舅姨姨都是我妈妈的同父异母的姊妹，而我爸爸也是不能让我妈妈依靠的，她就只能依靠我。

下午做家庭角色扮演体验，我做的每一个角色都不成熟，都是孩子，我更享受做孩子，更想做孩子，想有依靠，而我以前没有意识到，别人说我不成熟，我还不接受，说我像小孩我也不接受，我觉得别人才是小孩呐。这次体验又一次让我体验到小孩，我没处逃开，我要接受我就是小孩，但是我还是压抑小孩，不能充分成为小孩。

2011 年 7 月 24 日王路骋带意象照镜子，我看到一个熊脸人身的，我自己体会这个人的特点，比较稳重有力，走路稳稳当当，就是和外界沟通比较困难，听不懂别人说的话。正好明华也在场，明华就直接说，熊和母性有关，应该和妈妈有关吧，和依恋有关。理性被妈妈占据，一直是孩子状态；下半身是男人，就是生理成熟。头是熊，上下不协调，所以说我是一个熊一样的男人，俗语说：瞧你那个熊样，也就是说你不是男人，还不够男人。我觉得说的对，不能辩驳什么，但是我不能接受这个熊，我回去就试着要把熊和人分开。分开后熊是一个很小的熊，一岁左右，不敢多说话，不敢多动，乖乖坐着，怕别人伤害他。而下半身的男人一下子不能长出头来，后来是克林顿的头，笑嘻嘻的，不真实，是一张纸片上的人像。我之后给大家说了，郭筑娟说长大也要慢慢来，比如电影《济公》里面的一个主人公，用吹气的方法让他快速长大，结果身材都是成人的，而智力很差，是个白痴。我听了好难受，我不接受也不行，成长还是漫长的，也不能着急。

7 月 29 日我原来想参加二期全程班的督导，但是班长大亮不同意，那正好是赤峰中级班第四天，我就想在中级班待一天，因为前几日我先参加两天理事会和一天分区研讨会，但是明华拒绝了，说这是原则，我觉得被抛弃。我在难受的感觉里待着，没有顾及别人，外界的任何人都不能让我依恋，包括明华也在抛弃我，全程班的学员在抛弃我，我的小熊真就什么也没有了，这个世界好冷酷。我拼命的想抓住，但是还是抓不住，我本来就无处可恋，却还要坚强、倔强地活着，虽然田惠英的老公开车带我到草原边看了看，但是我还是觉得孤独，我一直在自己的情绪里，就连早先骑马的愿望实现的时候我都没太多的感觉。王路骋比较兴奋，不管唱歌有多跑调他还是能唱出来；我的情绪就在嗓子眼，就想着早些回家。从内蒙赤峰回长治的路上我一个人，只有我一个人，没有人能帮助我，我只能一个人待着。

回到长治后我又闷了两天，直到一天早晨，一下子明白了许多事情，明白我多年以来一直是熊脸人身这么一个状态，并且一直是这样和人交往。

和前妻，自己是小熊的状态多，慢慢的老婆也不会做女人了，更像一个妈妈了。我看到老婆对别人的孩子好，我就生气，会埋怨她娘家不会招待我，只知道要我的，不会给我。偶尔老婆会说我不像男人，我对这个话很生气，但是我确实是性能力不行，一直有早泄的问题，也没有男人该有的承担，可是下半身的男人没有得到满足，我偶尔是男人的时候，老婆又不会做女人，我会埋怨老婆不会浪漫，不去和我逛街，到最后让男人不能忍受的是，老婆身上没有了女人的特质，所有和性相关的部位都不能碰触。老婆有宫颈糜烂、乳腺增生，还不让拥抱、接吻，我的男人部分实在受不了，对这点很愤怒，才有吵架、打架，以至于离婚。

我离婚了，我的男人部分因为有女友还是比较满足的，但是小熊没有了老婆这个“妈妈”，而女友又不会做妈妈，我只好去外界再去找妈妈。这又让女友很不舒服，我会对外界有许多的期盼，很渴望有人能照顾我，以前对杨丽君也是投射了妈妈，对周碧兰也是，只是周碧兰不是好妈妈，会欺负小熊。我总是想找个人来依恋，包括去内蒙的时候我想和霍伟贤搭伴一起去，这个搭伴也是有依恋的成分，在内蒙被王路骋看出来我的依恋，就让我一个人去独立，去上课的地方不陪我了，我一下觉得被拒绝。我觉得我没问题能够独立，第二天我一个人出去，结果差点迷路，心想我真的是没有独立，我能依靠谁就会去依靠谁。王路骋还说我一直穿着个背心，也有依恋的味道，我在20多岁之前有几年是一直光膀子的，后来就要穿背心了，并且晚上也是要穿的，因为不穿就会凉，背心给我温暖，给我呵护，给我一个贴心的依靠和保护，我不能没有背心，如同我不能不去依恋。

现在我和别人交往时我就会回观自己，看是不是有依恋，我在做什么，和别人的关系尽量纯洁一些。

珍珠级的另一个角度是，看到核心情结。经过一些基本的处理。为了保护自己的核心情结，自我会动用所有的防御机制，成功地欺骗了自己。在看到核心情结的时候，自我的所有防御机制都似乎无效，构筑的自我会有一个坍塌感，在自我最脆弱的时候，也是最真实的时候，这个状态是通过珍珠的时候。反之，带着很大的能量的时候，去参评珍珠是不太可能过的。

评审珍珠以后，我还经历了一个去理想化的过程。

我以前觉得北京的老师是让我崇拜的，生活也是很优越的。我第一次到蔡晨瑞家，觉得他家很平常，在北京五环外购买的二手房，当时花去 180 万，是五楼还是顶楼，90 多平方米，是 20 世纪 70 年代盖起的房子，三室一厅，三个卧室都放了床，堆了一屋子书，没有客厅，只有一个小餐厅。我问怎么没客厅，蔡老师说客厅没什么用，朋友来了去外面吃饭，卧室可以让朋友亲戚临时居住。我感觉比较破旧，甚至我们农村的很多家庭也是这个样子。蔡老师说，去理想化，其实朱老师家里还不如这儿，收拾几天也收拾不好。这个也是我的自卑的补偿，我自己是农民，对自己的农民不够接纳。所以我的理想是像蔡老师一样，受人尊敬，生活得比较好。其实他们也是普通人，精神和物质是两回事。

虽然评审过了珍珠级，朱老师也说参评过后，不要骄傲，骄傲反而有坏处。我自己是得到一些认可，开始我心里没有觉得自己是一个合格的珍珠级咨询师。因为现实中还是有很多问题，来访者的问题还是有一些我不能很好地解决。我带的意象对话成长小组，也还是有很多的我处理不了的问题，我自己还是焦虑，我还是单身，和女友相处得不尽如人意。我深知我还是有很多的情结，需要继续发展我的男性气质。因此我还是很关注两性关系的课程。

总 结

经过多年的成长，在意象对话的成长氛围里泡着，不断去面对内心的情结，对自己的过去有清醒的客观认识，不断清理过去积压的消极情绪，我变得越来越轻松自由。学习意象对话后，就会有一个特点，遇事总是要看看这个是什么感觉，我怎么了，我为什么会这样，然后就自己沉浸在这个感觉里，经过一段时间的浸泡，再慢慢出来。有的人觉得学习意象对话的人没有现实感，我觉得沉浸在某种感觉里，是会缺少一些现实感；从感觉里出来以后，会更有现实感，并且不纠结，如同有了智慧一样，变得大度。荣格在和弗洛依德决裂后，也有一段时间如同精神分裂的状态，若是荣格没有这个状态，就不会有后期荣格的伟大理论。作为常人的咨询师还是要提醒自己，要有一些现实感。

我觉得长期做心理成长有很多的好处，往大里说，是做修行、修心，我自己就是经过成长变得更自信，更有承担，自我的格局也变大了；往小里说，我的人际关系变好了，能经常和朋友相聚，会主动邀请朋友们过来，不会为小事计较了。计较是因为自己在缺失感里，自己内心不缺失了，自然就不计较了，烦恼也就少了。日子还是一天天的过，该经历的还会经历；心态变了，事情也没有那么糟糕了，也慢慢觉得原来认为痛苦的也不再痛苦了。痛苦的经历成了自己的财富，我想起一首诗：

春有百花秋有月，夏有凉风冬有雪。
若无闲事挂心头，便是人间好时节。

净化与进化

郭筑娟

2016年年末，一个阳光明媚的午后，我依在书房躺椅上，回想自己这十年的心路历程，就想着写写关于“心灵净化”这个话题，遗憾当时琐事缠身，加上总觉得缺了点啥内容，以至未能动笔。适逢北京意象对话研究中心编著《意象对话临床技术汇总》第二版，邀约征选稿件，我有愿望把这些年在心理培训和临床心理咨询应用中的创新写下来分享。春节刚过，收到研究中心苑媛老师通知我有三个技术审核通过时，“心智真是进化了”的感觉溢出心间，慢慢升腾，令我感动不已，而这份感动源于自我心灵成长。

回顾这十年，很感谢有机会可以走上心理调节与疗愈、心智成长之路，虽然这条路走起来不容易，一旦踏上永无止境；好在这条路上有一群同修，彼此支持、陪伴、牵引着，面对内心进行个人成长，感受和看到我们都有了很多的变化，从而更坚定心灵成长的意义！我很愿意分享一下我个人的心灵净化与进化之路，希望更多的人能够从心理成长中获益，活出真实美好的自己。

盆景里的松树

我出生在20世纪60年代，是家里的独生女。小时候我常常很羡慕有很多小孩的家庭，那会我和妈妈住在学校的一栋两层楼的二楼，卧室和客厅都在一间屋子里；下楼拐过一个弄堂，是住在这里的老师们的公共厨房，印象中有五户人家在那里做饭。

因为家里只有我和妈妈两个人，每次做饭都比较简单，尤其炒菜，感觉就是煮出来的。妈妈是东北人，面食做得很精致，或许做面食会让她想起亲人，她常常喜欢做饺子和韭菜盒子；即使饺子馅里葱花居多，韭菜盒子里鸡蛋极少，妈妈也包的很精细，饺子是能站着的，韭菜盒子褶皱边捏得轻薄、匀称又漂亮，面食虽然好吃，但还是让我感觉到我们与别人家不一样。

学校的老师因为有稳定的经济收入，即便在那个物资匮乏的时代，厨房飘出的各种饭菜香，都会吸引我，忍不住要过去看几眼。妈妈煮好饭菜就会叫我和她一起端着上楼，看着对面人家好几个孩子，我就会问妈妈："为啥我没兄弟姐妹？"或许看着别人家吃饭欢声笑语，我们这边冷冷清清，每次这么问时，妈妈脸上只有一种很苦涩的、无奈的表情；我心里也会有一种酸楚，等着再大些我就不再问了。于是去热闹的别人家，成了我的一种强烈愿望。我有时会趁妈妈不在，端着饭碗就直奔学校外的人家，用白米饭和小伙伴换玉米面饭，这样做他们很愿意，我也很兴奋，我觉得在那个环境里，这种方式会让小伙伴愿意和我一起、喜欢和我一起。

在邻居老师们眼里，在妈妈学生家长眼里，从小我就是一个很懂事的孩子，懂得察言观色，为了不让妈妈生气，为了讨妈妈欢心，我会压抑自己的愿望，不去做妈妈不愿意我做的事情。记得有一次和学校的小伙伴一起去河边，小伙伴的哥哥一个猛子扎进河里，妹妹一开心就跌到水里，我赶紧去扶她，结果我也弄湿了衣衫，站在烈日下晒了半天回家还是被妈妈发现了，从此河边成为禁地，我要外出必须汇报。上小学后同学们谈起下河洗澡（游泳）的欢快，我只能低头不言语。好不容易被允许和小伙伴玩捉迷藏，最尽兴时一听见广播里的报时也只得扫兴回家去。

我心中一直疑惑，为什么别的孩子他们的爸爸在家，而我爸爸在另一个地方，每年只能在寒暑假见到他。可我不敢问妈妈，即便问，妈妈也沉默不说，似有难言之隐，我心疼妈妈，不想她伤心。

刚开始学习心理学，朱建军老师让我们去看看记忆里生命中最初的印象。我记得是在一个走廊上，那是小时住的房间外面的走廊，一个羞羞的女孩儿，看见身影高大的爸爸来到她身边的时候，挺不好意思的，也不敢去接受爸爸的拥抱，她有一点担心，虽然那个男人微笑着，那么友善、那么英俊，但感觉却好陌生。

爸爸很难有机会离开他的单位，到我和妈妈所在的城市来看我们。长大后我才知道，一是因为爸爸是被劳动改造的右派，二是因为家里只有一间屋子，他如果回来，我就要去同学或邻居家借宿，妈妈担心不安全。但对我来说，爸爸回来家里是一件让我非常开心的事。因为那样妈妈的注意力不会全在我这，我可以不受她的管束，理所当然地去别人家，跟我的小伙伴、同学、好朋友在一起，感受他们家庭热闹的氛围。

多年以后，见到儿时伙伴，仿佛小时候光景重现，我们一起回忆过往，说起对他们家里很热闹的那番羡慕，他们回应说你家多好，那么安静。此前我从未感觉到他们也羡慕我，不禁想起那句“你站在桥上看风景，看风景的在楼上看你”！他们羡慕我有一个专属的妈妈，没人和我瓜分爱；羡慕我被妈妈关心、照顾得分外周到；羡慕我有饺子、韭菜盒子、饼干吃；羡慕我每年有新衣服，有风雪帽和小汽车玩具。我则羡慕她们在被欺负时有哥哥挺身而出，羡慕他们在寒冬日有姐姐帮着洗衣服，羡慕他们家房子漏雨时，有爸爸在，而我不得不战战兢兢、小心翼翼爬上晃悠悠的楼梯，大气都不敢出地上房顶换瓦，心里那个害怕啊！我觉得他们都比我幸福，他们又觉得我比他们幸福，我感觉到的不幸是孤单、无助，他们则觉得得到的关注不够、爱不够。他们的生活状态是我想要的，但是得不到；我们都把缺失转化成一种理想化期待。我对状态不满，又担心妈妈不高兴而从来不敢表达，反倒更多发展出讨好、乖巧、懂事的行为模式。

再长大一些，患有冠心病、高血压的妈妈有时要去医院住院，这对我来说是最不愿、最害怕的事，我担心，怕她不再回来。记忆中有一个七八岁的小女孩蜷缩在挂着帐子的床角，盼着敲门声，偶尔屋外走廊上有脚步声就会担忧，是不是妈妈病重有人来叫我？直到脚步声渐远，悬着的心才松下来。有时妈妈的学生也会来陪我，有一次一个姐姐留下陪我，她走后我在被子里抓了好几个虱子，我就再也不要别人陪我了，我跟妈妈说我不怕。妈妈再去医院住院，我就用椅子把门顶死，蜷缩在床角，直到困得不行才睡着。成年后我很羡慕女孩子有丰满的臀部，有一次在参加“躯体心理治疗工作坊”时，意大利心理专家马龙看到我的身材，问我小时候是不是很多恐惧，我说是的。小时候我应对害怕的方式就是把身体缩得紧紧的，但在妈妈面前我会装成一副若无其事的样子，让她放心去医院，不用担心我，那时妈妈总会欣慰地夸我坚强。

人的自我认知是从童年开始，然而童年的我们又依靠别人对我们的评价来判断我们的内心体验。如果外在（主要是父母）给予的回应与自我感觉到的不一致，自我被否定带来的不确定感、无力感、自信感都会被挫伤，或被迫接受，认同自己错了；或压抑自己的感受，委屈讨好。

做自我心理分析时，我想起高中时去一个要好的同学家，她父亲正在修剪松树盆景，他用利刀刻着树干，撬开树皮，自上而下撕去刻下的树皮，还涂上一种材料。看着被修饰得形态各异的松树盆景，我的心里挺不好受的，如果这些松树生长在土里，既能高大挺拔、迎风飞扬，还不必被剪枝、摘叶、截干、拿弯、刀刻、打尖、蟠扎。难怪我那么渴望松树能自然生长，原来我的童年也如同被雕刻整形成了盆景里的松树，看似形态潇洒、郁郁葱葱、坚韧不拔，也让人赏心悦目，但被捆绑、扭曲，失去了真实的自我模样。

妈妈是个隐忍的人。爸爸被划成右派在贵州西部一个非常偏僻的小火车站接受劳动改造，她在贵州最北部的一个县城里工作，独自抚养着我，身边没有一个亲人，好多事她就都忍着。学校分房子，我家分的房最小，我嚷嚷着不公平，要妈妈去找校长，妈妈说别去闹，能分着已经不错了。我知道每年妈妈都写入党申请书，可都因爸爸身份批准不了。妈妈勤快，学校老师养猪，她也养，带着我去打猪草。平日里妈妈忙完，看着我还在陪着她，就会笑着、摸着我的头说："娟儿，你又长高了，会帮妈妈干活了。"和妈妈上街，听别人说，"王老师，你家娟儿快跟你一般高了，是个好孩子，又大方、又懂事！"妈妈就笑得更开心，看着妈妈高兴，我感觉好好！

妈妈多才多艺，家里的枕头、我的小衣服上都是她绣的花，小碎布经她的手可以被拼成一个好看的座垫、茶杯垫，家里的木地板一尘不染，东西收拾得有条不紊。妈妈常年做班主任，书教得好，写得一手刚健中透出柔美的字，学生和家长都很喜欢她敬重她，有农村来的学生家长，她就把面条从柜子里拿出来，煮上满满一大碗，放上她自己做菜都不舍

得的猪油。妈妈对所有人都好，舍得、大方，对自己却小气、抠门。

从小妈妈就教我干家务，完成得好便会看到妈妈微笑.有一次家里来了一个叔叔，是妈妈刚从东北到贵州教书时的学生，他问妈妈家里有什么要帮忙的事没，当时我正在门口费劲地做蜂窝煤球，一听这话，拿着煤枪赶紧跑到叔叔面前，叔叔从我手里接过煤枪，我心里那个高兴啊，可妈妈说不用了，她自己得学着做，以后我不在了，谁帮她呢？叔叔执意要做，还被妈妈呵斥。“自己靠自己，才是硬道理”，妈妈当时的处境导致她只能靠自己，在这样环境里长大的我，这句话成了我生存的信念。

所有的这些过往经历，我从来没有意识到，会对我以后的人生产生影响。也从来没有意识到成人后的行为模式、看法与早年的生活、感受及自我感受形成的应对模式有关。简而言之，我之所以成为今天的我，其实是与过去密切相关的，与原生家庭相关；成长过程中发展出的优势、劣势，也与过去种种生活经历有极大的关联。

童年缺失爸爸保护的我，在妈妈的关爱和约束中慢慢长大，替代着爸爸成了陪伴妈妈的“小丈夫”。独立、懂事、能干成了我的代名词，学习成绩好、家务活利索、自律，我是妈妈觉得有出息的好孩子。1979年，天大的好消息来了，爸爸回家说他平反了，自由了！妈妈高兴得哼着小曲包饺子，爸爸带着我上街买我喜欢吃的发糕，我好想向小伙伴炫耀我也有英俊、帅气、高大的爸爸，好想对着嘲笑我、奚落我的人说，哼，看你们谁还敢欺负我！然后昂着头、挺着小腰板，不屑地从他们面前走过，剩下面面相觑的他们目瞪口呆留在那。

爸爸平反后选择留在省会，计划工作稳定一段时间后托关系把妈妈调过去，于是我就盼啊盼，盼着这一天早日来到，盼着一家三口在一起的日子。那会儿我已经上初中，有时和同学谈到未来，我心里会偷着乐，说不定过几天我就去省城读书了！由于爸妈工作系统不同，调动工作成了心烦之事，我初中毕业也没去成省城读书，一家人在一起又变得遥遥无期，到后来干脆也不盼了，还宽慰自己说，“不去也好，这有好多朋友和同学，真去了省城朋友都没有一个。”

1982年冬天妈妈脑溢血突发并深度昏迷，我守在妈妈身边，好想她能醒过来。到医院探望她的人很多，有些阿姨看着木然的我，拍着我的肩膀安慰，没事啊，别怕！我心里非常反感她们说的话，但还懂事地说着谢谢，站起身来送她们。妈妈的好朋友国素阿姨握着我的手，跟我说，“你还有阿姨呢，有我在，你就不会饿着！”我一边拼命点头一边哭着喊着妈妈你起来……那三天的日和夜寒冷漫长，空气都是凝固的，昏暗的病房、长长的走廊、昏迷的妈妈、瑟瑟发抖的我，就连窗外的天空也是灰蒙蒙的。我祈求老天爷不要收走妈妈，央求医生快给她治疗，盼着爸爸赶紧出现。直到医生检查两侧瞳孔放大，对光反射消失，宣布死亡，我都不愿意相信妈妈真的走了，就这样一句话也没留下就走了！把我扔在萧瑟冰冷的寒冬，寂静空荡的夜里。爸爸心急火燎赶到也没能见上妈妈最后一面。我印象中妈妈眼睛一直闭不上，追悼会时，我悄悄跟她的学生说："你去看看，我妈妈是不是没有断气啊？"帮忙的阿姨叔叔们知道这事后对我说："你妈是放心不下你！你可别再胡想，要不你妈去了另外一个世界也不安生。"还让我跪着承诺："妈妈放心吧，我会好好的，我会长大，爸爸已经回来了！"

妈妈真走了，小时候常说的那句——"有一天我要是走了，你咋办？"真的应验了！咋办啊？连怎么安葬妈妈都要问我的那个爸爸，让我感觉到不是能依靠的人，我感觉到前所未有的无助和绝望……泪无声地流下，我越发地悲伤。"哭是没有用的！接下来的事你都得自己去考虑、去面对、去解决！没有人能够帮你，得自己靠自己！"那一刻我必须长大！我把妈妈的钥匙拴在裤带上，一边做主张罗妈妈的后事，一边告知爸爸，我决定听从妈妈老朋友的建议，不读书了先工作。葬礼那天，冬雨淅淅沥沥地下着，应和着大家悲伤不舍的哭声，我则梗着脖子咬着牙不让一滴眼泪流下，深一脚浅一脚在泥泞的路上往前走。

再独立我也才 17 岁，再坚强也还是一个半大孩子。妈妈离世半年后，爸爸为了我毅然放弃省城工作，调回我在的县城，空荡荡的房间有人和我说话了，我早上敢推开窗户通风，晚上敢关灯上床睡觉了。白天我努力学习去适应工作环境。看着镜子里的自己，那个孩子穿着不合体的成人款上衣，看起来圆圆脸、胖胖的身体里是一副虚弱的骨架。有时用手去触摸镜子里的孩子，我的眼里就会有泪。习惯了妈妈的关爱和庇护，早上我怕睡过头；晚上不敢早睡，怕梦见妈妈醒来后更伤心，每天除了工作还要买菜、做饭、洗衣服和照顾爸爸。有时同学们约着来看我，听他们说学校的事、复习考试的事，我心中那种遗憾、失落啊，好几次都想跟爸爸说我不上班了，想回学校读书、高考。可想到要是不珍惜妈妈用性命留给我的这份工作，该是多么不孝，于是立马就把这些想法丢掉。后来我才明白，当时我那么决然地选择不浪费工作指标（当时有顶替工作的政策），要养活自己先工作的决定，实际上还有一层心理意义——延续与妈妈有关的环境和人，这样就意味着在我的心理世界里，她还存在着，我和她并没有分离。

青春花季绚烂多彩，最灿烂、最激情、最美时光的青春年华刚来到我身边就离我远去了，我不得不步履蹒跚、快速长大，因为孤单、无助、害怕、恐惧无处安放，因为感觉未来充满荆棘坎坷，我只能用独立、自主、坚强的自我暗示催眠自己，这样才能活着、活好。我尽量接近和交往年长的老师，学习她们如何生活，怎么和别人打交道，我用坚强的方式战战兢兢、摸爬滚打适应着，磨炼着，长大着，学着做事做人，渐渐地以为自己真的很坚强。

“没有人可以帮我”，那就得自己为自己撑起一片天，走出一条路，我想上大学，不甘在学校当个实验员，于是参加考试，坚持每周乘坐两个小时火车和汽车，去 60 公里外的城市自费读“五大”，用结余下来的生活费买书。舍不得给自己买衣服，有一次不小心把出门穿的一件尼龙面料的上衣熨烫出一个洞，心疼懊恼了半天，一个要好同学的妈妈跟我说可以用好看的图案在破洞那补上，我好开心，好感谢！

童年的生活经历、父母的性格特点和我们之间的互动方式，形成了我的性格。逆境磨炼意志，铸就品质，我勤奋着、努力着、向上着，不断证明自己可以独立，可以适应，可以用实力转岗做成教师，可以活好。“老天是公平的”，我越来越相信“塞翁失马”的哲理。即便我偶尔感觉到了自己的不得已和委屈，但因为付出有效，也就继续着这种无意识的扭曲，最可悲的是还自以为是认为自己真的很棒。

“置之死地而后生”，跌跌撞撞中我度过人生中最灰暗、最艰难也最无悔的五年，然后遇见了他，那个自信、真实、坚定、有主见、有梦想，让我可以依靠的人。

我也遇到了很好的时机，不愿在体制里攀附的我们，因为海南建立经济特区，有了发展的大环境。碧海蓝天、阳光灿烂、椰树婆娑的宝岛海口，犹如马丁·路德金心中的美国梦，是自由、平等、机遇与财富的机会。我的男朋友是“十万人才下海南”中的一员，那时在海口找不到工作的人才大把，但没人愿意轻易离开，为果腹抱着吉他卖唱一曲《一无所有》，悲怆得让路人落泪；接着一曲《明天会更好》又让人立刻信心百倍，豪情万丈。未知和距离是最好的梦想催化剂，1988 年 23 岁的我也来到了心中的桃花源，开始了激情燃烧的岁月，在一家工厂的党委办工作。当时的海南封闭落后，环境混乱、语言难通，不是党员的我得努力站稳脚跟，生存下来。我想方设法说服领导拨款建图书馆，运用以前看书和学习到的经验策划文娱活动，赢得了领导和工厂年轻人的好评，再次证明我心中坚信“只要珍惜机会、只要肯付出努力，就能达成所愿”的信念是正确的。

我们成了家、有了孩子。也把更多的精力和注意力放到了事业发展上，我们相信一定能创出一片美好的天地。在海南生活奋斗了七年，渐渐有了经济和个人能力的累积。1995 年海南经济环境及投资项目不利，在苦苦挣扎两年后，我先生决定到深圳发展，我也在一年后到了深圳。这是一座更拼搏的城市，路上行人的速度都比别的城市快，我们也毫不犹豫地加快步伐；我们经历了第一次事业失败，必须东山再起。我们办公司开工厂，为了适应合作者带来的新项目，我扛着压力一点点学习，起早贪黑，甚至放弃陪伴女儿，把注意力全部放在事业上……功夫不负有心人，我们再一次证明了只要努力，就可以活好。

因为从小缺少支持，也被要求独立、要强，加上用这种行为模式应对环境和他人获益良多，久而久之我以为自己是这样的人，其实内心深处并非如此。早年因为担心、害怕、恐惧失去妈妈，我一直不能做真实的自己。婚后的生活中，我感觉到被允许，那些早年压抑的本性在爱人那里可以被理解、接受和帮助到，他有主见，我就只想做被宠爱、被娇惯、被呵护的小女孩；他仁慈、包容，大度，我就任由敏感，脆弱、无能显现，在他那里我不想造作，也无法隐藏。在我心中他是我的“当家人”，是我的“盖世英雄”，虽然没有踩着七彩祥云来迎娶，但他和他的家人给了我最渴望的温暖、关心和支持，给了我一个家。我沉醉在安全、自由、依赖、跟随的日子里，不用自己扛，多轻松！后来我才知道，如果我已经感觉到轻松，是背后有人在帮我扛。从小我的世界里就只相信妈妈可以为我扛，可也扛得非常有限，我必须自己变得坚强，甚至误以为强大到可以扛过那些荒凉，默默承受过程中好多的委屈，好多的无奈、无助和自卑都装在心里，还假装披着副硬皮囊。现在，这个心中的“王”可以为我撑起天，拓宽地，愿意为我遮风挡雨，替我扛，早年生命中自我的匮乏不知不觉转嫁给他，替代性地得到了一定程度的补偿，看起来轻松但却导致自己的内心世界停止成长，越往后承接他内在需求的能力越弱，对他的要求还有增无减，他对我的失望也渐渐多了。

2004 年，又一次经历经济低谷，债务压力、夫妻情感冷漠将我卷入谷底，回忆那个时期的我之所以一蹶不振，是因为我已经不会自我做主，不知不觉中自愿变成一个附庸品，失去了自我。我也曾抱怨、指责、控诉，当一味归咎对方遭遇瓶颈时，不自我反省，不成长，最终要么放弃立场，要么出局。我在充斥着各种复杂的感觉中选择了自我反省和成长！

每走过一个坎，回头去看，那些曾经的岁月中所有的幸与不幸、所有的弯路和坦途，都成为我人生中的篇章和珍贵的财富，当然关键点在于是否真正看见并转化。

遇见意象对话

2006年，40岁的我开始体验到“中年危机”，做了几年家庭主妇后，最初那种悠哉的日子不再新鲜，无聊、枯燥、乏味纷至沓来，无力和孤单感渐重。有一段时间我的脸上无光、头发枯燥、疏于装扮，心情也是灰暗，没有热情，行动迟缓，每天僵化、机械地重复着单调的生活；对未来充满了不确定，体型也变得肥胖，内心变得脆弱。

当时我根本没有意识到，那个时刻的生命状态其实是在唤醒我，让我反省——为什么原来的那个我成了现在这个样子呢？我分明已经看见，但不愿意接受，不承认自己很糟。然而我内心真的感觉不好，我想变，却变不了，无法如年轻时无畏无惧，无法如从前般前路明确，敢闯敢拼。

我一直认同奉行做一个勤奋、坚强、自我担当的人，讨厌懒惰，厌弃弱小、不接受无能，可现在自己不就是这样的一个人吗？灰暗、无助、无力、憔悴，在希望中却一天天失去希望。生活还要继续，崩溃是没有意义的，这不是我想要的人生。只有解决能解决的问题在此刻才具备意义。若要改变，须先正视，我决定不再回避，去找一条解决之路。

虽然头脑知道“脚下从不缺路，也不会无路可走”的道理，但心里还是希望找到一条畅通无阻之路。可哪有这样的路，我找不到。在我的人生经历中，当妈妈撒手人寰留下未成年的我，那个时候我就像一只被推下悬崖的幼鸟，恐惧至极。早年妈妈的话语成了事实，“必须要坚强，真的一切都要靠自己了，没有人可以帮你”。纵然千沟万壑、跋山涉水，也得挺起胸膛往前走。无助到达极限也能穿越过去，可其中的滋味、付出的代价只有自己知道。那样的穿越没有人愿意重复，也因此当感觉有人相帮之时，那种依赖也到了极致。事实上，那会儿的消极情感 不过是因现实困扰引发出来的，是继发性的，真正的伤疼不去发现、不去疗愈，看起来好像遇到的困扰和问题一个一个地在解决，但自信心却越来越低，怪罪老天、感叹命运多舛，我的心灵深处早就有伤。

我一直有个愿望，有种信念——觉得人来到这个世界挺不容易，如果能够去做点什么，做一点对自己、对家人、对社会有贡献的事情，一定很幸福很美好。我没有“治国齐家平天下”那么远大的目标，但总能干番事业吧！总得要有所成就吧！这就是以前的我，我从来都没有怀疑过进入中年之时，会一股脑遭遇那么多事，有那么巨大的失落、自卑，有那么多的失望伤心。事业没了，关系疏离，危机来了，刚强的我也不见了，无力、无奈如影随形。我无法接受这种感觉，总幻想回到从前的美好时光，然而流逝的光阴再也回不去，既然不想继续待在灰暗中，那必须走出来。

生命中总是会遇到一些事，遇到一些人，当然关键还要看自己有没有去看见、发现和抓住机会。2005年10月末，我遇到了何明华老师。许多年前我们就认识，那会她给我的印象就像一只华丽、骄傲的孔雀，可这次见面她给我的印象朴实、温和、包容、善解人意。听她说放下原来高薪的工作专程来北京中科院学习心理学，且已学有所成，现在在北京12315青少年法律与心理服务中心做心理咨询专家。我既佩服又充满好奇，心理学到底有什么样的魅力，可以如此神奇让一个人性格都能改变！我也很想弄清楚学心理学有何条件、如何入门，我要去学的话有什么作用。

明华当时给我的回应是：“娟姐，你本来就经历丰富、见多识广，又有做老师的资历，能说会道，你也可以学学。”这些话语看似平常，当时好似潺潺流水、清风拂面，让我的心里有股暖流。

深秋的北京天高云淡，秋阳下的山野白桦树叶微黄、枫叶深红，虫吟风舞；满地的金黄色落叶，也不甘心零落成泥，或蜷或翘地展现不规则的自己。秋的炽烈仿佛要在自然界中留下色彩丰满的自己，奏出一首生命的高亢之歌，一点也不因为即将逝去而黯然落寞和忧伤。之后好几天，我坐在18楼洒满秋阳的落地窗前，看着高低错落的房子，街道上来往的车辆行人，远处的奥林匹克森林公园，心里突然有种奇异的感觉，外面的世界不只灰色、棕色，原本就是此刻这样多彩；外面不只就这90平方米，原本就有更大的天空！我告诉自己，画地为牢的日子该结束了。

2005年11月，身体已然感受到初冬的寒冷，可心里却不再孤寂冰凉；月光下依然难以入睡，可忧伤却淡了几分；时钟针摆一如以前转动，可我感觉能握住年华；每天依旧无事可做，可似乎知道心能如何安放；我不再随叹息声而沉沦，梦里掉落到悬崖也只是受了皮外伤。我准备好要去抓住改变的机会！与往常不

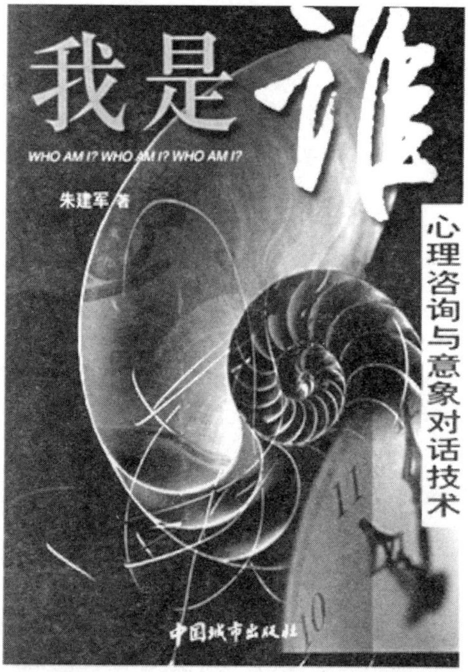

同的是，这次是为了心理健康和精神的独立！

我骨子里行动派的天赋开始启动。按明华给的电话，我从她同学那儿了解到了一些情况，接下来我上网查询有关心理学的资讯，综合这些信息后，我去了一趟书店，琳琅满目的书架上陈列着各种心理学书籍，一本贝壳封面的《我是谁——意象对话解读自我》和《精神分析引论》《梦的解析》被我收入囊中。回家摊开书后，有一种回到20多年前的感觉，心中似有泉水汩汩涌动。

我那冬眠多年的内心世界随着2006年春天的到来，开始苏醒。寒意料峭的春，泥土似在新翻，风动了、鸟鸣了，树上一抹嫩绿鲜活了眼球，我的心情愈发欢快。明黄迎春花绽放的三月我背着书包走进了北京林业大学心理系课堂，在这里我遇到了我的恩师朱建军先生。他身材高大、面带微笑，穿着休闲装，没有丝毫学究之气；讲起课来收放自如、幽默生动，他身上流动着的自然、亲切、灵动、坦荡、自在的感觉深深吸引了我，我决定跟随这位鼎鼎大名的中国心理学界大腕，意象对话心理学[1]的创始人学习心理学。

看山不是山

记得刚到北京林业大学，听朱建军老师讲解日本影片《午夜凶铃》。这部听着片名就让我害怕得不敢看的恐怖影片，老师用精神分析理论和意象对话进行了分析解读。影片以象征性语言揭示主人公潜意识中的心理秘密，描述了一个

[1] 见本书附录二第1条“意象对话”。

有心理障碍的女孩的心理体验，借由女记者浅川去发现她早期的心理创伤的根源并进行安抚，虽然疗愈不够彻底，但也在一定层面释放了消极情绪。这样解读电影让我觉得好有意思，我喜欢看电影，喜欢从影片中去学习、借鉴和发现。电影中使用的象征意义和我们内心世界的描述是一样的，我觉得自己遇到了一门好有意思的心理学。

在意象对话心理学中，“看房子”是一个经典的起始意象。自我心理状态如何，可以用“看房子”这个意象进行了解。意象是一种原始认知的方式，房子在潜意识里象征我们的心房。眼睛是心灵的窗户，那房子就是心灵的家，倘若把自我看成一座房子，想了解自我价值、存在状态、如何有效发展自我功能，找到探索自我的途径，就从了解心中的房子开始。先看清楚房子内外的情况，比如房子的形状反映一个人的特征，材质与安全感有关、颜色是心境的反映、新旧程度、大小、房子里功能区有什么、清洁度、摆设之类。如果不亮说明自知不够，可以增加光线；整洁与否说明内心是否混乱焦虑；需要对自我进行梳理、调适……

我第一次做“看房子意象”的时候，出现的房子是一个破旧得摇摇欲坠的茅草屋，没有窗户，里面空无一物，还充满着潮湿的味道。当我知道这个意象中的房子是自我的象征时，我被强烈的震撼到，被深深的刺激了——这是我吗？不可能吧？是不是看错了？我近期的心理状态这么糟糕？！这么空洞！自我评价这么差啊！我不相信，这不是我，那个勤奋、努力、坚强的我怎么会这样啊？那个 17 岁就能独立生活，不但能够养活自己，还拼命努力上进的我怎么会垮塌成如此不堪！我的心好痛，好挫败，好不甘。真的无法想象那个有信念的自己是怎么一天一天就变成了这个样子的。我以为我根本不是这样的人，我无法接受如此不堪的我，也无法去改变如此现状的我，我不知道可以怎么去调整，去建构明天的希望和理想，我不知道我可以做什么。我唯一可做的就只是继续慵懒、迷失、无助、不开心。

在此之前的日子，即便无意义感偶尔袭来，我也仍然幻想着有一天可以有转机。可看见真相后，我好失望，原来我虽活着，可活成了这样，我无法面对，那一刻好绝望！绝望到想死的心都有。此念一生，我已泪流满面，浑身战栗，好一阵才缓过神来。不能啊，怎么可以！

我有女儿，有爱得很深的老公，有年事已高的父亲，还有给了我那么多关心的朋友们，有远在东北老家的我牵挂的姑姑、叔叔、婶婶、姨母、舅母和家人们，还有葬在异乡生我养我育我的母亲，我放不下，却也走不出，我伤痛至极，能排解的方式就是找一些简单无聊的游戏打发时间。游戏过程中难受的感觉被过滤掉一些、隔离掉一些，可以暂时不去想，不去面对。当然我很清楚，这是一种更为明显的逃避。

当我发现我的心房居然是一座茅草屋时，我傻了！呆了！一方面在被强烈的冲击后我否认，但另一方面，我下意识明白这是我真实的心理状态，看见自己处在安全感极差、低评价、无价值感、空虚、渴望交往又缺乏交流、情绪压抑的状态中，我的感受和现实生活与意象显现一样，无法否认。

我让自己待在意象中那座茅草房里，这是一个面对自我的态度，让我有机会感受到自己，在心里看见了委屈、不快乐、无力，我好希望那座房子别倒，看见外界风雨袭来就有坍塌的可能时，我好心疼自己，我才发现原来我一直在担心着、在尽力撑着。但撑着的感觉好累，我听从心愿决定去净化它。

当我待在意象的房子里，整个身体都开始感觉到不适，胸口发闷、呼吸不畅、下腹部则空荡荡的，本能地就想逃开这种感觉。在老师的建议下，我说服想逃离的自己继续待着，但越待越难受，烦躁、不安，很不舒服。倾斜的茅草墙，空无一人一物，潮湿的味道……让我又想逃；我又拉回自己，慢慢感觉到“我好难受”这句话憋在胸口，嗓子发紧、发干，勉强到仅能发出一点声音似的。“我好难受”一出口，眼泪便顺着脸颊落下，胸口的闷少了几分，腹部的空更明显了。老师问我，你这会待在这里有什么感觉？我说好空，没着没落。老师说如果太不好受也可以想想可以做点啥？我第一反应就是在墙上开一扇窗，阳光照进茅草屋，房间明亮、温暖了不少，发霉的味道也随着阳光照进来而减少；房间的角落散落着一些家具，椅子桌子整理一下都可以用，只是蒙了灰尘，于是我简单擦洗清理一下，待在房间里没有那么空的感觉了，有了一点生机。再看之前倾斜的墙壁那个位置是因为土地坍陷了，老师建议我不必急着填土夯实墙，而是利用回放技术看清楚土地怎么就塌陷了。原来不久之前有场暴雨，房子周围的老旧沟渠没有疏通，山上下来的雨水混着泥沙冲击着房子，导致了垮塌。这个过程中有一种觉得茅草屋的主人很不容易的感觉（虽然当时并没有看见房子有人）。印象中后续并没有再去夯土修墙，但感觉到房子不会垮了。

后来随着意象对话心理学的深入学习，我才明白，看到的这个房子意象是我心理现实的象征。待在房子里面，即是用了“面对技术”。当感受到空、闷、烦躁的时候，内心真实的感受其实是——难受就有机会被看见，被压抑的委屈有了出口，就能看见下面的孤独、无助以及这些感受的更深层来源；这源于现实事件引发了内在的不安，习惯的反应模式导致自我无力应对，只能陷入被动、抑郁和低评价里。面对的过程中，不适感太强的时候，我先用了“修改技术”开窗户，让自我感受不被消极意象卷入。虽然意象对话心理调节中并不建议常用此干预技术，但因为它有助于打破恶性心理循环、使心理有实质性改善，如同阳光洒进房间，感受到选择改变，就能看见变化。再接下来仍然进一步面对自我的不安全感、低评价感，原来这些都与长期应对模式中压抑、不真实反映及忽略了自我调适有关。即便在意象中没有再去修改，但看见就有了发现，发现后就有所领悟：“哦，原来如此！”这一刻，真正意义的心理转化就开始了。

有了这样的自我探索、自我发现和自我疗愈渠道，我的心理领域变得跟之前不一样。朝九晚五的听课，日子不再枯燥、无聊，当下不再那么迷茫无助，未来不再那么遥远不定。我的心中有了憧憬和梦想，就像一块干透的海绵不断吸吮着营养，学习、体验。心门打开，就有机会看见真实的自己，一切都是最好的安排；这时我才明白，原来我的内心是这样的，跟我以为的自己竟如此不同！这个过程当然不是简单的一句话，而是在内心深处相当长时间的探索，在潜意识里去遇见那个被覆盖、被忽略、被遗忘，而又最真实、最深刻的不同面相的自己。

当我以为“我”是坚强的时候，这个“我”可以为自己撑起一片天空，可以让我自以为是——觉得自己真的很了不起，这样就可以不用面对无助、无能、无力，不用和内心那些害怕、恐惧、伤痛、委屈在一起。我不接受弱小，我看见层层的内心防护，我用这样的方式，把各种消极感受统统挡住；外表看似强大，内心里弱小的部分依然弱小、脆弱的部分依然脆弱，委屈的部分依然委屈，愤怒的部分依然愤怒。

这么说的时候，或许别人无法理解，我是怎么看到内心这些画面的？这些呈现的画面意义何在？如何理解？对个人心灵成长有何作用？是的，一开始我也觉得很奇怪，不就是像个游戏吗？不就是带领者和当事人一起在编撰一个自我的童话故事吗？不就看了意象吗？怎么做了意象对话我的心境就变了呢，感受就不一样了呢？行为也变了呢？我并没有在现实中有意识地去要求自己，并没有刻意提醒自己应该怎么样啊？为什么心情就大不一样呢？为什么心里越来越有希望的感觉呢？不久我就明白了，因为意象像一座心桥接通到潜意识；那里有我大量的心理能量被触碰到、被看到、被关注到、被理解到，那里有最真实的自己，那里是生命能量的源泉。

运用“意象”“梦”“绘画”这些原始思维[1]的方式,我看到了“茅草屋”“森林里的木房子”“关在暗室里的疯女人”“地下室里舔伤的狮子”“踟蹰独行的老虎”“困在铁笼子里的蛇”“热心肠的穆大妈”“孤独的单单”“城市一隅的仙人掌”“自卑的蟑螂”“恐惧的离离”“懂事的小小娟”“担当的立靖”“看重亲密关系的依文”……他们都是我性格的不同侧面（意象对话的专业术语叫子人格[2]，子人格可以是人物、动物、也可以是植物和矿物）。通过对每个子人格的认识和了解，比如疯女人象征着压抑的愤怒；狮子、老虎和蛇象征着我不同的能量，但他们都不同程度有创伤，了解它们发生了什么事，才能修复曾经的创伤。穆大妈和单单是一对子人格，但我不接纳单单的无能和弱小，在现实中发展彰显穆大妈热心肠、勤快、对别人好、照顾别人、周到的模式。仙人掌带刺，这是我留给刚接触我的人的印象；当我在意象中去感受仙人掌时，一个声音说，你别欺负我，我有刺，可以保护自己的柔嫩。适应力很强的背后是因为自小在生存的环境里的自卑。离离是一个小男孩，他非常害怕妈妈离开，他被巨大的恐惧笼罩；八岁的小小娟已经懂得如何应对，可以让自己避免恐惧和害怕，她学会察言观色，承接妈妈；成年的立靖个性鲜明，认同自我担当，讨厌依赖；而依文更渴望依恋老公，做个贤妻良母……与内在的、栩栩如生的、鲜活的这些子人格互动，体会他们的感受，释放并转化消极的能量——允许疯女人表达，不再关着她；给狮子疗伤，让蛇出笼；允许自己作为女性性感、妩媚的能量出来；允许自己弱小，不用攻击性设防；在需要担当时担当，在期待依赖时也可以先找个肩膀……与子人格交互的过程中，进一步发现他们的存在在自我心理发展中的意义，越是了解他们就越是理解自己；越是理解，就越能接纳，对自我的认识也更加全面和透彻，我的整个人格也有了非常大的改观。

童年的模式形成我的性格，听话、懂事、坚强的我只是表面现象，这种模式下是我对死亡的恐惧。儿时的我，被这种灰黑色的背景笼罩着，为了不让恐惧袭来，我潜意识发展出来新的应对型模式。如果听妈妈的话，她就不会生气，不生气就不会生病住院，就能陪在我身边，就不会抛弃我；妈妈在，这个世界就还有温暖，就不至于那么孤单。当我不断看见这些根本，看见坚强、懂事、独

---

[1] 见本书附录二第 20 条“原始思维”。

[2] 见本书附录二第 6 条“子人格技术”。

立的根本是这些实质，当我能够在心理层面去面对这些内在儿童放大的恐惧时，心就安稳许多；当我能够回到那个害怕、担忧、恐惧的孩子状态时，我便关注到她，感受到她的需求和愿望，当她的感受被感受到时，她就建构了新的信念，于是改变一连串发生……

很庆幸生命在某些时刻制造出机遇，让我在有空闲、无助并且要考虑学习成本的时候，遇到朱建军老师和意象对话心理学，不用承受高昂培训费用的压力，用这个原始的认知方法从内心深处发现困扰来源，建构新的经验；用这个科学的、易学的、有趣的方法了解自我，进行自我救赎，提升心理健康，活出生命本有的状态和真实自我。

黎明前最是黑暗，也最接近曙光！我做好准备走向自我探索的心灵成长之路，哪怕途中会有黑暗、崎岖，也会充满着各种未知。这条路在走的时候不孤单，因为已经有一群先驱者引领着、支持着，彼此陪伴着前行。

心灵的净化与进化

单从字面来说，净是干净的净，洁净的净。我们都知道一个房间又脏又乱，若被充分地利用，第一步要做的是看见哪里脏、哪里乱，接下来要擦拭、清洁和整理。一个人的心灵世界要充分发挥其能力，又该怎么办呢？希腊帕尔那索斯山的德尔菲阿波罗神庙上的“人啊，认识你自己”的箴言，一直在给人类理性的昭示和警言。认清“我是谁？”是人类最为艰难和困惑的科学命题。

许多时候人们会有一个误区，以为看见的就是事实；尤其在面对自我的时候，更会自以为是，以姓名职业、认知看法、行为反应，表达方式等理解自己、评价自己。其实这种解读是不全面的，甚至是有偏差或者错误的。如同参观一座房子，只看到房子外面不进去房子里面，就轻易断言房子如何如何，是不客观的；或者只关注房子里面，不考虑外在状态，也会影响对房子的判断。

第一步“净”是需要觉知，把存放在心里的垃圾做清理（消极情绪宣泄），宣泄是在心理现实中进行，不会在现实层面对他人进行指责和攻击；不再允许让垃圾继续存放，对自我进行攻击，让自己处在晦暗、无助和伤痛的感觉里。这个过程有一种撕裂的疼痛，好像拨开了遗忘的伤口，看见曾经的自己，那一刻，这个看见，才有意义。

记得意象对话全程班课程快结束时不少同学谈到分离焦虑，我的应对模式是“我把意象对话课程带到深圳，这样我就有机会和老师们见面”。或许在很多人看来，这样应对也没有什么问题，但对于成长中的我们而言，会尽可能利用各种契机去体验。当我再深一步感受我说的这句话时，我能够感觉到我对“分离”这个话题有隔离感。在老师的陪伴下，我看到一个意象——灰蒙蒙的天空下，一个四岁的女孩站在父母中间，妈妈低垂着脸，爸爸身边有个铺盖卷，小女孩感觉到爸爸欲将行远，妈妈无奈无力只能看着已离的背影，偶尔会用力抬头，小女孩好希望爸爸能够转身回来抱住她和妈妈，但那个男人似乎并没有顾及孩子和那个女人的感受，捡起铺盖卷头也不回，越走越远。那一刻妈妈瘫倒在地，小女孩急忙奔到妈妈身边，天空越来越暗，小女孩不知道该怎么办，只能呆傻着跪在妈妈身边。许久妈妈才抬起头，小女孩努力搀扶起她，四目相交，泪痕满面。母女久久伫立，望着离去的早已看不见的背影方向。

这个意象呈现后，我自知要面对我和父亲的关系了，要解决我心里对他的一些不满。现实中年迈的父亲并不是意象里的那个面对妻子孩子已经无助到极点，依然头也不回的冰冷男人。每年过年哪怕再忙再远，我也会赶回他身边，陪他过年。我心里知道因为有对他的不满，我们相处难以像别的父女那样亲近自然，我给予和回应他的方式里道义和责任更多。这是一个我可以清理和净化我们之间关系的机会，在心理世界里，我感受到那个孩子对父亲的不满——他自私、冷酷、无情、没有责任感；也讨厌妈妈内外不一，面对爸爸离去，明明不舍也沉默不语，明明渴望也努力撑着，却要那么小的孩子来承担。当我在意象里体会到孩子的真情实感，那个孩子有机会说出、喊出了她的愤怒、伤心、无助和恐惧。孩子的表达唤醒了爸爸，他在弯腰捡起铺盖卷的那一刹那立马扔下，张开怀抱奔跑回来，把那个满面泪水的女人和孩子紧紧抱住，那一刻孩子分明能感觉到爸爸根本不愿意离开，他之所以那么决绝，是心里太痛，承受不了这种被强加的分开。那一刻她感受到爸爸非常在意她和妈妈，只是他们各自都习惯隐藏，不去表达情感。

在意象中净化了与父亲的关系后，回到现实中我明显的感觉回家过年不再是象征性过了初一就匆忙找各种理由离开，而是真的愿意待在他身边；不再觉得是责任使然，而是跟他在一起有温暖感。

用意象对话我们回到内心世界，与自我各个阶段、各个部分相遇，去发现曾经的自己，遇到过什么冲击、伤痛？有哪些感受？有什么未完成？每看清一步就能发现更真实的状态，每做一次清理，就可以化解积压在心里的那些消极情绪；一次一次的化解，身体感觉越来越轻松，心里感觉越来越清明。背在身上的那些无形包袱，有了一个有效出口，几十年来我自以为是、洋洋自得的"坚强自己"，事实上却不堪一击。看见真实的状态后，接下来更重要的一步，是回到那个未完成的过程中，在心理世界里面去完成，或表达需求、愿望，或感受对方回应，同时接受表达需求愿望时有可能不被回应到、不被照顾到，但我们不再压抑真实的感受，这个过程中原来执着的看法和感受就会有所不同，感觉变了，看法变了，行为就变了。

用这种形象化方式看见内心的时候，便能和生命真实的需求在一起，做意象的这个成年的我，可以去照见意象过程中一切的发生，真正看见那个内在的，无助、悲伤、愤怒或委屈、渴望被懂得、需要关注或回应的，未完成事件的那个我。她也许是心中没有长大的孩子、受伤的孩子，成年的我允许这个孩子重新建构与以往不同的反应模式，不再压抑、隔离、否认、合理化、理智化；不再自欺，可以去表达需求，当新的互动方式呈现，对方能够给予回应时，他就可以相信被关注、被爱、被支持，也能够理解之前的执着是没有去感受对方，或许对方不给并非出于不爱、不关注，而是对方内在的孩子也没有被回应。那一刻，这种看见会升华为一种理解，这理解是站在一种人性角度上的，是至高无上的一种理解——原来如此，对不起，我错怪你了！之所以别人不能给，不是别人不想给，也不是别人不屑于给，也不是自己不配得，而是他也有他生命的经历。你会有种感动——自己变得更善解人意，更大度、更宽容，那一刻你突然对自己有一种感动，你发现原来你是有那么多爱的。

一次一次的清洁，一次一次的转化，而每一个转化不仅是让心理和身体的这种负担感能够减弱，更重要的是你会重新升起对生命、对世界、对人性的看法。你会发现自己有一个领域的拓宽，你会感觉到自己的心变得更柔软了；但这种柔软并非脆弱，而是我真的觉得我可以、我愿意。当我们一次一次洁净的时候，内心的情绪、对生命带来负面影响的情结，就会化解，人格就会有转变。

净化，不仅在解除困扰，更是新生。每个人的生命或多或少都会有过去累积的委屈、伤痛、不公……倘若你没有，请好好感恩你的父母给予了你很好的养育，倘若有些苗头或者已经让你感觉到不舒服，请跟随心里那个声音，去听见它在提示你、建议你，从不良的感受中走出来，寻求适合的改变方式，走出

“心困境”。如同中年危机袭来时的我,听从内在的指引——我要走出人生的低谷。当然找到了一个简便易学、了解自我、认识自我、完善自我、适合自身成长的法门也极其重要，如同我找到意象对话心理学，走在一条不断看见、发现、疗愈、突破、提升自我的路上。从伤痛无助到释放疗愈、从内外不一致到真实做自己、从前路迷茫到目标清晰、从心灵成长受益者到传播人，践行“让心理学成为一种生活方式”，让更多的国人可以“醒”过来做自己。

“净化”过程需要觉察，让我们可以在觉察中有更大的空间去感受自己的情绪和需求，遇见真实的自己，通过了解自己，理解自己从而了解、理解他人，重新看待关系。当这种觉察成为习惯，就进化到人格不断整合完善的阶段，当内在的能量不断转化，智慧自然增长。

原来可以更自在

历经 11 年的心理成长，时至今日，我真的可以说从里到外换了一个人。虽然遇事仍然会有情绪，不过不会被情绪卷入，不会被带跑；即便跑了，也能很快找回自己。在关系中我既可以做自己，也可以考虑到他人；既能尊重内心，也能感受到对方，并能建设性表达，顾此及彼。在心理咨询中我大多数时候可以做一面干净明亮的镜子,并随时关照到自己的反移情。对自我的了解越多,理解就越多,自我接纳度高了，对来访者的理解和接纳度也有了提升，当某一个来访者的问题触及或引发自己消极感受时，我也能够秉承反求诸己的原则，自我检省。

有个一直在国外工作生活的华人心理专家给一群心理咨询师做《国王的演讲》电影分析，开讲前，他提出一个问题：在心理咨询中，咨询师对来访者产生的治疗影响有哪些？好些咨询师的回应都会指向“咨询师共情到来访者的心理感受”“咨询师选择的心理咨询技术适合来访者”“咨询师帮助来访者发现了问题”“咨询师高度的接纳”等，“是的，这些元素在咨询中一定有疗愈功能，但从业多年的经验让我更认同：心理咨询师的人格对来访者的影响才更为重要！”这位专家对职业的态度我非常认同。

刚开始做咨询不久，有段时间遇到夫妻关系问题咨询，我的咨询就会不正常结束,我感觉到这种拖沓与我自身有关。有一个晚上，一对夫妻离开咨询室后，我明显感觉到妻子对于下次来访的不确定回应，我也有一种“你们不来，我也轻松”的感觉。回家路上，当天及之前咨询中的一些片段和感受并没有因为咨询结束而离开我，于是不觉地回想起我对来访夫妻的看法。在关系中妻子比较强势，她觉得现在他们三天一小吵，都是因为丈夫不思进取，一天到晚得过且过。而丈夫面对妻子的数落，人在听还不时点头，但我感觉他只是应付。在和他们的互动中，我不知不觉会偏袒这个丈夫，感觉到他个人是有能力的、在关系中是有委屈的，我之所以无法做到咨询师的中立，是因为我也有类似的感觉。所以当强势的妻子不愿再来，我感觉到也仿佛少了压力。幸好随时反求诸己、自我关照，让我发现了自己的潜意识想法以及自己现实生活中的关系，从而做出适当的调整，这对夫妻的后续咨询进展就顺利、通畅了很多。再往后，婚恋情感、家庭关系咨询，也成了我擅长的领域。在心理咨询中不断地反求诸己和保持觉知，随着自我觉察力的提升，咨询技能快速上升，咨询个案增多，我的整个人格状态也有了更好的提升和发展。

2008 年，成长两年后我通过了意象对话珍珠级考评❶。2014 年通过水晶级考评❷。这是意象对话心理学流派创始人朱建军先生和意象对话团队在心理咨询和自我成长的实践中发现和总结的，是一个成熟完善的评级系统，有珍珠、水晶、黄金、宝石、钻石五个级别（目前只有前三级），象征心理成长渐渐进阶。珍珠的意象是“蚌病成珠”，蚌壳里面进了异物如沙砾，它就会分泌珍珠质，把沙砾裹在里面，使自己变得不是那么难受。砂砾代表心理创伤或情结，每个人或多或少有各种情结，情结影响我们的生活和心理健康。珍珠级意象对话心理师象征着对自己的悲伤、痛苦、情结很清楚，并且做了很好的转化和升华，所以情结对生活和心理咨询的影响就会很小。水晶比珍珠更透明，水晶级意象对话心理师象征着自知度更高，对心理问题看的更清楚、更透彻，对个人情结的转化更加彻底，也更自信。除了通莹剔透外，水晶还具有自我生长的能力，这种自我成长愿望和强大的生命力也能给来访者带来积极影响和疗愈，在心理咨询过程中也很少产生反移情。

作为意象对话心理咨询师，坚持意象对话基本价值观，始终用“信、爱、知、行”照见自己，同时为了让更多的国人心理健康水平提升、推广意象对话，我

---

❶ 见本书附录二第 10 条“意象对话评审”、第 11 条“珍珠级意象对话心理师”。

❷ 见本书附录二第 12 条“水晶级意象对话心理师”。

成立了深圳市心海湾心理咨询有限公司；连续三届成为深圳市心理咨询行业协会副会长单位和优秀公益咨询机构。2011 年，经北京意象对话研究中心认证，我成为意象对话心理学核心课程讲师，在全国各地讲授意象对话心理学初级班、中级班的课程。同时，自主研发了适用于大众需求的“情绪疗愈工作坊”，让更多有情绪困扰及心身疾病的民众学习掌握一套有效的、自我疗愈和自我人格提升的方法。

2015 年，我成为朱建军先生的入室弟子后，更是要传承师风，让更多人成为自知、真爱、有担当、现实功能提升的人。不仅如此，我更希望通过广泛、落地的心理学普及和应用，在当今大多数国人焦虑的情况下医人、医国，同时推动中国本土心理学——意象对话走向世界。

因为发生，所以改变

有时候，现实生活中发生的事件，如果能够进一步去探究，也许会发现这个事件之所以与我们相遇，一定是有原因的。尤其是那些反复出现的事件，反复需要我们去解决，让我们犯难、带来消极情绪影响和内心扰动的事件，如果能够把握事件对我们的启发意义，借助这件事情来反省，并且顺势而为去做一些更深的探究，把它当成一次面对自己内在的机会，才会感觉到：所有一切不幸的发生、来到我们身边，是有帮助或促进作用的；如果能够利用它去做一些转机，那么这一切的发生就有了意义，我们便能有所成长。

倘若仅仅用现实应对功能去解决这些来到我们身边的事件，也会有成效，但它对我们的意义，或许会被我们忽略掉。我们有没有这样的意识？有没有意识到反复出现的情绪？这些让我们的心情变得不好，影响着我们、负累着我们的事件，是正常的现象还是有提示意义的？是否在意识到有意义后，还能够进一步去探究、看见、发现和修复、疗愈。倘若你选择了前者，恐怕就失去了命运给你的成长机会。

从 2006 年到 2017 年，从 40 岁到 50 岁，从迷茫、失落到明亮、坚定；十年不长，可人生中有几个十年的时光呢？感恩这十年走在心灵成长的路上，可以在回望生命历程之时，不后悔。

成长仍将继续！

蜕　变

张　峥

认识意象对话，已经第六个年头了，偶尔会有人问我，当初是怎么开始学意象心理学的，每每被这么问起，记忆就被带回到2011年11月的一天……

初识意象对话

“姑娘！有个人老给我发一个课，妈总是不去也抹不开面子，你反正待在家里也没什么事，就替妈去一次吧！”

我瞟了一眼妈妈的手机，大概看到“意”什么的，有个“赵”什么的，挺厉害之类的话。我就习惯性地听从妈妈的安排，拿着900块钱，去了那个三天的课。那时候的我，赋闲在家，从小也不缺吃穿，似乎也没经历过什么大风大浪，和很多人一样，从小好好学习，考大学、考研，毕业就失业，过着看得到尽头的生活，没什么好，也没什么不好。钱是从家里拿的，虽然快30岁了，却并不真的知道钱的意义，对于900块去学一个课程，到底贵不贵，更是没有概念。

由于对地点不熟悉，我去得比较早，到的时候，只有一个年纪很大的工作人员，她告诉我，她姓辛。我环顾了一下那个屋子，里面连把椅子都没有，等会儿怎么上课呢？

陆陆续续地来了一些人，他们似乎彼此是认识的，进来就互相打打招呼，然后自然地去桌子上拿饼干吃。我心想，原来那些饼干不是摆设啊，他们居然去拿着吃，幸好出门的时候妈妈给我准备了早饭，不然去拿人家的东西吃，多难为情啊。之后那些人居然席地而坐，我尴尬地站着，有点不知道自己该待在哪儿。后来那个辛老师唤我坐在她身边，我稍微不那么慌张了，心里升起个念头，这些人都好奇怪啊，坐地上。

终于上课了，老师是个 50 岁上下的女人，姓赵，胖胖的，看起来平平无奇，她说话声音不大，让大家说说自己的困扰。我实在不知道他们在干什么，心里嘀咕着，这到底是个什么课啊？

很快赵老师就看着我问，有什么困扰。我被问傻了，呆呆地看着她，感觉大家似乎都在看我，我好紧张，可是我没觉得有什么困扰啊。在大家的提示下，我终于挤出来一个，不喜欢被人批评。于是赵老师让我闭上眼睛，想象一个画面，这也是我看到的，第一个意象。

开始的时候，我脑子一片空白，那么多人看着我，让我想东西，想不出来怎么办？赵老师的声音在不远处响起，很温和，我慢慢地没那么紧张了，眼前出现一个画面：一个年轻男人，用手点着一个小男孩，嘴里不知道说着什么。赵老师问我有什么感觉，我说不出来，好像没什么感觉。在赵老师的引导下，画面慢慢清晰，年轻男人大概 20 多岁，穿着蓝色上衣、米色裤子；小男孩儿大概五六岁，穿着浅色衣服、黑裤子，一直低着头。赵老师继续问我感觉，我似乎不知道感觉是什么。后来她说："我感觉这小男孩儿有点儿委屈，是吗？"我似是而非地点点头，像是附和她，又像是真有点委屈似的，总之有个答案了，好过于我一直干愣在那儿。意象结束以后，我看到屋子里一些人居然哭了，说起自己和父亲的关系，我暗暗有些得意，看！我都不哭！

之后的时间，我总想起那个画面，真的感觉到挺委屈的——干嘛说我啊！我的鼻子有些酸，但我忍住了，总不能在大庭广众哭鼻子吧，那多难为情啊！

三天的课很快过去了，其实到课程结束，我都不知道这是心理学。不过我记住了这东西叫"意象对话"，课程叫"深度体验"，老师叫"赵燕程"。这三天似乎得到了很多，又不知道得到了什么。课程结束，辛老师推我去和赵老师照相，我内心是排斥的，不过碍于面子，还是过去了。看赵老师的表情，她大约感觉到了我的不乐意，我是有点感动的，觉得有个人看到了我心里的感受。回到家之后，神奇的事情发生了，爸妈批评我的时候，我居然不像以前那么生气，也不顶撞他们了。我妈很高兴，她大约没想到效果这么好吧。

我一直都很喜欢刘谦，尤其是那句，接下来，就是见证奇迹的时刻！他说魔术就是把童话的世界搬到人的眼前，看到童话在眼前真实的发生。在我心里，魔术之所以珍贵和神奇，就在于它让尘嚣中麻木、迷茫的我，能有那么一刻，眼前一亮，仿佛回到了童年幻想的童话。以前我以为只有在刘谦创造的魔术世界，才能让我见到奇迹的诞生，例如眼睁睁地看着杯中的水变清澈。而意象对话，却让我在现实中见到了奇迹，以前父母都会预测到我在什么时候会跟他们吵架，甚至吵架的内容都跟录音一样，每次都没什么差别。而如今，我有点惴惴的，开始过上了童话里的日子，居然偶尔能体会到童话结尾那句——从此开始过上了幸福的生活。

很快，2012年春节，赵老师又到了大连，这次是五天的深度课程，我妈居然决定暂停店里的生意，陪我一起去。不记得第一天上课的早上发生了什么，总之我和妈妈发生了很激烈的矛盾。我们都带着很大的情绪到了课堂。一上课，我妈就开始抱怨，说我不工作，不结婚。我嘴上什么都没说，心里觉得特别没面子，更不想搭理她。

课程的头三天，赵老师给我和妈妈做了很多处理；之后，我妈试探性地把手放在我腿上，然后特别激动地说，她让我摸她啦！我当时满心的厌恶，恨不得一巴掌把她的手拍下去，不过那么多人看着，总要给她留点面子。此时，赵老师对我妈说，呃……你要注意这是你的需求，还是她的需求；你摸她的时候，要注意她是不是愿意接受啊。那个声音很温暖地飘过来，我一下子抬起头，看着赵老师的眼睛，第一次感觉，被理解了；我的眼泪像决堤一样，喷涌而出。之后赵老师问我，觉得自己像什么。我感受了一下，看到一个冰雕的女人，比我本人的真实身高，还高出四厘米。我慢慢体会这个冰雕，感觉手脚开始暖和起来。

到了第五天，我终于愿意跟妈妈说话了，她像个孩子一样开心，课程结束的时候，妈妈特别高兴地和赵老师合影，不过我对于照相这件事，还是有些排斥的。

回到家，我们一家三口的关系似乎比以前和谐一些。有时候，父亲特别大声地训斥我，我能感觉到胸口胀着怒气，然后退到一个屋子里，默默地做个意象，看到自己被训斥的愤怒和委屈，再睁开眼睛的时候，怒气散了很多，就可以不带那么大的情绪，和父亲继续说话了。

日子很快又过了三个月，赵老师再次来到了大连，这次我妈带了她的一个朋友，我们三个人一同去了那一次的深度课程。课堂上，妈妈的朋友出了很大的情绪，言语中甚至表现出后悔来这个课的意思，妈妈听着她的抱怨，开始哭了起来。看到她哭了，我很心疼，起身坐到妈妈身边，用手抚着她的大腿，我能感觉手的温度，慢慢传给了妈妈的大腿，她哭得更厉害了。分享的时候，妈妈哭着说，这是她第一次感觉到我支持她。

现在想来，意象对话真的很神奇，那时候我认识意象对话才九个月，就从原来对父母的恨，到了能感受到对他们的心疼，甚至是爱。有多少爱，可以胡来？然而过往的日子，我把最坏的脾气，留给了本应该最亲近的人。

2012 年 11 月，我认识意象对话整一年的日子，也是赵老师第四次来到大连。一年的时间，我和家人的相处越来越和谐，原来瞬间暴怒的脾气，可以调整为关注呼吸，看到一个意象，在意象中体会自己难受的情绪；日子不再是在争吵和不理解中度过。

我在去这次深度课程之前，看到一个意象，一个寺庙里，有个扫地的小沙弥，穿着深棕色的袍子，扫院门口的地；有个年轻一些的和尚，在教小沙弥一些佛理；寺庙里还有个住持，是个得道高僧。我感受到，赵老师是我师父的感觉。她就像那个年轻的和尚，而我是那个小沙弥，还只是在院门口扫地。于是，我带着拜师的心情，第四次进入了深度体验的课堂。

课间，我问赵老师："赵老师，您收徒吗？"只见她眼睛一亮，笑着看着我说，"可以考虑。"这时候我听到大家议论，赵老师这次跟以前不一样，她带意象的时候做笔记了。大家就私下里猜测原因，大部分人都说，她年纪大了，记不住。我听到这些，突然升起一个特别大的愤怒，怒火从胸腔噌地就冒出来，我压抑着愤怒说，"不可能，她肯定是想写书！"

快上课的时候，我悄悄地问赵老师，为什么要做笔记，结果她居然告诉我，年纪大了，有些记不住大家说的东西。我脑子里"轰"的一声，被打得有些懵了。我缩回去，慢慢体会为什么不能接受她年纪大了，得到一句话："人老了，就会死。"我慢慢体会到，赵老师和我妈都是子宫癌切除，我对于母亲得癌症这件事，是非常恐惧的；一度恐惧到没有感觉，完全的麻木。这一次，我只是把对母亲会死去的恐惧，投射到赵老师身上。于是我闭上眼睛，看到一片灰蒙蒙的天，一个小女孩孤苦伶仃的站在荒地上，很害怕。我的胸口堵了起来，甚至不敢呼吸，反复冒出一句话："妈妈，妈妈不要走。"我待在这个意象里，眼泪簌簌地落下来。

课下，我跟赵老师说，我开始特别不能接受你记笔记是因为年纪大了，后来体会到，人老了，就会死，我怕我妈也说自己老了。赵老师说，"呀！你现在都会这个劲儿了啊！"

我愣愣地看着她，不明白她说的“劲儿”，指的是什么，那时候我还不懂“反求诸己”。后来的日子，我慢慢明白，遇到事情，能回到自己的感受和体验，正是意象对话做的事情。

第五天，做一对一对话练习的时候，我面对赵老师，再次问，收徒考虑得怎么样了？她突然抱住我说，这个徒弟，我收了！我感觉一层层热流从腹腔涌上来，合着她的臂膀，包裹着我的全身。我脑子里只有一句话：“我有师父了，我有师父了！”这似乎是一个只需要我自己知道的事情，与世界无关，有一种莫名的归属感，自己的生活似乎变了，又似乎照旧。

后来的日子我才知道，意象对话一直有拜师的传统，在现在的我看来，是一种文化的传承吧。

全程班那两年

一年意象对话的学习，我越来越感觉到，松散的课程已经不能满足我对意象的喜欢和需求。现在已经不记得，我是通过什么渠道听说了意象对话全程班[1]，只记得 2013 年年初，我报名了为期两年的全程班，开始了意象对话系统化的学习过程，也开启了我通往意象世界的大门。

2013 年 3 月，第一次全程班课程，我第一次见到了传说中的朱建军老师。他个子很高，大腹便便，看起来很随和。第一天他告诉我们，意象对话学好了，可以释梦、可以看画。例如梵高，一看他画的向日葵，就知道他会把自己“画死”；看另一个画圣母的画家，一看他画的圣母，就知道他会越画越健康。我跟听天书一样，越听越懵，那不就是画吗？怎么还能看出健不健康。于是我跟自己说，不用去管那些，就学学意象对话就行，其他的跟我无关。后来回想这一段，我感觉到了自己当时的不舒服，因为我总感觉其他同学都点头附议，而我连朱老师说的东西都听不懂，特别不好意思，甚至是羞耻，于是脑子抹了一下，跟自己说，这些跟我无关。后来我才明白，这就是心理学所谓的防御。当然，也是自己对朱老师说的东西都太好奇了，很想学会，可是一下子听到那么多，听蒙了，

---

[1] 见本书附录二第 7 条“全程班”。

对未知的恐惧，让我退了下来。

全程班的设置是一次五天，两天是朱老师带领，三天是其他老师。于是，第三天，我见到了蔡晨瑞老师，后来他成为第二个对我影响特别大的意象老师。他个子不高，戴副眼镜，看起来温文尔雅。第三天，他激起了一个学员很大的情绪，这个女生坐在他对面，言辞激烈地骂了十几分钟。我看到蔡老师身体前倾，面带微笑地认真听，心里不禁叹服，搞心理学的人，脾气可真好，这都不生气。下课的时候，我看到蔡老师用手指在地上画圈圈，有个女生问，蔡老师怎么了？他缓缓地说："我不开心，很不开心。"声音里流露出难受的情绪。他的声音不大，我却被震住了。我一直以为，心理学大师，是要表现出没有情绪，才显得什么都承担得住，才能显示自己的实力。然而在我看来，蔡老师当时是托住场上的气氛了的，他明明可以掩盖自己心里的不快，也没什么人看出来；多年以后偶尔听别人聊起这些事，大家还觉得他当时是没有什么情绪的。我曾以为，要不露声色，才是大师，至少社会上这样的人，都显得挺高深的。可是当蔡老师很低落地承认他不开心的时候，我深深地感觉到了真实；感觉到，我面前的不是一个什么被标定的心理学大师，而是一个活生生的人。

这是我在意象对话，学到的重要的一课——真。时至今日，这个字，仍然是我走在意象这条路上的座右铭，指引着我前行的方向。

第一次全程班之后，我开始记录成长日记，很巧的是，蔡老师在群里让大家做一个房子意象，然后写成文字发给他看。于是，我便把日记直接发给了他，收到的回复是，写得很好，继续写，发给我看。

我很惊讶和感动，我知道这些老师平时都很忙，发过去的时候，甚至没想到他真的会看，更没想到他会鼓励我，从小被打击长大的我，看到了不一样的一片天。

多年以后，我做心理咨询师的时候，每每有来访者问平时可不可以写东西给我看的时候，我都会回答，"你可以发，我会看。"曾经有学员说，意象对话的老师，好有人情味儿啊。回想起来，大约是那时候蔡老师给我种下的一粒人性的种子吧。我记得他不止一次说起，学意象对话，先要会做个人。

在蔡老师的鼓励下，两年的全程班，我写下了八万字的成长日记，这些文字，不仅伴随我走过了全程班的路，更是帮我打下了一个坚实的基础。多年后的今天，我仍然能感觉到，扎实的成长基础，奠定了我很好的成长品质，让我能够很稳定地继续走下去。

之后的文章，我会穿插一小部分当初的日记，算是对过往的一种纪念吧。

2013年6月9日

昨天被一个人用错误且有些幼稚的观点教育，终于情绪出现波动，有想要争辩的情绪上扬，联想到此前对一个女生也出现过类似的态度，感觉这是我应该成长的点。

闭上眼睛，眼前慢慢出现一个画面，一个刚上小学的孩子正跳着脚，手指着一个大学生很尖厉地说着什么，声音听不清楚；大学生开始不理他，后来变得不高兴起来，很厌恶地看着那个孩子，此时一个声音出现。（注：为了方便记录，大学生对应的人称为“我”，那个声音称为咨询师，简称“咨”，如没有明确说明，“我”均指意象。）

咨：怎么了？你这么厌恶地看着他？

“我”：他明明就是错的，小孩子，幼稚！还教育我！

咨：对啊，都说了他是小孩子了，那他幼稚是应该的啊，那我们怎么了，不高兴？

“我”：他明明就是错的！

咨：想想如果我们在现实生活中看到一个刚上小学的孩子，他说的很幼稚，我们真的会不耐烦吗？还是会从他幼稚的话里面看出一些聪明的地方？也许我们还会表扬这个孩子。那我们现在是怎么了？

“我”沉默。过了一会儿，“我”看到自己变成一个五岁的孩子，正在被妈妈用错误的事情骂。

咨：妈妈骂我们什么了？

“我”：妈妈说你看你表姐多厉害……其实根本就不是那样的！

咨：我们被这样骂的时候感觉怎么了？

“我”：我看到自己搭了一个很漂亮的积木，表姐什么都没弄好，一团糟，但她用身体遮住，跟妈妈说她都弄好了。妈妈问我，我说还没完，妈妈就开始骂我，说你看你表姐！

咨：这时候我们感觉怎么样了？

此时“我”感觉自己又回到了那个场景，四处空旷，只有我和妈妈两个人，天色是马上就要亮天的状态。（注：每次成长，体会到跟妈妈有关的孤独等，都会回到此处。）

“我”感觉妈妈的话就像无数的匕首飞过来扎我的耳朵，耳朵开始流血。

咨：被匕首扎是什么感觉？

“我”：很疼，流了好多血。

咨（对妈妈）：怎么了？你要拿匕首扎她？

妈：好像小时候我也那样被扎过。

此时妈妈回到11岁文化大革命时候。妈妈看到周围无数看不清脸的人都在指责她，用匕首扎她的耳朵，耳朵上都是血。11岁的妈妈抓起一个飞过来的匕首就要扔回去，咨询师制止。

咨（对其他人）：她只是一个11岁的孩子，你们为什么要这样攻击她？

众人开始还指指点点，后来慢慢散退了。

咨（对妈妈）：现在他们都走了，感觉怎么样了？

感觉此时匕首都掉落到地上，然后变成了土，和土壤混在一起看不到了，原来这些匕首只是涂了漆的土做成的。

妈妈变回大人模样，又回到和“我”的场景。

无数的匕首还在不停地扎“我”的耳朵，妈妈想过来抱“我”，“我”连踢带闹：“你明明就是错的！就是错的！”

然后“我”用手抓了一个匕首要往外扔，咨询师过来制止。“我”开始大哭。

此时现实中的我感觉到了鼻子微微的一酸，出现了哭的表情，但是最终并没有哭出来。

回到意象。“我”突然看到有东西从嘴里吐出来，仔细一看，是很多蛤蟆、蛇、青蛙和蝎子，有非常多，一直吐了很久也没有吐完。

此时现实中的我感觉到很恶心，想要吐，于是睁开眼睛，飞奔到洗手间，开始用手抠，然后开始呕吐，吐了几分钟的气。闭上眼睛，我又看见还有那些东西不断地从嘴里出来。然后继续抠。如此反复了十几分钟，再闭上眼睛，终于感觉“我”的肚子里似乎干净多了，只有一些小飞虫暂时还出不来。再回头想想昨天那个人，虽然没有那么想争执，但仍然不能以平静的心看待她，不过今天只能到这里了。

治疗效果：更改网名。我之前的名字叫作粟粟，粟粟是罂粟的小名，所以即便隐藏了罂粟的真身，仍然是带有毒性的状态，这个毒性在特定的时候就会出现攻击别人的特性。后来改名原叶，原来是片叶子，我看到一片新叶从枝头长出来。而且终于看到自己之前做完意象到底想要吐什么了。

遗留问题：

1. 总感觉妈妈那段，匕首变成土是一种美好意象的防御，但是现在没有找到解决的办法。

2. 鼻子酸却没有哭出来，可能是治疗中的引导出现了偏差，总感觉不是那么彻底。

2013年6月10日

感觉昨天的治疗并没有做完，是因为我的呕吐感结束的。今天把自己重新放回到那个场景，经过一段时间的酝酿，终于回到五岁女孩的状态。

“我”用手抓住扎耳朵的匕首，要往外扔，咨询师制止。

咨：怎么了？我们要拿匕首往外扔？

“我”：妈妈骂我！明明她就错了！明明我就做得很好！

咨：重复这句：明明我就做得很好。

“我”：明明我就做得很好！明明我就做得很好……

此时现实中的我开始落泪。

“我”重复的时候声音变小，继续重复。

一会儿，现实中的我不哭了。

“我”：都是血，妈妈；都是血，我怕，都是血，我怕……

现实中的我终于哭出声来，眼泪滚落。

意象中，“我”和妈妈抱在一起。

治疗效果：感觉把昨天的治疗做完了，过了几分钟，又想吐，很深很深的呕了很久，终于呕出气来。再回头想想前天那个人，基本上已经可以用平静的心态看她了。

有一段时间，我感觉自己浑身无力，习惯性崴脚的部位也总是扭到；于是我准备用意象面对一下躯体感受。我躺在床上，让自己慢慢的放松，感觉从头到脚都松弛下来后，我把关注点放在胳膊上，此时我发现，从手指开始，每一个关节，都像脱臼一样疼，生疼。我从来没脱臼过，但那一次，我知道了脱臼到底是种什么感觉。是一种扎心的疼痛感，痛得我整个人都往床上缩。太疼了，眼泪一串一串的，顺着脸颊滑落到枕巾上。我只好一点一点地面对，只关注手指；慢慢地，手指的疼痛减轻了，再上升到肘关节……

随着关节由痛到缓和，再到松弛下来，我体会到有温暖的感觉开始在身体中流淌。我是家族遗传的低体温，正常体温只有 35℃。之前我感觉发烧的时候，到医院测体温，36.8℃，大夫都说我这是正常体温，我每次都觉得说不清楚。天生的低体温，使得我常年手脚冰冷，最严重的时候，用很烫的热水泡完脚，去倒水的工夫，脚已经冷透了。而且我还常年痛经和感冒。由于感冒实在太频繁了，我曾用了大量的抗生素，到 20 岁的时候，所有的抗生素对我已经无效了。现在想想，如果不是无意中认识了意象对话，我之后的人生都不知道要如何度过。

当我一点一点体会自己身体的无力感时，体温也慢慢上升，由于还伴随着疼痛，居然开始冒汗了。当面对到脚踝的时候，因为常年崴脚的顽疾，钻心的疼痛上来，我的眼泪不停地涌出来。脚踝又疼又无力，此时我产生一个念头：如果没有发现，继续下去的话，我就要坐在轮椅上度过下半生了。此时我深深地体会到，大量的身体疾病，都是心理上造成的；如果能提早面对心理的不适，就能预防很多老年病的发生。我想起以前一个朋友说的，年轻时拼命工作挣钱，为的是给年老的时候看病。我当时觉得他消极，可看到医院里大量的老年病患者，又觉得他似乎不是在危言耸听。这时候就觉得自己很幸运，能认识意象对话，让我有机会在年轻的时候，就面对和关心自己的身体。崴脚是个十几年的顽疾了，因为实在太疼，身体有点吃不消，不知不觉中，我睡着了。

第二天醒来，我总觉得头晕晕的，有点沮丧；尽管昨晚并没有充分面对，就睡着了，然而身体的无力感已经消失了。晚上继续躺在床上面对，我惊喜地发现，身体其他部分已经是轻松的感觉了，而脚踝处还有隐隐的感觉，和前一天比却大相径庭。这就是意象对话的神奇之处，我经常觉得只是看到了当时的痛苦，可下一次再去关注的时候，却发现跟之前已经大大改观了，变化总是发生在不经意间。这就是朱老师常常告诉我们的，看到，就是疗愈的开始。我一开始总是不放心，总觉得自己没有看到改变，这靠谱吗？慢慢地，事实一次一次地告诉我，只要我看到，它就会自己改变，后来我知道了，身体本身有一套自我疗愈系统，只可惜平时我们只用，不维护，它的疗愈速度赶不上破坏的速度，于是身体越来越糟，就是平常说的亚健康，亚健康积累时间长了，就开始生病。当体会到这些的时候，我深深觉得，之前30年，都太对不起自己的身体了。

2013年10月28日

昨天在微小说吧看到，说是要发1000个爱情微小说。其实有少量无关爱情，其中有一个：一次表演，小丑不小心从舞台上摔下来，牙齿被摔掉了很多颗，满脸是血，很疼，表情很扭曲。全场观众大笑，因为他的表演真的很精彩，很夸张，道具做得非常好。只有一个小女孩拉拉她妈妈的衣袖说："妈妈，小丑哭了。"但没人听见，一个也没有。

那么多爱情小说我看了还算淡定，这个故事，我的眼泪直接掉落下来。我想起去年刘谦的一个魔术选秀节目中，一个胖胖的、很乐天的选手，就曾经扮演过小丑，小丑永远都不是主角，他在人前逗人开心，扑着厚厚的粉，永远是笑着的样子，可是在化妆间里，所有的寂寞和痛都只有他自己知道。他把开心留给了大家，可是，谁知道他的孤独和泪水。

我觉得自己就是一个小丑，我喜欢让大家看见笑得很好看的原叶，然后，关起门来，自己成长，即便哭到快要窒息，也仍然一个人，似乎，是习惯了吧。

我在下面模模糊糊地看着小丑，没有声音，张着嘴巴的哭，眼泪大颗大颗落下来。是的，没有声音，是那个失语症的女孩子，一直都没有解开的情结吧。

昨晚睡前为小丑哭过之后，今天的状态明显好多了，还要继续去爱那个小丑啊。

似乎真的是很多年了，我总是为别人的眼光着想，一直在乎着自己的面子，就像第一次进入意象对话的课堂，连主办方准备的零食都不敢去拿，就怕别人会给我脸色看，那么多年无觉知的做一个小丑，取悦周围认识的、不认识的人。上学的时候，我是一个好好学习的乖乖女，尽量完成老师布置的各种任务。还记得小学的时候，为了写完作业，熬到夜里12点。如果老师看到了我的努力，表扬了我，我会告诉自己，再接再厉；如果老师反而批评了我，那个打击就会扑面而来。后来考了家里选的大学和专业，放弃了自己喜欢的中文和中医，满足了一大家子的期待。再后来，为了给家族争光，又考了研，幸运的是，这次选了自己还比较喜欢的日语专业，终于算是满足了自己一回。工作是自己还算擅长的大学老师，然而我仍然习惯性地满足着其他人的期待，领导的、同事的，甚至学生的。这么多年，我确实就是一个只取悦别人的小丑，独独忘了自己的孤独。感谢意象对话，让我看到了这一点，而不是一直在这样的道路上越走越远。意象对话，给了我为自己活下去的机会。

2014年2月2日

前两天有个人跟我说的话总让我很不舒服，很想跟别人去议论一下这个人。今天看到一篇文章写着“不评判、不为人师——心理工作者的基本功”，我意识到，自己还是想要评价她。我知道，自己又通过批评别人，离开了不舒服的感觉，所以要下去看看了。

意象：看到一个满身铠甲的人，一个五岁的小男孩仰着头，右手指着她，嘴很快的一张一合，应该是说了很多很多话，不过实在不知道他说了什么。当看到他的样子的时候，我有些震惊。这个状态完全不像是一个五岁男孩子应该有的。

跟他交流一阵以后我知道，他妈妈就是这么批评他的。我看到妈妈就像刚才那个男孩那样不知道说什么的在数落着男孩，男孩子很倔强的把头扭向一边，完全不服的样子。当我跟妈妈交涉，说男孩子现在不高兴的时候，妈妈眼睛瞪大，在原地跳了好多下，反而更大声地指责，气得要命。现实中，我开始不停地嗝气，意象一度中断。

后来我陪着男孩的妈妈待了一段时间，妈妈的情绪慢慢降下来，最后不再说话，有点蔫蔫的。再看男孩，他右耳塞了一个白色的耳塞，现实中我突然有了想哭的感觉，我想到那个不太好用的右耳。最后母子状态稍微缓和一些，男孩子也不再有想要批评别人的感觉了。

意象结束后，我嗝气了大概20分钟，最后明显感觉已经深入到腹腔，难怪我这两天有点胀气的感觉。

这次意象再次提醒我：想要评价别人的时候，先看自己，把散在外面的能量收回来，才是正确之路。

这段时间，我每天都做着各种体验，稍有情绪就看个意象，本来日子过得也算平静而丰富，然而此时，我得到了一个消息，全程班一年期学员，可以参加珍珠评审❶，这件事，打破了我原本的平静。

本来我是想晚一些去评级的，因为我感觉到，我想评级的动力里，有一部分是想被认可。然而，当可以参评的消息传来的时候，我心中的欲望还是被唤起了，于是2014年8月，我踏上了自己的评级之路。

其实那次评级，我并不真的知道，“珍珠”是什么，只是知道评上之后好像挺风光无限、万众瞩目的。于是，在没什么觉察的状态下，我糊里糊涂的参加了第一次评级。结果可想而知。但当时我的特别不能接受，结果宣布的时候，没有听到我的名字，碍于面子，我强撑着，身体却不由自主地抖动。很庆幸那次有母亲陪伴在我身边，她抓着我的手，让我心里还有一点支撑。

回到旅店，我整个人崩溃了，眼泪大串大串地滚落下来，心脏像是被抽空一样，整个身体开始发冷，完全站不住，躺下来都觉得支撑不了。我感觉每一下呼吸都是痛苦的，似乎每一次呼吸，都已经用尽了我全部的力气。我不断地问自己，这不是真的吧，这是在做梦吧？睡一觉是不是就结束了。然而钻心的疼痛，又不止一次提醒我，这就是现实。此时的我，完全支撑不住自己的身体，我让母亲抱住我；她的手从背部，抚在我心口的位置时，我感觉到了一种温暖的支撑，我紧缩在母亲的怀里，此时我多么想回到子宫，那个最温暖最安全的地方。在这样的状态下，我终于可以慢慢安静下来，在疼痛中睡去。

在这种完全不能支撑自己痛苦的状态下，我找到蔡老师，做了学意象以来的，第一次督导❷。

大概40分钟时间，他都在听我陈述评级带来的感受，最后他说：能感觉到，这次评级给我带来了很大的成长。以前，这种表扬，会让我欢欣好多天，然而那时候，感觉他就是一句平常的话，挺中肯的，我收到了。然后蔡老师问我，你为什么都自己做体验，干嘛不把它交给我？我愣愣地看着他，感觉被问懵了，

---

❶ 见本书附录二第10条“意象对话评审”、第11条“珍珠级意象对话心理师”。

❷ 见本书附录二第8条“督导”。

自己做体验不好吗？我这么用功，难道不应该被表扬吗？他的语气，打破了我长期作为好学生的认知，从小到大，老师都教育我们要好好学习，自己预习、复习，回顾这两年意象对话的学习，我都是上课认真听讲，课后按照老师的做法认真练习的，难道我做错了？而且，交给他？我可能一个月才能上一次他的课，他能帮到我多少啊？那么大量的学习时间，就浪费了啊。我不信任地看着蔡老师，心里的想法虽然很多，嘴上却并没有回答。

不过后来我发现，他的话，还是进入了我的心里。之后在蔡老师的课程中，我开始变得不那么用功，慢慢地把成长交给他，过了一段时间，我有点不相信地发现，成长不仅没有退步，反而更稳了。于是，慢慢地，我开始把成长交给带我的老师，而不是全都自己看意象。

我慢慢体会到，从小到大，我们都被教育为好孩子，要听话、懂事。在学校听老师的话，做得好了会被表扬，不好了会被批评；工作听单位领导的话，似乎是没听过自己的话。以前听过一种说法，说大学生给小学生打工。大概很多"好学生"都跟我一样，在听话的表扬下，慢慢忘记了自己的意志，更缺少了自己创造、打拼的能力，一切听从安排。然而，平时自己会关注的情绪，也大都是生气、郁闷、伤心等听起来"负面"的情绪，而这些"听话"的背后隐藏的心理动力，却经常在表扬下，被笑脸掩盖了。联想到现在找我做咨询的人，大多会说，我失恋了，特别痛苦；我孩子不认真学习，可怎么办啊；我工作不好，觉得看不到希望……，基本没有人会说，我学习很好，经常被老师表扬，你看这可怎么办啊？在心理成长的过程中，我们总是会先关注到让自己难受的情绪，甚至有些人，会觉得自己的痛苦多于快乐。细细分析起来，我却发现，是因为快乐就只有当下快乐，过后就忘了；痛苦就似乎一直处于痛苦中，久而久之，心理也长期处于亚健康的状态。

第一次评级之后，我慢慢离开"做一个好学生"的目标，更多地回到自己做事的内心动力上。慢慢地我发现，自己在评级的过程中，整个人是懵的，内心里并不知道这是考试，也没有什么紧张、焦虑的感觉。联想到过往的大考中，我都有这样的状态，高考政治的时候，我还在考场睡了 20 分钟，带来的结果就是，每次大考都发挥失常。继续深入体会，我发现，从小被家族期待成为"骄傲"，作为一个孩子，我其实承受不住这份期待，在心底里甚至不想满足大人的期待，也想过一次自己想要的生活。可是这个想法，被"好学生"的光环深深地压在内心深处，结果每次大考，过分的压力和不想满足期待的愿望，就让我有一种抽离考试的感觉，我以前总是沾沾自喜，觉得自己考试不会紧张，殊不知，这可能是更大的紧张。

考试焦虑，成了我下一步要面对的课题。就在这个时候，我得到了一个消息，2015 年元旦，将在深圳举行一次珍珠评审，时隔四个月，我再一次踏上评级的路，而这一次，对我而言更重要的，是想在评级过程中面对考试焦虑，而不是像上一次，一味地追求通过级别来求得认可。

整个评级过程，我都很紧张，能听到自己的心跳声，也真实地表达了自己的紧张，其中一个评委的问题，我并没有听懂，还是很真实地回答“不知道”。我终于在考试中，有了一种，这是为我自己的考试，不关乎其他人，我也不需要为了满足评委的需求，刻意想出一些答案。

考试结束，我依然没有通过，不过这大体在我的预料之中；虽然有失落，却更有感觉到考试的喜悦，这是我第一次，为自己的考试，我，做到了。

2015 年 3 月，为期两年的全程班结束了。以前别人问我，为什么会坚持学意象对话，我的回答都是“好玩儿”；而两年课程结束时，我的回答变成“喜欢”。是的，我很喜欢意象对话，它给了我一个能看到自我的可能，我会沿着这条路继续走下去。

督导，开启我重生的大门

全程班的尾声，意象对话颁布了一条评级新规：珍珠评级之前，至少要做 10 小时一对一的个人督导，地面、网络均可。这个规定让我有些犯难，虽然我听从蔡老师的建议，让他在课上帮我成长，而不是一味地自己做意象，然而至少做十次一对一体验，还是有点打破我的成长节奏；再者和哪个老师做个人体验，成了一件很让我头疼的事情，似乎我之前熟悉的那些老师，都不太合适。于是我找到了赵老师，让她帮我拿主意。她给了我一个老师名单，让我自己选。上面的名字，有的熟悉，有的陌生，我对着这些名字看了三圈，指着最后一个，“就他吧！”

周烁方，一个我之前几乎没有什么接触的人。我曾经在年会上看到过他发言，参加过一次他的沙龙，仅此而已。头脑层面对他的了解，几乎为零，那么一切就交给无意识的选择吧。

最开始，他都是带着我做 50 分钟意象，然后再聊聊；我心里是有些不满的：

意象我自己会做！可是又觉得似乎和我自己做的不太一样。此时，我自己做意象已经到了瓶颈期，一直沉在很多感觉里出不来；自己看的时候，也是那些人物的互动和感受，却总觉得像在一个很大的深井中，怎么也无法出来。和烁方老师做的体验，似乎有些不同，却又说不清楚。

有一次做体验，我看到一个水盆，于是想起了电影《哈利波特》里面校长会从一个水盆里看到很多思维，就想一头扎进去看看，烁方老师及时地叫住了我："不要进去，就待在外面看。"我不明白为什么不能进去，不过还是听从了他的引领。慢慢地，我看到水盆中升起一只很小的白色纸船。意象结束的时候，烁方老师告诉我，意象是看不完的，重要的是"看"，就看着它的变化，不要随意去改变它，你扎进水里，就很容易沉溺在里面。这个纸船很重要，它虽然小，但它是自我。

我愣愣地听着他的话，想着自己确实走进了一种沉溺的状态——看到很多意象，却一直往一种感觉里沉下去，再也不像最初学意象的时候，心情不好了，做个意象就有很大的改观。

之后的日子，我感觉自己从沉溺的状态里慢慢出来了，有一种久违了的清醒感。我以为之前是评级的不顺，让我越来越消沉，原来是整个人在意象中的沉溺，慢慢地，我感觉到了一种重生，连空气都是新鲜的。

一方面出于对烁方老师的感激，另一方面，我也想更多地感受到船，于是，我做了一艘长一米的纸模船，送给烁方老师，里面连桅杆、甲板等都可以拆卸。船，是一个水上的载体，水就像无意识；我以前一直沉在里面游，现在终于有一艘船可以承托我，让我既可以在水上航行，又可以清醒地看到外界，在做船的那一个月，我的现实感一点一点地增强了。

规定的十次一对一体验很快就结束了，我体会到了督导给我带来的巨大转变，于是要求继续下去。这个体验，一直到写这篇文章的时候，仍然在继续。随着个人体验的深入，我越来越相信，可以把成长交给另一个人。每周体验的时间，烁方老师带我做意象，其他时间，我过着自己的生活，不刻意做意象，会有些觉察和领悟自己升起来。不知不觉中，我的"信"慢慢建立起来。曾几何时，我看意象的时候，发现自己的"信"是无，我曾经很绝望，要无中生有，是何其难，甚至一度觉得不可能有"信"了。以前谈恋爱，我很没有安全感，无论对方怎么说，我都感觉不到信任，怎么都觉得他会背叛我；我一直没有结婚，心里很深的地方，总觉得结婚也会离。工作中，不管干多少活，赚多少钱，还是担心钱不够……然而一对一的个人体验，却帮助我慢慢建立了“信”，那是一种稳定踏实的感觉，由心而生，不关乎外界的物质状况。

烁方老师带我看过一个意象，我看到一袭白裙的少女背对着我，忧郁而安静；后来慢慢地，意象中出现一堆篝火，少女的脸都映红了。

后来我的体温慢慢上升，到写这篇文章的时候，基础体温上升到36.5℃！家族遗传的低体温，已经疗愈了。我曾经不相信家族遗传的东西可以疗愈，天生的东西还能改变吗？后来烁方老师告诉我，家族遗传的，也可能是家族的情结啊，也是可以疗愈的。不知不觉，已经接触意象对话五年多，我越来越相信它的神奇，“这是见证奇迹的时刻”。现在，我已经不再预测会发生什么变化，因为意象对话带给我的，都是奇迹，奇迹是无法预测的，我只能静待它发生。

随着自己现实感的增强，我对情绪的分辨和体验越来越细致，感受到自己在过往的体验中，经常很粗，有很多细微的感觉都跳过了。于是，我写下了一篇当时对自己影响很大的文章——《说“急”》。

说“急”

日常生活中，我们经常看到两人争执时，各说各的，你一言我一语，互不相让。“公说公有理，婆说婆有理”“清官难断家务事”，似乎都是在说这种情况。如果站在每个人的角度，似乎各自都有一些道理，可惜他们都没有停下来听一下对方的话，都在急于表达自己。

急，是个生活中很常见，又常被忽视的感觉。在这个快节奏的社会，急急忙忙向前走，似乎已经成为一种必然，停下来深吸一口气，分辨空气的味道，已然变成了一种奢侈。

意象对话，让我放慢了生活的脚步，看见了这个世界更多的风景，也慢慢看到更多的自己。在意象对话修行的这条路上，我渐渐发现，“急”，这个看似很平常的感觉，却是非常难于觉察的。

前些日子，有个朋友给我打电话，说看了一个劲儿很大的意象；现在一看意象就陷进去，又不能体会，完全陷入难受中，问我该怎么办。下面是我们的一段对话，为了方便记录，这个朋友用A来代替一下吧（该内容发表已征求A的同意）。

我：“你是怎么出了这个意象的？”

A：“我早上在想我现实的病，然后突然想吐，吐的时候就出了这个意象。结果我盯着盯着就只有愤怒了，状态很不好，现在对这个意象完全不知道该怎么办。”

我：“我觉得你这里有两个‘急’，一个是你在意象出现后不知道该怎么办，急着离开；另一个是之前是什么感觉，让你出了这个意象，这个感觉你没有看到，就急着看意象了。”

A：（沉思片刻）“你说我有急，我真的觉得我没有。虽然很多人都成长得挺快的，学得比我好，可是我并不着急啊。”

到这里，我感觉到，A 并没有听到我之前说的话，她似乎还沉在那个意象里，没有体会到我说的两个“急”。而我也有个“急”，想要帮助她，于是直接把我看到的就说出来了，并没有关注到她太难受了，可能会听不进去。

我：“嗯……你看你给我打电话，是不是想让我把你从现在的难受里拉出来，或者告诉你该怎么面对这个意象？”

A：“嗯，是啊，我现在真的太难受了。”

我：“现在你不知道该怎么办，这也是一种状态，你还没有认真体会一下这种状态，就急着要离开。”

A：（想了一下）“啊，我有！”

我：“这个意象很大，很难面对，我倒是建议先不要管意象。你说是吐了，然后出的意象。那吐之前是一个什么样的感觉，可以觉察一下。”

A：（这一次停了很久）“我对自己的病很恐惧，就吐了。可是这个恐惧我贴不上啊！”

我：“先不要急着面对恐惧，先把感觉放在‘急’这件事上。可以感受急的感觉，或者是跟‘急’有关的意象，先接纳自己‘急’的状态。”

A：“那……我的意象怎么办？”

我感觉到她这次说话时不是带着那种往前冲的劲儿了，更多的是一种疑惑。

我：“我有个猜测，可能是对病的恐惧太大了，急着离开，才出了这个意象。这个意象很难面对，你就很可能缠在意象里，注意力都在意象时，就会忘记之前的那个恐惧。这个意象可能有防御的性质。所以你先面对急，慢慢地看到恐惧，这是需要时间的。之后再说意象，你看现在有这么多急和恐惧绞缠在一起，是分辨不清的，意象自然也是无法面对。意象是看不完的，先要找到原发的急，慢慢看到急下面的恐惧，才是最重要的。”

A：“啊……我终于明白自己为什么老是出意象出得很猛，然后很难受就面对不了，然后就不想学了。”

我们的各种保护性的反应模式都用了几十年，以至于当出现一个感觉时，会立刻跳开，例如争吵、自责、哭泣等。意象对话教我放慢速度，去感觉每一情绪出现的瞬间，而这个时候，看到“急”就变得很重要。

当我发现一点一点地面对自己的感觉很重要时，我开始仔细觉察自己的生活。之后我有一种很憋闷的感觉，我发现我在压抑自己的情绪，刻意地追求时间是一秒一秒度过的状态。我觉得这种慢慢的觉察可以更好地成长，而且成长得更快更稳，于是我刻意追求慢下来，其实里面是有一个急着成长的劲儿顶着。

这时我发现“急”并不一定是风风火火的样子出现，它可能用很隐晦很难于觉察的方式，影响着我们的生活，我唯一能做的，就是时刻觉察自己的状态和情绪。

之前我对成长这条路有一个恐惧，就是不知道什么时候就会走偏了，被魔鬼诱惑。当我觉察到“急”之后，便慢慢放下了这个恐惧，只要我能时刻觉察到自己急着证明自己、急着离开难受、急着……那么就能走在这条意象对话的正路上。

觉察“急”，让我慢慢地回到了自己，感受到真实的自我。

文章发出来之后，有些人对里面提到的东西产生了很浓厚的兴趣，在他们的提问中，我发现，有些东西可能并没有完全说清楚，于是，我又写了第二篇关于“急”的文章——《顺其自然体会“急”》。

顺其自然体会“急”

经过几年的成长和修行，我慢慢养成了在生活中觉察的习惯，慢慢觉察到很多感觉、很多模式，体会到细微的觉察和分辨的重要性，所以写了之前的短文《说“急”》，聊了我在体会中对“急”的觉察和分辨，而且我发现，看到一层一层的“急”，是件很重要，又很不容易做到的事情。而之前的文章只提到了关于“急”的觉察，并未提及面对和接纳，于是有了今天这篇。

我有一个长辈，他的女儿高中时，他一定要女儿选一个好大学，说上好大学才有出路；该考研了，怕女儿考不上，托关系弄了个研究生给她读；读研期间又想办法送女儿出国镀金；该找工作了，发现之前弄来的研究生不被国家承认，又托关系找工作；然后说年纪到了，该赶紧恋爱啊，于是找人介绍了男朋友；又说那还不赶紧结婚；结了婚，催促说这都多大了，赶紧要孩子啊；有了孩子，他女儿跟婆家关系处不好，几乎离婚，我这位长辈只好帮着带孩子，天天愁眉苦脸，说结婚要孩子干什么，让我受罪，这孩子才几个月大，这什么时候是个头啊……

这个故事看起来像是个笑话，却是真实发生在我们的生活里。我想，很多人在里面或多或少都能看到自己的影子。我们总是在急急忙忙地奔生活，拼命往前冲，总觉得之后就好了。言外之意是觉得现在不好，赶紧离开不好，就解脱了，却并没有慢慢地待在现在的生活里，更不用说体会当下了。我常听到一句话：日子一晃就过去了。就是我们总急急忙忙地过，忘记了当下。这样，到我们离开的那一天，回想一生，又能剩下什么呢？我在一步一步的觉察中，感觉到时间一秒一秒地流过，而我在这一秒一秒中，慢慢生活。

我也听到一些修行的人说，今生好好修行，就能离苦得乐。可是这个“离”，已经看到了不接纳，是通过“修行”这个外在的动作，往所谓的“乐”上奔，还是一种急着去求，并未做到顺其自然。

发现“急”是一个很不容易的觉察，而体会“急”，让我能慢慢地把投出去的劲儿收回来，这时我能感觉到自己真实地“活”在这个世界上，感受自己的呼吸，倾听心的声音。慢慢地，我学会了活在当下，活在自己。

有的朋友看了之前的文章《说“急”》之后，发现自己身上也有急，然后问自己干嘛这么急，之后体会急后面的东西。这确实是一个对自己“急”的察，或者说是知，但并没有对“急”全然的觉。有一点急着看到“急”，又急着越过“急”的感觉。就像是感觉地里埋了个东西，就蹲在那里使劲儿刨，想看到底能刨出什么。可是这个背后，已经有了一个更大的“急”。当带着这个“急”的感觉去看下面的情绪时，是可以发现很多东西，也能做很多体会，这就使得背后更大的“急”很难被觉察到。这样，我们的体会就沾染了一些东西，当这些沾染太多的时候，遇到比较大的情绪，就会出现“顶不住”的现象；或者是沉溺在意象和情绪里，不知道怎样才是个头。当体会走不下去的时候，很可能是自己之前沾染的东西太多了，已经背不动了，而一层一层地分辨“急”，是一个分辨沾染很好的路径。

这里要说说去“染”，之前有朋友跟我说，她有个染，很早就知道了，一直都去不掉，怎么办？在我的体会中，去染是一件顺其自然的事情，当觉察到沾染时，沾染会自然脱离。如果看到了沾染还是不能脱离，那么一定是之前很多东西没有看清楚，那么这个沾染很可能是脑子知道的，并不是一步一步体会出来的。这时想要去染，这个“去”，已经有了一个不接纳，想赶紧剥离开，可是对染的体会又不够，并不是真正体会到沾染给自己的获益，就陷在一种想要剥离，又离不开的状态里。当在这个状态太难受时，就会出现更多的念头和情绪，使得情绪越来越复杂，染得越来越多，最后包袱大得自己都背不动了。

我觉得，想要“去”染，已经是有个“急”在里面了，急着和染的东西脱离关系，那么这时，待在急里，慢慢体会自己的感觉，才是最重要的。真正剥离沾染的过程，其实更像是瓜熟蒂落，自然产生的，急着伸手去摘，就离开了顺其自然。

诚然，“急”不算是一个原发的情绪，它只是下面的情绪太难受而产生的反应性的情绪。也正因为此，很多人并不觉得需要去感觉“急”；当知道自己急之后，直接去看急下面的东西，殊不知，这时又陷入了另一层的“急”，急着发现更深层的东西。

待在“急”里，是一件很重要的事，这时问题又出现了：“急”这种东西，怎么待啊？当急的时候，可能会看到意象跳来跳去，或者出现各种各样的情绪，这时候我们可能就慌了，不知道该怎么办，或者想要看一个意象，或者盯住一个情绪，又或者被某一个意象或者情绪卷走了，等等。这些反应和做法，都是不能待在“急”里的表现。

意象或情绪不稳，也是一种状态，当觉察到这一点，就不会急着离开，只要看着意象变来变去，看着不同的情绪往外冒，然后告诉自己：哦，我现在的状态是跳来跳去啊。然后就一直看着自己这个不稳的状态跳，感受自己身体的感觉，注意自己飘过来的念头，时刻提醒自己回到面对“急”这件事，慢慢地就能看到更多的东西。

觉察到急下面更大的情绪，并不是越过“急”，自己向下挖；而是在体会“急”，觉察当下的过程中，自然发生的，这才是顺其自然的过程。

有朋友问我，体会“急”的时候，观呼吸是不是会比较好。注意呼吸确实是一种回观自己的方式，可这时要分辨，自己是不是一边注意呼吸，一边觉察自己的“急”。因为很有可能，观呼吸时就只顾着呼吸，而离开了面对“急”这件事；甚至于观着呼吸，稍微平复一点了，就忘了还有“急”这回事；那么这时，观呼吸只是为了离开情绪产生的反应方式，只不过是这个反应是了解回观的人才会用的，看起来更高大上而已。

这时我们就看到，真正面对“急”是一件很不容易的事，很容易跳开或者逃跑，所以要时刻觉察，发现逃开之后再回来，告诉自己：哦，我刚才又跑了一次。只有当我们一次一次回到自己的情绪上，才能做到真的面对，活在当下。

最后，附上我最喜欢的八字箴言：一切随心，顺天而行。

日子转眼就到了 2015 年 8 月，我第三次踏上了珍珠评级的路。评级之前，一些朋友说我的体验很细致，这次应该能过了吧，可不知道为什么，我心里总有隐隐的不安，想着评过了珍珠要如何开展咨询业务，压力慢慢变得大了起来。

结果这一次我仍然没有通过。回到家，我哭了五天，终于体会到，我心里有一部分是不想过的，“珍珠之后开展业务”的念头，深深地冲击着我被期待的情结，我甚至恐惧评上，觉得评上了就要承担责任，此时的我，还承担不起。而这些，都是我在评审之前，没有觉察到的。之后我哭着把这些体验发给一个朋友看，我觉得他可以承托住我的痛苦。当我发完最后一个字，突然更痛苦地大哭起来：一个我深信可以承托我痛苦的人，我都没有在最难受的时候找他，而是自己看清了情结才联系他。这么多年以来的“懂事”，深深地刺到了我的心，为什么，我都如此痛苦了，还要这么懂事！

似乎从小到大，我都是家族期待的那个孩子，“懂事”成了家里人教育其他表亲的标尺。而在我内心深处，如果评级通过了，我就会成为一个更大的标尺；我越来越无法承担，这无形而巨大的压力。

此时的我，对自己的情结觉察越来越细致，慢慢发现，意象对话重要的三个方面：觉察、定力和感受。感受其实每个人都有，只是有看起来敏感和迟钝的区别；当然，在意象对话的学习中，感受也是可以变得越来越好的，就像我第一次走进意象对话的课堂，当赵老师问我感受的时候，我是懵的，觉得自己没有感觉啊。不过现在想想，懵，本身也是一种感受。那么剩下两个，定力和觉察，就是要靠后天练习的了。我从小体弱多病，学意象对话之前，甚至一年有九个月都在感冒；学了意象对话之后，虽然不那么生病了，但是如果遇到的情绪过大，仍然容易病倒。而且，当有两个情绪染在一起，而我没有觉察的时候，我的体会就会非常困难。我慢慢体会到，定力是我的弱项；身为处女座的我，细致敏感是我的特点，更加细致的觉察，可以让我把染在一起的情绪剥离开。慢慢地，我走上了一条觉察、去染的体验之路，也就开始形成，适合我自身特点的体验和咨询风格。

当我的觉察越来越好的时候，我发现，原来那种沉在一个情绪的状态也越来越少。想到自己学意象对话之前，很多事情都会让我有一种天彻底塌了的感觉，例如失恋、升学失败、严重的疾病，等等。学了意象对话慢慢发现，这些状态都是沉溺在一个情绪无法自拔；人无法揪着头发，把自己从泥潭里拔出来，所以就陷入痛苦中，越来越难，即便时过境迁，那件让我痛苦的事情慢慢远去，留在心里的创伤仍然不会抚平。我的心情，不自觉中，越来越低落，也就是我之前提到的，心理亚健康。当过往的经历，积压在心里的情绪越来越多的时候，我已经不知道，自己不开心的原因是什么了。于是，结合自身体验，我写了一篇《沉溺、去染与觉察》。

沉溺、去染与觉察

沉溺，是我在成长之路上经常听到的词，我也听到一些人说要离开沉溺，不要沉溺……可惜啊，潜意不知道识不识别“不”。这些看似“忠告”，对实际的生活几乎没有什么帮助，还容易在内心里产生自责、排斥或者不接纳等反应。

当沉溺出现，我们可能有两种状态，一种是知道自己在沉溺，一种是无觉知。无觉知的时候，甚至还以为自己在体会，一直沉在体会里，当被人指出沉溺时，会否认或者不接纳，甚至出现比较激动的情绪；知道自己沉溺的时候，可能又会产生自责、郁闷，或者赶紧离开沉溺的挣扎。以上这些可能出现的反应，都已经离开了觉察本身。

这时候，我们其实已经给沉溺贴上了一个“坏”的标签，似乎一直被告知，沉溺是个不好的东西。也有人说，长时间的沉溺，是因为现实获益太大。这句话从分析上看，倒是很有道理——一点儿好处都没有，谁还会沉溺啊！可是转过来却发现，这句话似乎对我们的成长体会，没有多大帮助，顶多再加一条：我是获益太大。然后可能表面安然的待在获益里，也可能出现更多的自责。

诚然，长时间的沉溺，容易让我们只陷入一种或几种状态里，不利于我们全然地觉察和了解自己，就离开了意象对话本身。意象对话教我们看清，可是看清沉溺是件很不容易的事情，就像一个陷入泥潭的人，他很可能只能关注到自己的周围和陷入这件事，却忘了泥潭外面还有一整片天空。那么，怎么做，才能看清自己的沉溺呢？

在体会中我发现，去染，是看清沉溺的一个有效的路径；而更细微、更慢的觉察，又是去染的一个好方法。我们从小为了离开各种不舒服的情绪，慢慢形成了很多反应机制，几十年下来，我们无意识地把这些反应机制用得轻车熟路，只需一瞬间，几层反应已经做完了。此时，更细致地觉察内心的反应，就变得尤为重要，当我们能做到更细致地觉察时，就会看到在反应之初“染”的部分；看清了染，染便自然剥落，而这个染所带来的沉溺，也自然消失。

有一段时间，我陷入开拓市场的苦恼中，我对这件事有个巨大的恐惧，可不知道为什么，还总是想去做，就这样在两难中苦苦挣扎。当我开始觉察开拓市场这件事给我带来的反应，我发现，脑子里有个念头：让我躲起来吧！情绪感受是害怕，担心，最后到恐惧。然后出现一个意象：一个人站在悬崖上的独木桥，被风吹得晃来晃去。体会身体反应，感觉像有根棍子一直戳我的胸口。

我再进一步更慢的觉察脑子中的念头，当“让我躲起来吧”响起时，我出现一个就地蹲下的意象。我慢慢感受这个蹲下的动作，有一种想低下来的感觉，然后有一句话：高处太难受了。

我继续觉察高处带来的感觉，得到了另一句话：又把我丢到那个孤独的地方。此时出现一个意象，一个人被甩到独木桥上。这时我发现，一直以来我恐惧的是高位的情结，可是我把它和开拓市场这件事染了。当我继续体会时，我发现自己是爱开拓市场这件事的。可事情还没开始，就先跟自己的情结染在一起。

放慢下来看这一串反应，我最开始想要开拓市场，然后和高位情结染在一起，就觉得委屈：又把我丢到那个孤独的地方。之后又得到一句话：高处太难受了。再产生一个念头：让我躲起来吧。然后就地蹲下。而我们平时做反应做得太快了，这一连串的反应是在一瞬间发生的。等有觉察时，已经出现了恐惧的情绪。那么我们可以做的是“倒带”，让自己的觉察更细致，一步一步看到之前的状态，回到沾染的点。当开拓市场和高位情结的染剥离，之前开拓市场带来的两难的沉溺，便自然消失了。

当我们陷入到一种状态不能自拔的时候，通过细致的觉察，看到沾染，便自然可以从这个状态中出来。沉溺，只是提醒我们，之前的路走得不够细致，该更细致地觉察了。

当体会了不能开展业务的种种状态之后，我开始做咨询、开小组、讲微课，很快我的业务量越来越大，却有一种不能停下来的状态慢慢浮出来，就像失控的列车疾驰而去。

2016年2月，我报名参加了赵老师在本溪温泉山庄举办的两性加深度体验工作坊，其中两性关系讲两天，深度课程五天。我看了看时间，深度课程的时间和我的工作有冲突，我很想把工作推后，心里却总有个声音告诉我，要努力工作，别人都看着我呢。

两天的两性关系工作坊很快结束了，我带着矛盾的心情给好朋友打电话，告诉她，我想留下来继续上课，是因为泡温泉感觉特别好。好朋友说，温泉？你要是喜欢温泉，到我家，我请你，随便泡！

我愣住了，突然感觉巨大的悲哀，我是真的想继续参加工作坊，可是这么多年习惯了满足别人的期待，总是忽略自己的需求，当自己的需求和别人的期待出现冲突时，我甚至不敢直面自己真正想要的东西，而把“泡温泉”拽过来当作挡箭牌。

那次，我留下来继续了剩下五天的课程，很焦虑，也很满足，我终于满足了自己内心的渴望。回到大连继续工作，我发现自己仍然不敢减少工作量，而此时的我，已经越来越疲惫了。当我想要放下工作休息的时候，巨大的匮乏感袭来。心里似乎有个无底洞，不管多少钱，填进去就消失了。当我待在匮乏的感觉里，一切都灰暗了，心里没有任何抓手，稍不留神，就想冲出去工作、工作、工作，赚钱、赚钱、赚钱。之前透支地工作，我的身体感觉已经被掏空了；我预感到，再继续这样下去，迎接我的一定会是一场大病，后来意识到，似乎只有生一场大病，我才有休息的理由。就像之前，泡温泉是可以留下来继续上课的理由一样。我再次感受到了巨大的悲哀。

我在匮乏感的状态里大约待了几个月，慢慢稳定下来，不再那么抓取，而是试探性的开始休假，我稍微有点伤自恋的发现，没有我，这个世界照样会转。以前听过这句话，可是当我休假的时候，我才真正地理解了这句话。原来，我心里是愿意被家族期待的，做一个“别人家的孩子”，在满足他人期待的路上，我慢慢迷失了自己，早已忘记自己想要的是什么。当我放下了对别人期待的渴望，真实的我才生长出来。

此时，当我听到其他人说，“自己不快乐就是因为没钱，自己命不好，没有投胎成王思聪”的时候，那份悲哀就会重新升起来，我在自己的体验中知道，活不出内心真实的自己，才是让自己一直痛苦的原因。

随着成长的一步步深入，离开父母、自己生活的心理需求日渐凸显出来。我过去不想跟父母一起生活，是因为生活不和谐，考大学的时候就想离父母远一点，结果就考到了北京的大学。当年误打误撞进入了意象对话之领域后，我家里的气氛越来越和谐，而且其他的亲戚朋友也很羡慕，甚至有人跟他的父母说，去人家（指我家）里住住，那才叫家呢！不知不觉中，住在父母身边越来越舒服，此时，烁方老师提醒我，一直在父母身边住下去，我就永远只能做个孩子。

经过了一段对舒适生活的依依不舍之后，我决定 2016 年 8 月搬家到北京，这也是我最有归属感的城市。我感觉到，全新的生活，在向我招手。转眼就到了八月，也是历年评审珍珠的日子，我第四次踏上了珍珠评审之路。前三次的经历，使得我这一年已经有些绝望了，甚至不知道怎么才算通过。等待评审的时间特别难熬，到处充满了紧张的气氛。当我走进评审室，我能感觉到自己腹腔的稳定和喉咙的紧张。当问题一个一个地过来，我可以清晰地感受到自己当下的感觉，答案似乎不是脑子想出来的，而是自己流出来。

等待结果的两天是忐忑的，到了年会的最后时刻，朱老师公布手中的名单时，我的心提到了嗓子眼儿，似乎是停跳了，又似乎很慌张。我的名字被报出来的时候，心回落了，我定了定神，走上前台。和朱老师握手的时候，我感觉到了庄重而温暖的感觉，这是我第一次，知道了仪式的意义。握手的那一刻，我感觉到了珍珠的分量。

拿到珍珠之后，我并没有预想的轻松或者高兴，反而很沉重，这么多年成长的不易和巨大的变化，让我感觉，我得到的，并不是最开始想要的认可，也不是之前以为的荣誉，更多地是成长路上的一个坐标，甚至是一份责任，愿意在意象对话的事业上，继续前行。而这，是我自己选择的路。之后的个人体验中，烁方老师问我，明年来评水晶吗？我看着他，沉定了一下，说："评！"

几年下来，评级在我心里已经不是简简单单的一次考试，它成为我成长路上重要的一环，觉察在评审前后被勾起的各种情绪，回到自己的感受和状态，甚至成为一种生活习惯。

之后，听了烁方老师的一个课程，他说"追求，得到，放下"，这就像我之前的成长之路，做了大量的体验和成长，一直走在评珍珠的路上；而终有一天，当我"得到"了珍珠，更大的考验随之而来。是选择抱着这颗宝贵的珍珠不撒手，还是放下它，踏上新的征程；我选择放下这份荣誉，继续面对更大的挑战。于是，我画了一幅画，一个小女孩划着船，离岸出海。我把这幅画送给了烁方老师，里面也有这两年对他的感激。

在北京的生活比我想象的更惬意和舒适，原本在父母身边，吃完饭就把碗筷往桌子上一丢，感觉稍微干一点儿活就浑身没力。可是一个人住在北京的一居室，自己做饭、洗碗、收拾屋子，却来得理所应当，心里还挺愿意干的。可能这里才是我的家，而大连，是父母的家。

在北京的日子，除了一些咨询工作以外，几乎每周都要见一见意象对话的朋友们，北京的好多饭店、酒吧，都留下了我们"腐败"的身影。在这里，我感受到了前所未有的自由。

之后，意象对话规定，珍珠可以报名做初级班和中级班的助教，于是我开始了一种新的意象体验之旅。2017 年元旦，我来到淄博做赵老师初级班的助教，这也是我的第一次助教体验。到了淄博的第一天，赵老师私下里告诉我，初级班助教晚上要讲课，讲《大话西游》的象征意义。《大话西游》在一般人眼里是个喜剧，但周星驰在无意识的状态下，拍的电影很符合人的心理发展，他的很多电影，都可以当作意象来体会，所以《大话西游》一直作为初级班教材，和学员分享。惭愧的是，我在学意象之后，并没有看过这部电影。当赵老师和我说的时候，我表面上答应了，内心里却非常慌张和没底，嗓子像是被什么堵住了一样。我在这个感觉中待了一段时间，稳定感慢慢升上来，我决定中午先看一遍电影。

这几年我一直有写影评的习惯，从意象的角度看文艺片，已经成了一种习惯，加上这么多年对意象的熟悉，当我中午打开这部电影的时候，出现在我眼前的，是一帧一帧的意象。

晚上我在讲台上讲电影，赵老师坐在旁边看着，她说这是她第一次把电影放手让别人讲。我能感觉到她的焦虑，这时我也产生了焦虑，我担心她会打断我，自己来讲。于是我把身子侧过来一半，稍微挡住她，从我这里传达出一句话，你不要插手，让我自己来。

我一边讲课，一边体会着自己和赵老师的感觉，慢慢地，我感觉到她那边放松下来，而我也渐入佳境，开始边讲边和学员互动。我看到了这么多年的成长，即便在师父跟前，也仍然有一部分可以自由，顺利地表达出自己的思想，而不是被心里的权威吓倒。

在洛阳做中级班助教的时候，有个学员跟我说，我觉得你们都很自由，我好羡慕啊。我看着她，不禁想起了几年前自己第一次误打误撞进入意象对话课堂的时候，那个拘谨、无所适从的小女孩。于是我笑着跟她说：你也可以。

是的，你也可以。这么多年行走在意象对话的路上，让我明白，只要愿意坚持，每个人都是可以转变的。几年的意象对话之路，对我来说，是一场蜕变。从最开始只是想缓解一些情绪，到后来慢慢了解意象，了解成长，了解人心；到如今，意象对话已经融入我的生活，开始了一个觉察的人生。当初那个不知如何是好的小女孩，如今已经蜕变成一个有爱和包容的女性。此时耳边，又响起刘谦那句话：“接下来，是见证奇迹的时刻。”过往，我见证了奇迹的发生，也相信，今后，还有无数未知的奇迹，等待着与我相遇。

写在最后

文章的最后，想要感谢在我意象对话之路上，遇到的三个重要的师长，赵老师、蔡老师、烁方老师，他们陪伴我走过那一路艰难；感谢陪伴在我身边的意象伙伴，大家的一路扶持，支撑着我无数次几近崩溃的心；感谢自己，这么多年仍然坚持，没有放弃；感谢上苍，给了我一个认识意象对话的机会，开启了这场奇妙之旅。

出壳的故事

周烁方

关于自己的故事

小时候我喜欢听故事，认为故事是真的，那么神奇、有趣、丰富多彩。后来我知道了故事大多不是真的，是编的，可还是喜欢看故事。明知不是真的，沉浸其中却让我相信生活不只是眼前所见到的一切，还有未知，还有无限的可能。

现在，我要讲一个故事，一个关于自己的故事。我知道自己将要做的，不是简单的回忆与记录，而是一种创造。当一幕幕回忆以全新的方式组织起来，彼此以不同的方式相连接，整个我的内部就像是在发生一种化学反应，化学键断裂、化学键重组，我的过去还是那些，可一个新的我已经诞生。一个讲故事的人，在讲故事的过程中创造出新的自己。

火种初燃

那是第一天上幼儿园。妈妈之前似乎已经给我了一些解释，幼儿园是一个什么样的地方。我并不真的了解，只觉得那里不是家，让我感到陌生、不舒服。我们终究还是去了。妈妈带着小小的我进了一个房间，房间里不空也不满，有一个没见过的大人在,还有一些也许和我差不多大的陌生孩子。妈妈交代了几句，就走了。我看到屋里的每个人都在做自己的事，我感觉到和他们之间的陌生与隔离。墙上挂着一排玩具，有些我没见过。他们有的人在玩玩具，取下来、挂上去，有的人不知道在干什么。我从墙上摘下了一个我不认识的玩具。一根塑料杆作为主干，坚硬而光滑，顶端连着另外两根类似的塑料杆，末端各有一个圆球。这两根有圆球的杆子，可以以主干为轴转动。我试着甩动它们，两根杆子因为末端圆球的离心力而转了起来，并没有什么乐趣。印象中也许一位老师给我做了示范，也许没有。我发现了它真正的玩法。应该是把主干端平，一根带圆球的杆子下垂，另一根杆子和圆球绕过整整一圈，撞在静止的圆球上，停下来,而被撞击的杆子和圆球会顺势再绕一圈,从另一方向撞过来,如此往复（下图是我按照自己的印象画出来的）。现在想起来，那真是个挺难的玩具，我之后也没再见过。而那时的我，在陌生的环境里，手持从未见过的玩具，探索着甩动杆子的力度与速度，逐渐掌握了一种特殊的节奏，使得两个圆球及其杆子循环往复地旋转相撞，伴随着有节奏的砰砰声。我的内心获得一种强烈的满足感，我掌握了一个陌生的东西，也许他们都不会玩这个——我心想，而孤独与陌生的感觉似乎也淡了。

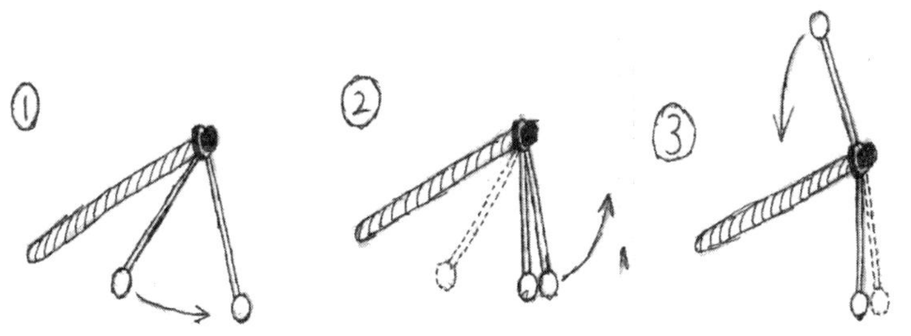

记得七岁前我都住在姥姥家。家里有姥姥和姥爷，妈妈白天上班晚上回来，爸爸有时候在。在我的记忆里，童年混合了迷茫与孤独，而妈妈和姥姥给予的照顾又使得我保持了基本的安全感。姥姥的照顾主动而又啰嗦，姥爷沉默安静，我更多时候是和他们相处。

我有一辆小三轮车，大概是铁的，蓝色的漆，小到那时候的我自己就能搬动它下楼。记得有一次，我骑着三轮车走了很远的路（实际上大约几百米），甚至穿过了一条大马路，来到一个广场。这个广场以前大人们带我来过，我不知道路。而这一次我竟然自己骑车到了这里。一种神奇的感觉油然而生——原来我可以通过自己的力量和探索达到这样一个“远方”。

这个广场是一个工人俱乐部，有电影院，还有电子游戏厅。有一次姥爷陪着我来到这里，我看到那些屏幕上的光影闪烁，感觉到里面是一个全新的世界。姥爷给我买了游戏币，我有了第一次玩电子游戏的体验。现在想想，姥爷对我的关注和陪伴总是无声的，他就只是在那里，不做声，不要求，不限制，觉察不到的踏实感却已经作为底色铺在了我的心里。现在我可以了解，这是一种男性的宽容。

七岁要上小学了，我和爸爸妈妈才有了一个房子，我们三个人开始一起生活。那是筒子楼里的一间，大概有 15 平方米，厨房和厕所都是走廊里的几家人共用的。筒子楼一共三层，我们家在三层，左手边是走廊尽头。楼下门口有一条小路，对面是一片空的土地。这栋楼的西侧有一个拐角楼，形成了半环抱的姿势。在筒子楼的同一层靠近门口的位置，还有一个六七平米的小房间也属于我们家，如果不是要写故事，我差点忘记了还有这样一个房间。那个房间里放着我爸爸的许多工具：螺丝、螺母、锯条、扳手、锤子、钳子、绘图纸……他是一个机械工程师。

我有些怕我爸爸，因为陌生。不只是对这个人陌生，也是对他身上所携带的那种男性力量的陌生。姥姥家的整体氛围，是充满母性关怀的、包容的，甚至是宠溺的。而我的父亲身上带有男性的力量感，严肃、认真、有要求、有对错的评判。这些陌生的力量让我害怕，我会试着往妈妈那里躲藏。当他们有争吵，我也站在妈妈一边。我人生中能够记得的第二个梦与这一心理状况有很大的关系。这个梦大约是在十岁前的某个时候做的。

我在筒子楼里，从楼梯一直上到三层，左转就是我们家的走廊。我看到楼梯平台与走廊之间有一个很大的裂缝，就像是整个房子从那个地方断开了。我跳过了裂缝，进入走廊。下一个场景是，我在筒子楼一楼左侧的一个房间，现实中那里是个办公室，梦里也一样。我和机器猫在一起，我们共同躲在一个金属保险箱的背后。那个保险箱是绿色的漆，有点旧。这时，一个巨大的黑影出现在房间门口，我和机器猫赶紧躲好，生怕被他发现。从影子可以看到，他是一个高大的将军，骑着一匹高大的马，从门口经过，他在门口停留了几秒钟，似乎是在向屋里看，然后离开了。再下一个场景，我在筒子楼的外面，离门口不远。一个（小学）同班的女同学也在。《变形金刚》里的擎天柱在前方不远处，我感觉到了危险和敌对。我和那个女同学说，你快跑，我掩护！那个女同学变成了一只粉红色的独脚大鸟，用一只脚跳着走了。我似乎要和擎天柱开始战斗了……

许多年后，作为心理学工作者，我才逐渐了解这个梦的意义。从姥姥家搬到这个新家，使得我与内在的母性空间（三楼的走廊）之间发生了断裂。父亲带来的男性力量（黑影骑士）对我来说未知而又可怕，我在幻想中（有机器猫的陪伴）回避这一力量。我面临着人格的转变，一个有些女性化的部分（女同学）变成了形似男性阳具的粉红色独角大鸟。而我的意识却对这一过程产生了抗拒与敌对。

这一抗拒，就是20年。20年后，在一次意象体验过程中，我带着不安与少许的兴奋，面对梦中的擎天柱。而他那巨大的身躯却向我单膝跪下，从胸膛中掏出作为他动力之源的能量块，递给我。那是一个半透明的正方体，边长有半米，散发着蓝色光芒。我正在想该如何安置它，它就化成了一个更小、更透明的蓝色光球，里面有光点闪动，如同电子围绕原子核产生的无限运动。我把它放进了我自己的胸膛。它消失在我的身体里，我感觉到自己和以前不同了，可又说不清楚。擎天柱飞走了，似乎是回到了属于它的外太空深处。

儿时的我完全无法想象这个梦有如此丰富深远的意义，而我却需要感谢自己，把这个梦如实记忆了很多年。

第一天上小学，是个下雨的日子。爸爸骑着“二八”自行车送我到学校，时间已经是中午。老师看起来很严厉，安排我在第一排坐下了。同桌是个皮肤黑里透红的男孩，洛阳口音很重，他问我有没有“北”，我很纳闷“北”是什么，无法理解，而他也急得不行。十几分钟后，我才知道他是要“写字的北”（笔），于是借给了他。也许是因为新鲜，感觉没多久就下课放学了，雨还没停。我似乎应该等着爸妈来接我——这是我第一次上学，不认识回去的路。

穿着各色雨披、撑着各色伞的大人们出现了，教室里的孩子们一个个地被接走。我站在一楼的走廊上，看着天井里的雨，等待着。一道闪电划过我的脑海（而不是天空）：我要自己回去！一种无缘由的自信在我心中升起，我知道我可以找到回去的路。而这其中的冒险感让我兴奋不已。于是我把书包顶在头上，走向了雨中的未知世界。路上很顺利，有几次我停下来环顾周围，但每次都准确地判断了方向。回到家，妈妈看到我很惊讶，稍后爸爸就回来了——他没有在学校找到我。这一小小的经历对我意义非凡。现在回想起来，几次在我人生抉择的重要关头，都有一种闪电般的直觉出现，照亮我的脑海与心灵，也照亮前方的路。

作为记忆的起点，七岁前这些独特的“第一次”已经揭示出我生而为人的独特性——内向、掌握规律与节奏、探索、独立抉择……然而那个小小的我对于这一切恍然无知，也未曾想象过前方等待着我的是什么。

挫折与熄灭

大概是在小学二年级，学校里的武术队开始招生。也许是因为看过电视里的武侠片，我对武术有着强烈的兴趣与崇拜。报了名，还需要通过考试来淘汰一部分。考试的内容是短跑，两两比赛，淘汰一个，录取一个。那是一个满是黄土的操场，从一个篮球架到另一个篮球架，大约有 50 米吧。发令、起跑，我毫无意外地获胜了。并不是因为我的身体很好，而是他们都不知道，我是在用生命奔跑，前方是我所追逐的梦。

接着，坏消息传来，虽然通过了考试，但加入武术队需要父母的同意。他们也毫无意外地否决了我的想法——参加武术队会影响学习。热情被浇灭了，而我还懵懵懂懂，只是心里有些不好受。我没想过去抗争，也许是源于我男性力量的缺乏。

大约是在四年级的时候，我远远看到班里一个加入了武术队的女生在操场上练拳，她加速跑了起来，竟然完成了一个空翻动作，让我惊艳不已。我不知道怎么想的，跑到办公室找到了体育老师（一个爽快而严厉的女老师），说我想加入武术队，是否可以。她一巴掌扇在我的腰上，说，路都走不好，还练什么武术。我感到屈辱，同时发现自己走路好像真的有点内八字。从办公室里出来，我一路很别扭的走回教室，好像有点不会走路了。

大约也是在四年级，学校里要举办一个大型仪式，从每个班选出一些人来走方阵。我被选上了，按理说这是一种荣耀，可我兴趣全无。我大概是唯一一个拒绝了这个机会的学生。我找到班主任老师，告诉她我不想参加，理由是会占用我的课外自由时间。老师很不愉快，也难以理解，但仍然接受了我的选择。现在想想，这个拒绝里有着心灰意懒的成分：我已经没有了梦，更无所谓荣耀，唯一剩下的是慵懒和自由，谁也不许夺走。

还是在四年级左右（为什么四年级这么特别？因为四年级的时候搬新家了，后面会提到这一点），我发展出了打乒乓球的兴趣爱好，并且相当入迷。小学的教学楼有四层，中间有天井，楼体是淡绿色和灰色的结合。教学楼后面有一片空地，整齐地砌着六张乒乓球台。是水泥台子上铺了石板，没有球网，我们通常会摆上一排红砖作为球网。下课时，哪怕只有十分钟，那里也挤满了人。

乒乓球对我而言并非简单的放松与玩耍。手握住球拍，心中便充满了难以言表的激情与兴奋，仿佛我是在进行一场冒险。挥拍的力度、角度、方向，赋予了每个球不同的生命，有的球快速前冲力道十足，有的球看似缓慢却包含了强劲的旋转，有的球角度刁钻让人跑不过来，有的球落点诡异先左后右似妖精的舞步……预判对手的动作、引导对手的走向、经过伪装的发球、误导性的动作……刹那间一场复杂的心理博弈已经有了结果。钻研不同发球方式带来的效果，控制身体与肌肉，与不同类型的对手对战……于我而言，乒乓球是探索，是创造，是通往无限可能性未知世界的大门。

在一个放学后的下午，凉爽的阴天，我和好友在教学楼后面打乒乓球，没有胜负的欲望，只是单纯地享受，一个想法从我的心里升起——我可以成为一名乒乓球运动员！这种想法令我激动。这是我人生中第一次产生如此明确的意志，我知道这是一件真正我愿意做的事情，不仅仅盼望它实现，也愿意为之努力。

那时候的乒乓球世界冠军是邓亚萍，电视里经常看到她的身影——拼搏、有力、技艺超群，我们全家人也都喜欢她。她既是遥远的英雄，也是现实的榜样。我在她身上看到我这个梦想的现实可行性，可又隐隐担心父母不会同意。我把这个梦想揣在怀里好多天，惶惶不安，终于还是向妈妈说了。也许父母感觉到了我的认真，在我印象中还算正式地答复了我，说如果打乒乓球，就走上另外一条道路了（和学习读书不同的道路），另外做乒乓球运动员也会很辛苦。我也觉得他们说得有道理，另外我自己好像也真的挺怕辛苦。于是这个梦想就此作罢，在低沉了一些日子之后慢慢淡下来，在心海深处无声隐去。

现在想来，这是自我意志的又一次显现，和武术队事件一脉相承，表现得更强烈、更具体，有更强的现实可能性。然而武术队事件里的隐性创伤已经在潜移默化地影响着我的心，我没有那么勇敢，没有那么坚定，也不是很确信自己能够承担。而那时的我也无法知道，心中真正重要的东西从来不会真的离去，它们只是潜伏着，等待着，等到下一次机会的到来。

尽管打消了运动员的梦想，乒乓球仍然作为我最大的爱好保留了下来。随着年龄增长，技术越发得到磨炼，兴趣也未减退。初中一年级，学校举办了新生乒乓球赛，我率领我们班队获得了冠军。整个过程有惊无险，我的内心获得了巨大的满足。进一步的好消息来了，我被邀请成为新建校队的一员，几个月后迎战市级乒乓球赛。一股浓烈的火焰在我心底复燃：纵然做不了专业运动员，参加一次专业的乒乓球赛，也足以为我的梦想画上一个句号。“不留遗憾，死而后已”，我心里冒出这样的词。

乒乓球训练场地离学校挺远，骑自行车要40分钟。那是我第一次接受正规的训练，也是唯一一次。宽阔的室内场地，正规的木质蓝色乒乓球案，绿色线绳编制的球网，明亮的灯光。“专业”，这是我的第一感觉，也是带给我最大满足的感觉。在这之前，我从未在室内打过球，从未使用过木制球案。水泥台子、砖头做网，就这样子玩了四五年，我第一次来到了专业的领域，我曾经向往作为未来梦想的领域。第一次训练讲的是如何握拍,我永远也不会忘记教练说的话。“拇指和食指卡住拍柄，后面三个手指顶住拍背，要虚握，就好像握了一个鸡蛋在里面，不能太松，也不能太紧，这样手腕才灵活……”我学得很快。第一次训练结束，我心满意足地骑车和其他学员一起回家，并不知道这会是我最后一次参加训练。

父母再一次出来干预了。因为和乒乓球赛的同期，省里举办了计算机竞赛，父母要求我参加这个竞赛；这样的话每天下午课后，都要尽快赶回家，为这个竞赛做复习准备。而这个时间正是我原本的乒乓球训练时间，我被要求放弃乒乓球训练。那时的我无法抗拒，唯有表面上的顺从。学校四点结束正式课程，我可以不上自习，回家备战竞赛。父母通常是五点半下班到家。我没有一次真正复习过，每次我都跑到街机游戏厅，玩游戏一直到父母快下班回家的时间，我再回去。我玩的通常是格斗游戏，选择不同人物对打的那种，玩的时候我没有真正的快乐，只有一种报复的快感、空虚、悲伤和无奈。这样持续了大约两三个月的时间，每天都是煎熬。我在游戏厅里打游戏，一面担心着是否会被父母发现，另一面牵挂着那些乒乓球队员——他们又在训练了，教练在讲什么？他们在练习什么？我计算着日子，心中抱着幻想，计算机竞赛结束，离市乒乓球赛还有一周，教练很赏识我，有没有可能我还能去参赛？也许有可能吧……我不敢深想。

计算机竞赛顺利结束了。离乒乓球赛开赛还有五天。我带着一丝希望，再次来到训练场地，心情紧张到了极点。他们在训练，教练在一旁。我走上前去，解释了我的情况，询问是否有可能参赛。教练说不可以，因为我一直没有参加训练。这意料之中的结果，还是让我懵了。不过教练允许我参加训练。其实整个训练过程已经结束了，这一天是最后的自由练习。队友们看到我来，和我打了招呼。我拿起球拍开始和其中一人对练，我的动作很机械，泪水不断地涌出眼眶，顺着脸颊落下，我没有擦，也没有发出任何声音，只是机械地挥舞着手中的球拍，发球、回击、捡球、发球。有个人注意到我不对劲，问我怎么了，我看不清他是谁，只是一边流着泪，一边以很平静的声音回答道“没事儿”，我心如死灰。

心已死，却还带着一份不甘。我问教练，球队是否需要替补队员？我以替补队员出席是否可以？教练似乎看出了我的伤心，不忍拒绝，说可以。比赛当天，是个上学的日子，他们忘记了我，校车载着正式队员出发了。我向班主任请假，说我以替补队员身份参赛。我一个人骑着自行车前往参赛地点，我意识到自己蹬自行车的动作里有一丝疯狂，同时强烈的悲伤再次涌上来，我一边流泪，一边骑，最终来到比赛地点。但没有我出场的机会。我看着他们一一登场比赛，我的脑子里是空的。第一场校队赢了，怎么赢的，我不清楚。第二场我没有再去。

几周后，计算机竞赛的成绩出来了，省第六名。我嘴角翘了翘，那一丝开心不足以使我笑起来，也哭不出来。哀莫大于心死，多年后我看到这句流行语，却知道自己早已尝过了滋味。

10 岁到 13 岁，打乒乓球，这是我人生中第一次认真地想要为自己做点什么，最终以心死而告终。现在想来，正是从这个事件之后，我便丧失了主动生活的能力，不再有理想和希望。我的火已经熄灭，我的心已经堕落。我只是活着，想着能舒服点，轻松点。而乒乓球也变成了我永远的痛。我还继续打乒乓球，可是心情复杂；打球时，我带着心痛，我带着疯狂，我开始输不起，输球就会生气。

那时我并不知道，在心理世界，死未必是真正的死。死，有可能是沉睡，也有可能是等待。而现在的我已经知道了，心是永远不会死的，它只会像一个没有机会发芽的种子，在地下深处沉寂着，凝望着，等待着。等着下一个机会的到来。

迷茫中的自由

小学四年级，我们家搬家了。房子很大，60 平方米，我第一次有了自己的房间。进门是客厅，左手边是我的小房间，客厅往前走是书房，书房连通父母的大卧室和餐厅，餐厅又连着洗手间和阳台。地方很大，五脏俱全。

我的房间大约有十平方米。进门左手边是一张单人床，贴墙放着。右边贴墙放着小书桌。床尾有一个四层的小书架，颜色比枣红色更深，上面放着书和课本。书架对面是一个五斗柜带小衣橱，上面有镜子，抽屉里装着我的各种玩具和杂物，整个柜体按照我的意愿漆成了一种镶嵌着亮点的橘红色。再后来又添了一架电子琴，盖着淡绿色的布。这就是我的全部家当。

说实话我不太能记得四年级之前的那个家中的摆设，回忆中也没有多少色彩。而这个属于我的小屋子，即使现在回忆起来，明晰的色彩感也充斥在心头。我还能记得窗帘上红蓝相间的猫打高尔夫球的图案，半透明的雕花贴纸贴在窗户的下半部分（因为是一楼），一只金毛玩具大狗趴在五斗柜上……也许正是物理空间的独立给我带来了独立的心理空间，而独立与自由是一切心灵色彩的开始。

搬家后，距离学校远了不少，大约有两公里。早在搬家前我就学会了骑自行车，搬家后，我便每天骑自行车上下学。自行车是一种神奇的交通工具，两个轮子、一个车把、靠脚蹬，速度不快，却能给人带来强烈的自由感和方向把控感。有了自行车，我的活动范围大大增加，我可以骑车去到那些我没有去过的地方，我也可以随时停下来，在感兴趣的地方驻足。也许只是陌生而相似的街道、店铺，却带给我一种冒险和探索的感觉，这种平实的冒险似乎在向我证明，我在某种程度上仍然可以把控和创造自己的生命。一如儿时骑小三轮车到广场的经验。即使上大学以后，我每次假期回家也都保持了这个习惯，骑着自行车在半熟悉半陌生的城市道路上行驶，任两旁的景色掠过，体验着自由的感觉，却不知道自己要去哪里。

现在看来，那时的我已经迷失了本心，这种骑行与其说是自由，不如说是一种无奈的任性，一种灵魂消失之后，肉体本能的游荡与盲目找寻……

读书，在我的家庭里是被许可且受到鼓励的。我很喜欢那个四层的小书架，大约 1.2 米高，由木板和木条打造，刷着深红色的漆，有些旧但让人觉得很舒服。在最开始，书架里的内容就很丰富：基础的数学和物理、安徒生童话、西游记、红楼梦、三国演义、围棋谱、素描入门……这些书主要来自于我父亲；漫画大王、郑渊洁童话、故事会、科学画报……这些是专门为我买的或订的杂志。这些书里面，我阅读最多，花费时间最多的是《西游记》。三厚本，一百回，半文半白，对于当时的我来说不可谓容易。可其中所描绘的神话世界深深吸引了我——神仙、妖怪、佛祖、菩萨，上有天庭，下有地府，无所不能的孙悟空闯荡其间。今天想来，《西游记》对当时的我有重要的意义，让我相信，在我看不到的地方，仍然有许多神秘，许多未知，有无限广阔的空间供我探索、冒险和创造。我的屋子很小，但世界可以很大。

上中学以后，我的阅读范围有了进一步扩展——少量的世界名著，以及大量的科幻与武侠小说。其中卫斯理（原名倪匡）的科幻小说对我的影响最大。他的小说风格独树一帜，融合了武侠与科幻元素，想象力天马行空，价值观开放而前卫。他的小说大约有近千万字，我几乎全部读过。《西游记》里的孙悟空是神话中的仙魔，只能存在于想象里。而卫斯理笔下的一系列人物和剧情则更贴近现实，仿佛各种神奇、未知的现象就在我们身边，等待着我们去发现。在卫斯理的小说中，自家院子的下方竟然有庞大的外星人遗迹，随手捡到的煤精是某种特殊生物的眼睛……现实与幻想的界限模糊了，中国古代的秘密与未来的外星科技相关，过去与未来不再那么绝对。而书中的卫斯理是个令人羡慕的全能型人才，会武术，懂多国语言，拥有海量的知识并且可以活学活用。我多么希望那个世界就是我的世界，而我也能够成为卫斯理那样的英雄，不断冒险与探索。

相信世界的神奇和未知，相信探索与创造，这对我的人生而言至关重要。而世界的神奇属性需要与平实的生活相连接，当神话走入日常，当奇迹潜藏于身边，这就意味着一颗天真未泯的心走向了成熟。

现在看来，父亲是一个有远见的人。从我五岁就开始教我学英语，用的是国外的图文教材，生动而贴合外国文化。我十岁的时候（也就是搬新家之后），他给家里买了电脑，敦促我学习计算机编程。那时候几乎没什么人家里有电脑。一万五千元的电脑，厚重的 14 寸球形显示器，内存只有八兆，DOS 系统，移动存储介质是扁平的 5 寸磁盘。那时候我学习的是 Pascal 语言，能够通过程序行实现一些简单的数据处理功能；再后来是复杂一点的 C 语言。开始是跟着书本学习，父亲也能够指导我一些，后来逐渐找不到能够指导我的人了，全凭自己摸索。初中时取得了省级计算机竞赛第六名的成绩，算是我编程生涯的顶峰，后来再没什么进步。编程语言的学习，对我而言并不枯燥，在其中也能够体验到某种创造的乐趣。不过我真正更感兴趣的是电脑上的游戏。

电子游戏在我的个人历史中占据了重要的位置。四岁时我在姥爷的陪伴下邂逅了电子游戏，之后就再没分开。姥姥家有一台小霸王游戏机，超级玛丽、魂斗罗、沙罗曼蛇……那些画面简单的游戏让我心醉不已。每一个游戏里都包含着一个神奇的世界，阴森的下水道里隐藏着金币和乌龟、与外星人战斗、化身忍者杀死敌人……。

1995 年，角色扮演游戏《仙剑奇侠传》诞生了。这个奇幻的世界一下子迷住了我。小说仅仅能够阅读，而游戏则提供的是代入感和操控感。我化身主角李逍遥，在仙灵岛上艳遇女娲后人，走通地下迷宫打败僵尸王，勇闯镇妖塔，探索苗疆腹地……在历练中成长，在丧失中成熟。同样是 1995 年，策略游戏《魔法门之英雄无敌》诞生。庞大的世界观，多样的生物种族与资源，几乎要把整个欧洲神话体系呈现出来。我在其中流连忘返。

我父亲不喜欢我玩电子游戏，总说那只不过是声光电的刺激，不要沉迷其中。我心里觉得不是他讲的那样，可也说不出个所以然来。今天看来，这些游戏对我而言最重要的作用，是承载了我的想象力，承载了我对世界未知、神奇部分的憧憬和探索欲望。这些游戏的体验让我相信“生活不止眼前的苟且，还有诗和远方……”。在多年以后，通过心理成长，我才理解了电子游戏对我最大的吸引力，在于每个游戏背后蕴含的不同文化背景、世界观以及丰富的神话体系；而在这一切背后，真正吸引我的，又是人类心灵整体中丰富而深远的内涵。

乒乓球事件之后，我莫名地迷上了街机厅里的格斗游戏。那里面有丰富的人物选择，对招数的琢磨与运用，和对手的心理博弈，对高难度连续技巧的练习与掌握。我成了当地街机厅里的一霸，如果不断有人挑战，我可以用一个币玩一下午。但是我对胜负很在意，如果输掉了，就会非常生气，疯狂地想要赢回来。在最近一年的心理成长中，我才逐步看清其中的动力。格斗游戏和乒乓球有些像：手部的操控与动作，和对手的对抗与心理博弈，对连续技巧的研究与创造。然而乒乓球事件中的创伤，使得我变成了一个输不起的人，失败背后要面对的东西太沉重——心灵之火已经熄灭，而我无能为力。

骑自行车、看书、玩游戏。从四年级开始，我初步获得了独立的心理空间，这些活动使我巩固了内心的自由感与独立感。然而当我逐渐获得自由的时候，我已经失去了心灵的原动力和方向。我不知道这些自由应该用来做什么，只是迷茫地摸索着，做着那些似乎有趣，却经不起推敲的事情。我就像一个终于有了钱，却忘记自己要什么的可怜人，挥霍着青春，在堕落中盲目地找寻，嗅到一点似曾相识的味道就疯狂地扑上去，沉迷进去，却找不到自己真正想要的东西。

梦为我指路

高三，理应是为高考拼命复习的一年，而我却在思考人生的意义何在。考得好，工作好，社会地位高，这样过是一辈子；考不好，工作不好，平凡的一生，这样过也是一辈子。孰优孰劣？在终极意义上，它们应当是平等的，因为我只有一辈子，选择了一个，就失去了另一个。那又为什么要努力学习，考得那么好呢？我把未来的人生之路放在思维的天平上称量，得到了无所谓的答案。

所以高三我把更多的时间花在学习以外的事情上。看书、偷着玩游戏、打篮球、为班级组织活动，等等。

我所在的城市，有许多“书屋”存在。书屋不卖书，只租书，交上十块钱的押金，就能以每天两毛钱到五毛钱的价格租各种书看。我看得最多的是漫画和小说。那时候金庸、古龙都已经读完，对琼瑶、席慕蓉什么的没有兴趣，只好看一些世界名著。其中卡夫卡阴暗绝望的文笔深得我心，我甚至曾经模仿他的文笔风格写过一些随笔，自己写自己读。

我常去的那家书屋，只有十几平方米，三面贴墙都是书架，进门口有个简易吧台坐着管理员负责办卡、登记借还事宜。每次来到这个书屋，我都会被同一本书的封面所吸引，但从来没有真正翻开过。那本书在进门左侧那排书架的最下层正中间。纯黑色的封面，上方写着四个大字“解梦全书”，字体是蓝色3D字体，发着白光，下方是一些看起来诡异，不明所以的图画（后来我知道那是达利的画），图画旁边用小字写着“诸葛君 / 著”。

我感觉到这本书中蕴含着什么，可从小受到的教育告诉我“不要封建迷信”，

很明显这本书是“周公解梦”那一类的东西。我每次来书屋，都会走到那排书架前蹲下，把这本书抽出来，看一下它那奇异的封面，却从不翻开。现在想来，也许是因为我的逻辑思维能力太强，而那奇异的封面图画明显不合逻辑，却又仿佛蕴含着某种意义。我就像是闻到饵香的鱼，无法自拔，终有一天会上钩。

有那么一天，大概是我很放松的时候，我再次走进书屋，拿起了这本《解梦全书》，略作犹豫后翻开了它。我惊讶坏了！这本书竟然是在讲心理学，而且从非常科学的角度阐述了梦在生物学方面的成因，然后从心理学和象征的角度对梦加以分析，从梦境来理解一个人的心理世界。我对这本书着了迷，放学回家看，上课时也看，其中涉及的内容深奥又神秘，而作者的文笔清晰直白，又带有某种说不清的迷人特质。

十几年后，我与《解梦全书》的作者同坐一辆汽车去外地讲课，闲聊中他提到，“其实一个人能做多大的事情，并不取决于他有多聪明，而是取决于他的胸怀有多大”。在那一刻我才明白，我从他的文字中读到的、当时不明所以却又强烈吸引我的正是——“这是一个明晰自我、心怀天下的人”。

拉回到高三，我大约花了三四个月的时间在这本书上，从这本书中我似乎找到了某种可以称之为“意义”的东西。我反复研读，沉浸于其中无法自拔。而更为有趣的是，在租了这本书大约两三周之后，我很偶然地发现，系统中竟然没有我租借这本书的记录。这意味着什么？哈哈，我毫无内疚感地把这本书留下了，我把它视作上天给我的礼物。而这样的差错在我的借书生涯中仅此一次。

同一时期还有另一本书让我投入了很多精力，书名为《宇宙的琴弦》，作者布赖恩·格林是一个现代物理学家，这是一本深入浅出介绍相对论以及弦理论的书，讲解了宇宙的起源和本质、形成独特的理论体系、预测宇宙的未来发展……

同样让我着迷不已。

现在想来，《解梦全书》与《宇宙的琴弦》，一个是从心理的角度探索世界的本源，一个是从物理的角度探索世界的本源。而迷失了心之本源的我，无意识地在各个领域追逐着，寻找着。在高考志愿的选择上，我曾经认真考虑过当一位理论物理学家，研究和探索世界的本源构成及规律，然而这种想法只是昙花一现。我最终的志愿选择是计算机专业。是因为喜欢吗？好像不是。也许是因为相对熟悉吧，那时的我对社会生活完全没有概念，不知道学习其他专业未来会从事什么工作。选择计算机，未来就是程序员吧，马马虎虎，工资应该还可以。高考比较顺利，我考入了自己选择的第一志愿学校，也进入了计算机专业。开心吗？谈不上。更多是一种轻松，好像完成了一个什么重大任务……

大学生活可以说是浑浑噩噩的，我发现我并不喜欢大学里的这些课程，数学、电路、汇编语言……枯燥无聊，在其中我感受不到意义。而我曾经感兴趣的高级程序语言，完全不需要学习，靠以前自学积攒的老本儿就能应付考试。所有考试的分数都很马虎——60 多、70 多，少有 80 分以上的科目。最高分好像是我选修的日语课，考了 90 分，感兴趣的原因是那时候看了很多日本的动漫。

大学生活的自由度更大，我旷课较多，又很少在学习上下功夫，就多了很多的空闲时间。本专业男女比例严重失调，和我个人比较宅的属性，又决定了我大学四年没有恋爱的机会。所以，时间都去哪儿了？玩游戏、看动漫，除此以外，我把大部分的空闲时间放在了读书和自学心理学上。整体上来说过得堕落而轻松。

面对大学里庞大的图书馆，我发现自己提不起博览群书的兴趣，读了一些三毛的书，其他的大部分时间，都花在了精细研读心理学相关的书籍上。说是心理学书籍，那时也所知甚少。其一就是继续反复阅读《解梦全书》，书读百遍其义自见，我没有读一百遍，但是当读到不记得多少遍的时候，我产生了一种明确的感觉：我可以开始释梦了。最开始是给自己，后来是给几个好友，再后来是在网络上给陌生人释梦。其二是弗洛伊德的《梦的解析》，后来进了专业圈我才知道这是一本公认难懂的书，我当时也读了很多遍，看弗洛伊德认真细致地做着毫无逻辑的"傻事"，从无逻辑中找到逻辑，从无规律中找到规律，这也令我深深地着迷，也是不知道读到多少遍的时候，我突然发现我似乎理解了他的整体思路和方法。

我还记得我第一次给别人解梦的情景。那是一次放假回家，我最亲近的一个发小听说我在学习释梦,就讲了一个很简短的梦给我听。那个梦只有一个场景,简单的动态，然而其中所出现的象征未曾在我读到过的任何书上出现过，我完全没有头绪。他告诉我那个梦的时候是上午 11 点左右。我不知道能干什么，但是我知道我要解开这个梦，于是我把这个梦的场景放在我的脑海里，时不时地想一想，问一问自己：到底是什么意思？这个梦在我的心里放了一整天，一直到下午五六点的时候，突然我就知道了这个梦的含义，没有原因。我把我的解释告诉了他，他在折服的同时也表示惊叹，因为这里面涉及对他现实生活细节的一个猜测,他没有告诉过别人,实在不知道我是怎么知道的。多年以后我才知道,这是一种叫作直觉的心理功能，而当时我无意识中使用的这个方法，在意象对话疗法中叫作“领悟”技术。

这次释梦的成功给了我很大的鼓舞，尽管我当时完全不知道自己是怎么解出来的。从那以后，释梦逐渐成为了我生活中极其重要的一部分。这里要特别感谢我的这位发小和另一位高中好友，是他们对我给予的信任，以及他们所贡献的梦境，使我踏出了释梦生涯的最初几步。

释梦在我的生活中很重要，这样说好像很奇怪。我不靠它吃，不靠它穿，但的确在释梦过程中，我的心好像“活”了起来，不论是探索我自己的梦，还是给他人释梦，整个过程都有某种难以言表的“意义”。于是释梦在我实际生活中所占的比例也逐渐多了起来。尤其是开始在网络上，在百度贴吧上释梦的那一段时间（大约是在大四），一天中甚至有稳定的三五个小时会用来释梦。我把那段时间的体验定义为一种“成瘾”，每天不解梦，心里就不舒服，就好像少了些什么，心慌、难受。现在看来，那时的我已经对“释梦者”这个身份有了深深的认同，这一认同远大于我是名牌大学招牌专业的学生。

混混噩噩的大学生活，伴随着逐渐萌发壮大的释梦活动，我来到了大学三年级期末。一个不可避免的问题摆在我的眼前：是否要考研究生？按我的成绩，保送是没戏了，如果想上研究生就要考试，应该还比较有希望。而考研在我和我父母的心中都是必然的选择。我突然意识到了这个问题的重要性——如果我考计算机专业的研究生，那么计算机将会作为我的职业伴我终身！我真的愿意吗？一天八小时，每天的工作就是和电脑打交道，编程写代码。我设想了一下，发现那样的生活对我来说是灰暗无味的，完全是浪费生命，不管能挣多少钱我都不会快乐。那么问题来了，不以计算机为职业，我未来能干什么？一个不可能的想法冒了出来——心理学。我是不是可以转行学习心理学呢？那时的我，对于心理学需要学什么、未来做什么工作、具体就业前景如何，完全一无所知。可是这个想法一诞生，就如同野草一般在我的内心疯长。我开始在网上查找相关资料，考察这一想法的现实可行性。考察的结果是，可行，但是很难；因为同样需要参加研究生考试，而考的内容都是我从没学过的内容。

怎么办？怎么办？离研究生考试报名还有一个月，而我心乱如麻，前途未卜。一面是我熟悉、有把握但毫无乐趣可言的未来，一面是富有乐趣和意义但全然未知、毫无把握的选择。选择第一个，我不愿、不甘心；选择第二个，我怕自己盲目冲动，最终什么也得不到，而且错过了第一个选择。需要做出抉择的日子一天天逼近，内心的纠结感和焦虑感越来越强，我每天在不安中入睡，在茫然中醒来，直到一个清晰的梦降临在我身上。

> 我回到了小学的教学楼，从四楼（顶楼）的楼梯间向下漂流，原本的楼梯变成了平缓的流水沿着斜坡向下流淌，而我踩着一张竹席顺流而下，几度转折最终平稳来到了一层，我从门口走出去，来到了教学楼后的那片空地，二乘三一共六张水泥砌的乒乓球台静静地存在着，仿佛在我离去的这些年它们的时间静止了，而在我返回的这一刻，才发现一切都没有变过……

我睁开眼，心中无比清晰——选择心理学。

醒来的那一刻我就明白了：心理学之于我，如同乒乓球之于我的童年。里面包含着我的激情，我的梦想，我生命的意义所在。如果不选择心理学，那么也必定如同乒乓球事件带给我的创伤——我将在后悔中度过余生。于是我放弃了当年的计算机研究生考试，在过年的时间才向家人坦白我的心志和决定。父母对我的爱和包容是我难以想象的，他们在不长的时间内经历了震惊、愤怒、焦躁、沮丧等一系列过程之后，最终决定支持我在第二年参加心理学研究生考试。他们的支持一直延续到了今天，而且越发坚定。

除了帮我做出决定，这个梦还有更多的意义。在梦的开始，我处在教学楼的顶层，这么多年，原来我心中的一部分从未离开过那个教学楼，从未走出我的童年。从教学楼内来到室外，如同从婴儿从子宫经过产道来到外界，是一种心理上的新生。而外，顺着水流曲折盘旋而下，也是一种回溯，而回溯到的地方，正是那个叫作“初心”的，一切开始的地方。现在想来，正是从这个梦开始，我心灵的火种得以重燃，我活过来了！不再是浑浑噩噩，对一切无所谓，而是找到了一条路，一个方向，我的脚下有力量，我的前方充满光亮。

大方向已定，需要确定更多的细节。其中最重要的一点是：选择学校。我开始通过网络了解各学校的状况。盯着电脑屏幕，看到一条又一条的信息闪过，我其实很迷茫——不知道应该依据什么来做选择。北京师范大学作为心理学排名第一的学校，纳入考虑，而其他的学校……突然间，一条信息跳入了我的眼帘：

朱建军，北京林业大学教授，心理系主任……著作《我是谁》《你有几个灵魂》……《解梦全书》，笔名诸葛君。

我心中的震惊无以复加！！这不就是我一直在看的《解梦全书》的作者吗?原来他是心理学教授！原来他还带研究生！！北京林业大学离我的学校不到两公里！！

在接下来的几分钟内，所有其他的选择都被清空了。我最后需要做的是二选一：A. 北京师范大学；B. 北京林业大学。北师大心理学全国排名第一，竞争激烈，据说研究生录取率为 200∶1；北京林业大学，因为朱建军，对我有着巨大的吸引力，然而那时我尚未见到他本人，也不晓得跟他读研究生会是什么情况。

这又是一个生死抉择，选择不慎，全盘皆输。巨大的紧张感再次向我袭来。关乎未来、关乎命运，我不敢轻易做出抉择。在这样的关键时刻，梦再一次给了我清晰的启示。

梦中，我是一只小麻雀，贴着地面跌跌撞撞地飞行。我先是在室内沿着一条路飞，飞出一个像山洞的地方，来到了户外。户外是一片万兽狂奔的景象，我也和它们一起奔跑。狮子、老虎、长颈鹿、斑马、犀牛……各种我见过的动物一起跑过一座白色的桥。而就在这时，有一股无形力量从后方追赶我们。我看到这股力量所到之处，画面由彩色变成了黑白，被这股力量追上的动物，化成了石像，动也不动。我们疯狂地往前跑着，终于成功来到了目的地——一个封闭的山谷。刚想要喘一口气，那股力量又来了，完了，这下没处可躲了……

画面一闪，回到了刚出室外，还没上桥的地方。这次，我转向另一个方向，发现如果不上桥，桥的旁边有一条小路，不知通向何处。

一只大象横在路中央，挡住了后面的部分……

梦醒之后，我马上理解了无意识给我的答案。选择北师大，最终将面临走投无路；选择林业大学，有可能获得很好的机会。当时我对这个梦的理解比较单纯：万兽狂奔过桥代表着北师大，因为北师大竞争激烈，而最终被那股无形力量追上，意味着最终考不上；而另一条偏僻小路，人少，象征着报名人数较少的林业大学。大象是什么呢？这里需要我介绍一点小背景。做梦前的那段时间，我沉迷于一个叫作“打企鹅”的小游戏，这个游戏里，玩家手持火烈鸟作为球棍，调整力度和角度，尽可能把企鹅打到更远的地方，这个过程中会碰到很多障碍物，比如树、长颈鹿、蛇、秃鹫还有大象，而这里面的大象很特别，如果击打的角度不好，企鹅就会撞到大象的腿上，就像撞上一面墙而被弹回去，如果击打的角度合适，刚好把企鹅击打到大象的背上，就会像打在一个跳板上，被送出一程，飞向更远方。因此，我知道那个堵在路上的大象，意味着选择林大也并不会一帆风顺；但如果努力得当，则有可能越过障碍飞向更远处。

做这个梦前后不久，我得知了在网络上和我共同释梦的 gunblue 竟然是朱建军老师的学生，在她的鼓励下，我决定去林大见一见朱建军老师。在网络上查到了他给本科生上课的课程表，我骑着自行车大约 15 分钟来到了林大的校园，在陌生的教学楼前锁了车，上到四层，找到了相应的教室。意外的是，教室里有很多人旁听，一看就知道不是大学生。我这个“外来者”也因此放松了不少。

上课铃响，朱建军走进来了。本来我想象中他应该是个书生，或者学究，可事实上他身材高大壮硕，步伐有力，像是小说里的某某大侠从书中走出来了，带着强烈的气场。他的声音洪亮，语调活泼而有力，整个人非常的鲜活。他的讲课深入浅出，讲到激动处，双手向后一撑一跃，肥硕的身体直接坐在了讲台上，侃侃而谈。我有些惊呆了，之前的设想统统破碎，同时有一句话从心里冒出来："这才是真正的心理学家！"这件事说来很奇怪，朱建军给我的印象完全不存在于我过去的经验中，而我却知道，"就该是这样"。后来我了解了，这就是"原型"的力量。

这个梦与这第一次见面使我下定了决心，报考朱建军老师的研究生。那时的我还不知道，朱建军及其创立的意象对话学派，会在我的心理成长和生命历程中产生绝对重要而深远的影响。

准备考试的过程中，梦也帮过我一次忙。因为要背诵大量未曾学过的心理学知识，复习考试的压力蛮大，但我真的很用心。距离考试还有两个月的时候，我仍然觉得自己对很多知识的记忆是模糊的、混淆的，内心焦急却毫无办法，唯有继续机械地重复。就在那个阶段的某一个晚上，我做梦了。

我梦到了一个教室里的黑板，上面密密麻麻写满了短的句子。而每个句子就像实物一样可以拿起放下，于是我在黑板上调整这些句子的位置，把某些句子放在更合适的地方，就像玩拼图游戏。梦醒之后，我睁开眼，坐起来，脑海中自动列出了普通心理学的整个知识结构脉络，清晰而有层次。我相信这是我意识的努力调动了无意识的力量。

考试比较顺利，初试成绩不错，进入了复试。复试当天，恰好我父亲出差路过北京（现在想起来真是很巧，以至于我怀疑他是不是特意过来的）。复试结束后，我心中有些忐忑，大约几个小时，考试结果就出来了，我在贴出来的榜单上看到了自己的名字，我被录取成为朱建军老师的硕士研究生。我兴奋地向父亲报了喜，我们一起吃了一顿价格不菲的饭菜作为庆祝。

从高三到考上研究生，六年的时间。这六年，是我自学心理学、启蒙的六年。这六年里，从《解梦全书》到我研究生备考，"梦"始终伴我左右，即使我的本心已经迷失，即使我内在的火种已经熄灭，我的梦仍然坚持不懈地启发着我、引领着我，给我指出前进的方向，直到内在的火种再次点燃，我才知道，真心永远不会迷失，真我永远不会死亡，如果遇到了暂时的挫折乃至重大的打击，它们只会暂时退缩到看不见的大地深处，潜伏着、等待着，等到属于他们的春天和雨露降临，他们便会发芽、生长，长成他们自己本来的样子，仿佛一切从来没有改变过。

第二次出生

第一次阅读《解梦全书》是在2002年，这一年被我界定为自学心理学的起点。就读心理学研究生是2008年。最初的六年，学习心理学全凭我自己的摸索、思考与实践；从第七个年头开始，我算是加入了正规军，开始了有人指导、有人带领的学习。

我开始了解到，作为心理学工作者，首先需要探索自己的内心，解决自己的心理困扰，而这个过程叫作“心理成长”。也是在这前后的时间，我开始接触朱建军先生创立的意象对话心理疗法。我对意象对话的最初印象是“神奇”和“有趣”。潜意识里的各种内容，都可以通过想象呈现出来，就像清醒着做梦。而在意象对话中，自我探索的过程，也就是在一个个梦的世界里游历的过程。这与我的一贯兴趣所在相一致——科幻小说、梦境，使我相信世界是丰富而神奇的，在肉眼可见的、局限的现实之外，还有无限的可能性供我们探索。

意象对话疗法特别重视心理成长，把心理成长水平视为心理咨询师的首要专业素质。作为朱建军老师的学生，我自然也就开始了通过意象对话进行心理成长的历程。

我还能够记得自己第一次生动而深刻的意象对话体验。那是在上研究生之前，我已经去林大蹭过几次朱建军老师的课，也买了书，《我是谁——心理咨询与意象对话技术》中介绍了很多意象对话治疗过程的例子，看起来丰富而有趣。我自己几次尝试按照书中的描述来进行想象，总觉得画面不是很有真实感，感觉更像是自己的意识努力构造出来的画面。然而通过对书中内容进行反复阅读，也从中读出了味道。我当时意识到，意象对话的核心理念之一，就是各种心理体验与感受都可以通过意象（想象中的画面）呈现出来。

有一天晚上，一段过去的回忆涌上心头。那是一段和感情有关的记忆，带出的心理感受很压抑，不知道压了些什么，心情挺复杂。我体会着这种感觉，没有让它溜走，也没有试图去改善，就好像抓住了什么，我闭上眼睛，一段清晰的画面浮现出来。

我站在一个土质的隧道里，隧道壁上布满了一个个的小洞，这些小洞仿佛有生命一般律动着，皱缩又舒张。我看得汗毛竖立，起了满身的鸡皮疙瘩。可是我鼓起了勇气，继续向前走，强烈的恐惧感袭来，我仍然坚持慢慢前进。恐惧和其他一些难以名状的情绪快速地堆积起来，达到了一个顶点。这时候，许多只巴掌大小的鳄鱼从一个个洞口里飞射出来，咬在了我的身上，我感觉到疼痛，感觉到它们的愤怒和饥饿，而恐惧感快速下降，直至消失。我仔细端详着其中一只咬在我手上的小鳄鱼，心中升起了怜悯。后来它好像慢慢松口了……

从这段意象中回过神来，我了解到了自己在那段记忆中的情绪是什么，说了解了，可又无法用语言来描述，也许就是那个意象的画面，才是对那种感受最精确的描述。

这第一次的深刻体验为我学习意象对话建立了最基本的信心。我是一个很爱用脑的人，而用脑思考经常会阻碍到意象对话的体验，在开始学习意象对话的几年里，我的大多数意象对话体验是不清晰的，因为有意识和头脑的介入。而我能够一直坚持下来，认为这个疗法有效，和这初次体验所建立的自信有着莫大的关系。

现在回想起来，这似乎也是我的一种重要的学习模式：开始时全凭自己摸索，在坚持实践的过程中偶然获得第一次的良好体验，由此而建立起基本的信心，然后才继续深入学习下去。

2008 年 9 月，我正式开始了心理学研究生的学习生活。大约过了一个月，我就意识到，学校里的研究生课程对于心理探索和心理咨询实践的重视程度有限，不能够满足我的需求。后来得知，林业大学的心理学系对于心理咨询实践的重视程度已经是国内数一数二的了，绝大多数心理学教育关注的还是做实验、量化研究、出论文，等等。于是在入学后不久，我和另外两个同学产生了自己练习、实践的想法，内容包括意象对话和催眠。

我找到朱老师，申请教室的使用权来进行专业实践。朱老师的答复是："意象对话学习还是需要有人带领，我的时间不够，我找个人来带你们吧。"于是，一个意象对话学习小组成立了，第一次活动有 20 多人参加，由朱老师带领。从第二次活动开始，我见到了蔡晨瑞师兄，当时我尚未知道，这将是另一个对我影响深远的人。

见到蔡师兄之前，我听说他是朱老师最优秀的学生之一，不免对其充满了想象。想象中，蔡师兄应该是身材高瘦、理性而睿智，又有丰富的咨询经验，气场深厚有力（读到这里，认识蔡师兄的人可能都笑了）。而在小组中真正见面的时候，我不免大吃一惊。蔡师兄身材矮小、相貌普通、衣着不整，两个小眼睛有点贼溜溜的，没有任何的权威感，更谈不上深厚有力。当时我心中冒出了两个字——猥琐。而现场发生的事情更是出乎我的意料。大概是蔡师兄的形象辜负了众多小组成员心中的憧憬（现在我知道，这叫作“理想化投射”），在互动交流的过程中，许多人开始表达对他的不满，甚至于开始攻击他，批评他。我当时也怀着看他怎么接招的心思，冷眼旁观。而他的做法完全出乎我的意料，他几乎没怎么为自己辩解，也没有反驳，而是承受了大家的批判和攻击，并为此而感到难过——他哭了！当时，我心中有一个声音似乎在嘲笑，说，看，我就说你不行吧！而另外的部分，却被他的所作所为震撼了，原来咨询师还可以这样！原来小组的领导者还可以这样！我当时说不清那种感受，只觉得他的哭深深印入我的心里。几年后再回顾那一刻的时候，我才知道，震撼我的东西正是意象对话精髓的一部分——真诚、不伪装，承载与包容。这一体验可以说是我心理学职业生涯的初始印刻，也极大地影响了我之后的工作风格，权威感并不重要，别人觉得我好也不重要，真实地呈现出来，然后互动、交流，才是最重要的。

小组的时间最初定在了周三下午两点，每周一次，每次三个小时。第二次活动比第一次少了两三个人，第三次活动只有十几人。最终团体的人数稳定在八人左右。在我研究生在读的三年里,这个小组的活动除了寒暑假几乎从未间断，人数最少的时候只有两人参加，其中有我。我作为小组的发起者，三年里大约有两三次请假，其他时候全部到场。现在看来，这样持续的小组活动给我的心理成长奠定了最初的基础——时常觉察自己的情绪感受，遭遇冲突和挫折首先返回来看自己，闲暇时通过意象对话了解自己……虽然在最初的几年里经常做不到，但这些原则已经深深地扎根在心里，甚至潜意识里，它们也成为了迄今为止我心底里最重要的财富。

觉察自己、了解自己的困难在于“情结”，或者说未解的心结，一旦碰触到就会失控，情绪爆发，失去觉察力。刚开始心理成长的人，通常情结很多，动不动就碰到自己的“泪点”“痛点”“怒点”，然后丧失了觉察力，好在事后还可以通过回忆来觉察。随着一个个情结的逐步化解、修通，各种容易爆发的“点”越来越少，人就更容易保持觉察，心理稳定性更强，内心也变得更通透。

小组活动的内容，主要是通过意象对话、绘画等形式觉察到自己内在有哪些情结，然后尝试面对情结，进而化解情结。在开始的阶段，我对自己了解很少，以为自己没什么心理问题，只是知道自己在恋爱方面有一些创伤和困扰。随着小组活动的进行，我越来越多地发现了自己身上的一些问题。

比如对于平时是否和父母联系很矛盾，比如玩电脑游戏时会有一种想要一直沉溺其中的感觉，比如和异性建立关系时总是试图帮助、教导对方，比如喜欢通过建立权威感来让别人关注我，比如突然发现自己其实内心很孤独……我越来越多地意识到了自己的心理“异常”，对这些情结有了零碎的了解，却不知道自己为什么会这样，也不明白这些问题彼此之间有何联系，我又应该如何来解决。

然而意象对话的态度，就是不断地觉察，不断地面对，没有止境。我在蔡师兄的带领下，磕磕绊绊地这样做着，直到量变开始产生质变。所谓的“质变”开始于我的一幅画。

这幅画源于一段时间的自我觉察。我意识到很多时候我的内心是很封闭的，不对任何人敞开，甚至于心里也根本没有别人。使用意象对话来呈现这种感受，意象里我在一个很封闭的房间里，旁边隐约有个人，好像是母亲，可是仔细看的时候，这个母亲长着类似鳄鱼或者恐龙的头。屋里有个孩子，孩子在扒着一个很小的窗户向外看，能看到外面的世界和一些行人。我把这个意象画了下来，没事就看一看，觉得它和我内心深处的什么东西很有关。

最开始，我把画中的那个小长方块当作窗户，可看得时间长了，越来越觉得它不像是窗户，但它是什么又说不清。有一天我在玩电脑游戏，非常投入，非常沉迷。得益于平实小组的学习，我的觉察能力在此刻升起，我意识到了自己正沉溺于游戏中，完全不想做任何事情，只想沉浸在里面，把注意力都放在游戏中的虚拟世界里。这时候，我又看到了放在旁边的这幅画，头“嗡”地一声，整个人被吓坏了。同样的一幅画，这一次我却看到：

是那个孩子举了一个游戏机的屏幕在认真地观看，里面都不是真人，而是游戏中的人物。原本以为的窗户没有了，这里没有窗户，也没有门，没有任何的透气孔，这是一个完全密闭的空间！而那恐龙妈妈也不像是真实的人了，唯有这个孩子，在我眼中唯有他活着，一个人活在这个密闭的、与世隔绝的空间里。强烈的窒息感向我袭来。我再次回到意象中，看到一个孩子身处在一个巨大的金属蛋里面。四周的壁光滑而结实，完全密闭，看不到外面是什么，也没有办法出去。他已经有些缺氧了，但因为整个蛋里的空间比较大，暂时还没有危及生命，而我却看不到任何转机……

这次意象对话体验之后，我对“自我封闭”状态有了更深的体会。大多数时候，我和他人看似和谐的交流，只是一种非常表面的敷衍——我越来越深地有此体会。我发现，我在听别人说话的时候总是在扮演某个角色，比如一个倾听者或者帮助者，做这个角色该做的事——耐心听、表示同情、提供建议、帮助分析。而这个角色并不是我，它就像我外面的一层壳，所以那些肤浅的交流从没有进入过我的内心世界。而当我和别人说话的时候，我的脑子里总是充满了预设，我这么说，他/她会怎么回应？要么赞同，要么反对，肯定是这样。如果他赞同，我就这样这样；如果他反对，我也早就准备好了那样那样的应对。我发现我听不到自己所预设的可能性以外的信息。表面看起来我在和人交流，实际上完全是自己和自己玩，和自己内在一套预设好的程序玩，就像那些电脑游戏，设计得大同小异，游戏中的人物看似各有不同，可他们会说什么早就设计好了，无非是多了几个选项来增加丰富感；可归根结底，他们都不是真正的人，而是 NPC（Non-Player-Controlled Character，非玩家操控的角色）。而我，许多年来，都活在这个自己的无意识所设计的游戏中，从来都没有别人，只有我自己，和我内在的程序。

写到这里，脑海中浮现出电影《黑客帝国》的画面，男主角发现自己竟然一直活在电脑程序设计的虚拟世界里；他震惊之余还在犹豫是否要出去，从这个看起来安全的虚拟世界，去到外部危险而真实的世界中。这部电影的英文名是 Matrix，有趣的是，Matrix 有两个看起来截然不同的含义，一个是数学意义上的“模型”或“矩阵”，而另一个则是生物学里的“母体”或“子宫”。这也是为什么，我对于这幅画的理解会有着如此巨大的前后差异。在刚画出来的时候，我把游戏机（虚拟的世界）当成是窗户（可以看到真实世界的通道），把游戏机里的人物（我个人内心的各个侧面）当成是外界真实的他人。我在金属蛋（心理上的子宫）里无事可做，专心地玩着游戏，以为这就是真实世界的样子。可是随着心理成长，随着觉察力的提高，我逐渐地意识到了不对劲（觉得不像窗户）。直到有一天发现，原来我以为真实的世界和他人，不过是我内心的一套程序。于是“窗户”变成了“游戏机”，或者说现出了原形。这时候，一个巨大的事实摆在我的面前——心理层面上，我尚未出生，我还只是一个子宫中的胎儿，从未见过外面的真实的世界，之前我所认识的一切都不过是自己内心其他部分的投射❶。Matrix 里的尼奥很幸运，有人主动找到他，带他看到事实，引领他走出幻境，而我，只能靠我自己。

现实中，从怀胎到分娩，一般来说需要九个多月。一个胎儿的孕育、生长、分娩自有其规律，生孩子是急不得的事情。心理的出生也是一样，我即使看到了自己尚未出生，意识到了自己还在子宫里的事实，也不会马上发生变化。心理出生，与内心的母亲 / 子宫分离，是一个更加缓慢而艰难的过程。

我属于情窦开得早，实际恋爱晚的类型。对于内心尚未走出子宫人来说，“真实的”恋爱是极其困难的，因为活在自己的世界里，很难真实地看到对方，真实地和对方的心相遇；恋爱中总是充满了自以为是的猜测，理所当然的期待，在对方身上看到自己心中的幻影，和自己心中的幻影相爱。只有在很少的时候，才能够打破那层障壁，真实地看到彼此，心与心相连。然而恋爱，确实又会使人不得不走出自我，因为彼此的心理距离太近，所以会有摩擦，所以无法轻易地隐瞒，因此有些时候也不得不诚实地面对自己内心最阴暗的部分，也不得不承认世界有时候并不是自己想的那个样子。

大约是在研究生的第三年，我那甜蜜而又苦涩的初恋结束了，并且在之后的半年里把心中的伤养好了大半。然后，我和一个外地的女孩成为恋人，偶尔的见面，更多是网络上的联系。在我生日前的那一天，我准备坐火车去找她，和她一起过生日，我们都为这个想法而感到开心。而对我来说，这是我人生中第一次主动到另一个城市去见一个人。这一举动对我来说似乎意义非凡，包含着某种走向新世界的开阔与兴奋感。现在看来，那个在外地的女孩对我而言不止是现实意义上的女友，在心理层面，她就像是一个窗口、一个通道，让我更多看到外面的世界，让我有机会从 Matrix（母体）中离开，走向更真实的世界。然而当时天真的我并不知晓潜意识中未解的情结有着多么巨大的影响力。

我提前买好了火车票，开车时间是晚上九点整。从宿舍到火车站正常来说

---

❶ 见本书附录二第 17 条“投射”。

需要一个小时左右。我不到六点半就背好了包出发，心想时间还早。通常来说，我会坐公交或走路到最近的地铁站，然后倒两趟地铁，下来再坐一段公交，到达火车站，时间大概一小时，最多不超过70分钟，很稳定。（那时到火车站尚无地铁线路）可是那天，我却突发奇想，可以直接坐公交车到火车站，这是我从未用过的方式。我百度了一下公交线路，从校门口直接坐车，中间只需要换乘一次，预估时间不到一小时。我很放心，又带着新奇感，从校门口坐上公交车出发了。路上有点堵车，但我心想时间还多。我站在公交车上，身体随着公交车摇晃着，满不在意地体验着新的出行方式带来的新鲜感。一路都挺堵，到了中关村附近，道路堵死了，好半天才挪动几米。我开始有些着急，看看表，感觉应该还来得及。又过了十几分钟，车只前进了一两百米。我突然意识到如果再这么下去，我会赶不上车。我的心里一下子慌了起来，怎么办？我慌乱地在手机上查询，从这里如果不坐公交，去火车站怎么走。最近的地铁站还要走不短的一段距离。是换路线，还是继续坐公交？我无法决定。来回犹豫又磨蹭了将近十分钟，这期间车还是没怎么动，不下车不行了。我下了车，往前走了一段，又搭上出租车前往最近的地铁站。出租车也堵了一段。终于到了地铁站。飞奔进站，等车，上车。我一边焦躁地看表，不知道来不来得及。然而越急越乱，由于是第一次从这条地铁线换乘，我记错了应该下车换乘的站，两个站的名字只差一个字，我发现后赶快下车往回坐，又换乘。焦躁的心情逐渐地变成了绝望，可绝望中又带着不甘与挣扎，我还是在往火车站赶。也是在这个过程中，我逐渐意识到此行对我的意义重大。下了地铁，坐了十块钱的摩托车，最快速度到达西站。时间九点零五，车已经开走。

我站在进站口外，说不清心里是什么滋味，伤心、难过、愤怒、不甘、自责搅为一潭浑水，在心里来回荡漾拍打。我给女友打去电话，说明情况，这时我已经带上了哭腔，我告诉她我心里好难受。她也因为我无法如期到达而有些失望，不过还是安慰我说没关系，不用难过，可以以后再去。我有一部分的心放下了，脑子也知道她说的对。挂了电话，我去地下一层退票，被告知已经开车的票无法退了，事实上这也是我第一次错过火车。我走出车站，站在过街天桥上，像是失了魂，目光散散的，没有看行人，也没有看路上的车流。那些激烈的情绪都退去了，剩下的是一种无力感，从内心到身体，我感觉到自己的四肢发软，躯干也有些颤抖。我突然意识到，刚才发生的一切都不是偶然，有一种巨大的力量笼罩着，控制着我，让我无法离开它的范围。就像鬼打墙，无论如何都出不去。我抬头看天，天幕被灯光映出暗红的颜色，没有星星。此刻，这股力量对我来说是如此的真实，似乎心理和现实的界限模糊了，仿佛周围的一切都不是现实，而是一个被这股力量所创造与掌控的世界，它好大，力量好强，它不想让我出去，我就出不去。出不去。

也是在这件事前后，很偶然的机会，我加入了一个心理学的 qq 群，里面有时会有一些精神分析相关的讨论。有时候的讨论比较投缘，我也在讨论中有所收获。其中一个人，依托于一个叫“呱呱”的网络语音视频平台，建立起了一个组织，最初就叫“心理学爱好者”群，由几个知识、经验更丰富的人每周在上面分享一些心理知识，我是其中一员。形式上，这是一个网络虚拟的房间，我们在里面讲课，大家可以免费进来收听。这里可以说是我讲课生涯的起点。

记得我第一次讲课的内容是弗洛伊德的《梦的解析》。我做了很多准备，可实际讲的时候很紧张，语气生硬，磕磕巴巴，又担心别人听了会不喜欢。也许是因为内容翔实，加上听众本都是没有什么心理学基础的爱好者，我的讲课逐渐被大家所接受。我记得第一次讲课的听课人数是 14 人。

当时我完全没有想到，这样一个看起来完全不正规的开始，竟然一直持续了下去。这个课一讲就是三年多，每周二晚上 8 点到 10 点，几乎从不间断。由于我们几个人的坚持，这个小小的组织不断扩大，具有了一定规模之后，组织的名称更改为“中国精神分析心理联盟”。而我作为讲师需要给自己取个名字，其他几个讲师都是使用网名，我也就不打算使用真名，想来想去，我给自己取了“出壳”这个名字，因为我知道自己正在走出心理意义上的子宫，从一个“金属蛋”里破壳而出，来到这个世界上。

现在回想，在“联盟”的这三年，正好是我心理出生最关键的几年，它对我而言就像是一个过渡，介于“完全自我的世界”和“真实的世界之间”，我在其中锻炼、成长，直到有足够的力量完全破壳而出。而联盟也和我一同成长、壮大，从最初的一个小组织，到后来发展成那几年国内最大的网络心理学学习平台。而我也在这个过程中不断锻炼自己，重复讲类似的内容，不停地做改进，找更加生动的例子，磨炼语言的表达，研发新的课程，以不同的形式重讲旧的内容，接受听众的挑战甚至谩骂，学习如何平心静气地应对他人的敌意……对于我的心理诞生的过程来说，讲课是很重要的促进因素。好的讲课是要让人能听懂的，包括没有心理学基础的人，为了确认别人是否能听懂，就必须“看到”他人的真实感受和反应，这就要求我不断地走出自恋的领域，去感知他人，包括他人对我的负面评价，以及那些我听了会不舒服的内容。

在起出壳这个名字之前，我在一次意象中体验到了出生，并有了下面这幅画。

一个清冷的夜晚，在遍布坟墓的死亡之地，一只巨大的蛋静静地躺着。突然，蛋体开始晃动，尖尖的喙啄破了蛋壳，一只雏鸟破壳而出，身上还有些黏液，却已经可以展翅飞向天空。

这个死亡之地在我的意象里以不同形式出现过多次，有一次，在意象里，一个浑身青黑的如同尸体的孩子拉着我，走进了坟墓。他的力气很大，我只有被他拽着走进坟墓，而真的置身坟墓时反而有些安心。另一次，我看到想象中的自己浑身青黑，如同尸体，我意识到自己“中毒了”，而这毒就包含在周围的水源里。我发现了水源有毒，却找不到干净的水源，是继续喝毒，还是不喝面临渴死的危险……

为什么会有这样一块死亡之地呢？这里要提到一个大家既熟悉又陌生的心理形象——母亲。说熟悉，是因为我们的文化中不乏对母亲形象的赞颂，在大家的心目中，母亲的形象通常是正面的——慈爱、滋养、包容，母亲孕育、分娩、又用无私的爱把孩子抚养长大；说陌生，是因为凡是有阳必有阴，“母亲”还有不为我们熟知的、消极的一面。子宫是温暖的，包容的，完全接纳与承载着里面的胎儿，可是如果到了十个月，胎儿继续待在这个子宫里会怎么样？会死亡。

母亲对婴儿的爱是无微不至、保护有加的，可如果婴儿渐渐长大，逐渐发展出独立的意志和行为，而母亲还是继续无微不至的保护，会怎样？保护反而会成为限制，让孩子无法发展自我，这样一来，“母亲 - 婴儿”这个共生体就会一直存在下去，而婴儿本该发展出的独立自我就会被这个共生体所“吞噬”，这就像是精神层面，母亲“吃掉”了婴儿，这个人的身体虽然会继续长大，可他的自我独立性却已经“死亡”。因此，爱与照顾的阴暗面是吞噬，生与养育的阴暗面是死亡与控制。我从小被母亲和姥姥照顾得很好，甚至能够免于严厉父亲的“威胁”，所以我从小就建立起了非常好的、伴随一生的底层安全感；但同样是因为从小和母亲的心理距离太近，使得我在长大后，更难以在心理上出生和独立，更难和母亲分离，我内在母亲的“消极面”被激活了，而“赶火车”事件就是消极的母亲原型[1]第一次明确地向我显现。我在母亲原型的子宫中已经待了太久，如果我再不出生，我的精神独立性就面临死亡。所以，画面中的这只雏鸟，在一片死亡之地诞生了。周围没有什么美景，寂静无声，只有微微的月光见证了这一切……

再过了一段时间，又有了下一幅画。

[1] 见本书附录二第 14 条“原型”。

一只鹤在太阳下展翅，踏着骄傲的步伐向天高歌，那只曾经装着它的蛋壳已经显得那么小；旁边有一摞书，一朵花。这是出生的骄傲，独立的骄傲，我已走出了心中的壳，我不是别人，我是我。

鹤是一种自视甚高的动物。那一段时间，我也的确有比较明显的自恋倾向，觉得自己挺好，各方面都挺好，比大多数人都好。这种看法虽然很不客观，但与之前自恋已经有了本质的区别——之前我完全活在自己的内心世界，看不到真实的他人，就像是全能的神活在自己创造的神话世界里，而现在，我来到了真实的世界，开始能够看到别人了，然而我仍然为我自己骄傲，觉得自己好。这时的我，还没有能力客观、平等地看待自己和别人。我眼中的世界开始有别人了，但是我更大，别人更小。

就在我开始扬扬得意于自己的"出生"时，现实却很好地教育了我："出生"从来都不是一帆风顺的。研究生三年级，我把太多的时间投入到了网络的授课以及管理工作上，这导致我对毕业论文没有足够重视，也没花足够的精力在上面。在毕业论文答辩会上，"不通过"三个字从主审的口中说出，我大脑一片空白，冷汗细密地出现在额头上，这个结果对我来说无异于当头一棒，尚未被打醒，先懵了。结果是我又多花了一年的时间仔细做论文，才得以毕业。过了几年我才知道，当时是朱建军老师看出了我不够重视毕业论文，觉得如果这样让我通过，对我的心理发展不利，才建议评委把我的论文卡下来。

现在回头来看，真的非常感谢朱老师这样做。那时候的我把太多的精力放在心理层面，放在了对自我优越感的建立和维护上，由此忽略了现实，并且欠缺踏踏实实做事的精神。是朱老师的这一棒，让我落了地。不过我也并不后悔对"联盟"的倾力投入，它是我从 Matrix（母体）到现实世界的过渡与通道。

随着联盟的壮大，以及我的课程的听众增加，开始有一些收费的课程能够办起来，包括我的第一批网络视频的心理咨询来访者，都来自联盟。我开始有了固定的收入，便决定自己租房住。这又是迈向出生与独立的重要一步。

精挑细选之下，预算不多的我看中了北京东郊的一套出租房，是独立的一室一厅，价格稍高但可以承受，很快我就和房东敲定了合同细节，入住了。我对住房条件、位置以及周边环境都挺满意，开始了人生中首次独居的生活。特别有趣的是，大概是在好几年后，我回家和我的姥爷说到我租房的位置，姥爷竟然知道那个地方，位置也记得很确切（他和姥姥还有我的妈妈、大姨在北京生活过一段时间）。我问他为什么会知道，他告诉我，当时他和姥姥就在那里住过一段时间，那里是我妈妈出生的地方！天啊，好神奇。也许冥冥之中，还是母亲的能量给了我安全舒适的感觉。也许上天注定，我要在这个我妈妈出生的地方，完成我的第二次出生。

独居生活开始之后不久，我便做了一个至关重要的梦。

> 我在一个布置简单的宾馆房间里，有几个小学同学和我在一起。这时候房间墙上的壁灯坏了，一片黑暗。我跑过去摆弄，把灯修好。灯再一次亮起来的时候，只有我一个人在房间里了。这时候我注意到，房间里并排放着三张床。左右两张是单人的小床，中间是一张宽敞的大床。这时候我似乎已经躺在了大床上，抬头看着天花板，发现天花板上还吊着一张床。这是一张有点像大号婴儿床的、有围栏的床，就像吊扇一样吊在房顶上。这时候，镜头切换，我看到这张吊着的床上躺着一个母亲和两个婴儿。这个母亲已经死去了，完全是尸体的样子，浮肿、浑身的皮肤青黑，没有生命、没有意识。可是我却知道她还没有死去，而是像植物一样“生理上活着”，两个婴儿紧靠着她躺在她的左右，婴儿是正常、健康的。我看到这床还有一些类似于带子的东西和房间的其他几个角落相连。这时候我意识到，这是一个活着的房间！是这个房间控制着这个不活也不死的母亲，又通过这个母亲从两个婴儿那里汲取营养，用以滋养这个房间本身！这房间是一个以婴儿的生命能量为食的，活着的系统。当我意识到这一点时，那高处吊着的床开始下降，一个孩子从上面掉了下来，他掉落在大床上，然后又滚落到床下。我看到他是十岁左右的模样，赤裸着，从胸口到腹部有很大一片烧伤一样的伤痕。床还在继续下降，我抬头看到床上的另一个孩子还很小，大约两岁，他的一只小脚垂下来，不断靠近我。我这时候想要伸手把他也救下来。就快碰到的时候，那床却又升了上去。过一会儿它又降下来，我再次去够那孩子的小脚，它却再次升了上去。这时候我突然意识到：它是想要以这个孩子为饵，把我像钓鱼一样钓上去，让我填补在那个空缺的孩子的位置，继续给房间提供养料！

我在惊吓中醒来了，从头到脚浑身的皮肤像过电一样发麻。时间还是半夜，我睁眼看着天花板，上面只有一个吸顶灯，可那“活着的房间”的感觉挥之不去，我分不清这是梦还是现实，好像我现在所在的这个房间就是活的，它想要吃掉我。

第二天我发现自己生病了，发烧、头晕、浑身难受。我开始在饭后呕吐，最开始以为是肠胃不好，后来发现呕吐又伴随着奇怪的打嗝。经过好几天对躯体的觉察，我才发现不是简单的肠胃问题，而是每当我吃东西的时候，食物下咽后经过食道来到胃部时，它没有直接进到胃里，而是在食道末端，胃的入口处形成了“小窝”，食物总是储存在那个“小窝”里，之后就会有食道和胃的痉挛，把它们再反呕出来。真是奇怪的现象。后来我了解到，这是一种叫作“贲门括约肌松弛”的机体现象，最常见的是什么时候呢？是婴儿期，很多婴儿的“咳奶”（把喂进去的母乳又反呕出来）显现，就是因为胃入口的贲门括约肌松弛，而带来乳汁的返流。在对躯体的体会中，我体验到这是一种“不愿吃”的反应：当婴儿不再需要吃奶，而母亲想要继续喂奶时，婴儿会配合母亲的意愿继续吃奶，可是这时候的吃奶在心理层面已经无法带来滋养，因为婴儿本身的感受和需求未被照顾，这时候的吃奶反而变成了婴儿被迫在心理上配合或迎合母亲的需要，这时候的乳汁不再是营养而是“毒素”（毒害婴儿的自我完整性）。这也是为什么我之前的意象里，会出现“有毒的水源”。了解了这一切，我意识到自己这种“成人的咳奶”在心理上是健康的，因为我正在心理层面拒绝那些来自于内在母亲的、我不需要的营养，我把它们吐出来，排出来，我才变得更健康。

母亲就是这样微妙的角色——滋养、爱、给予，在需要的时候、给予合适的量会带来滋养，这是母亲原型的积极面；在不需要的时候给予，给予的量超过需要，营养就变成了毒，毒害婴儿的自我完整性，婴儿变得没有自我，如同在精神上被吞噬，这是母亲原型的消极面。

梦中这个“吃人的房间”就是母亲原型消极面的显现。从这个梦开始，我在心灵的更深层意识（梦中修好的灯象征着意识与觉察）到，我尚未出生，我即将被吞噬。从这里开始，一系列和出生主题有关的梦境开始了。这一系列梦持续了将近两年时间。它们也都非常有趣。

我在一座学校的教学楼里徘徊（这座教学楼在我梦中曾多次出现），不知怎么就来到了教学楼门外，这时候我发现整个世界只有这一栋教学楼，其他的地方都是黑色的旷野，天空的尽头与大地的尽头在不远处闭合，像一个暗红的罩子笼罩着大地。我试图骑自行车离开去别处，骑了不到十米，发现天空在打雷闪电，一道雷电直接击打在我前方的地面上，电火花在地面上蔓延，我觉得好危险，不得不退回到教学楼里。

对于尚未出生的我来说，出生最初并不意味着来到一个丰富而有趣的世界，而是我无法知道和想象外面有什么，对于那时的我来说，除了我所熟知的子宫（教学楼），没有所谓的“外面”，一切都是漆黑的（代表未知），原始的（混沌、天地未分），而出生这一行为是“危险的”。无法承受危险，只好退回子宫。

我生活在一栋居民楼里，感觉像家。我在家里看电视，电视播放着一些新闻，讲述着哪里又发生了什么事件。不知怎么回事，我突然了解到，这些新闻都是假的，是有什么人编造了这些新闻，让所有楼中的居民以为，世界就是新闻里演的这个样子。而这栋楼里的所有人都相信新闻所说，认为世界就是电视里的那个样子，因为他们从来不会离开这栋楼。然后我开始逃跑，克服困难跑出了楼外。发现外面的世界全是森林和野地，有许多蜘蛛和狼，非常的危险，我心惊胆战地想着该去哪里，有一个清洁工一样的人出现了，他手拿一根棍子，轻易打倒了一头靠近的狼，他用英语告诉我，这靠的不是力气，而是××（一个类似于敏捷、技巧的词）。

这个梦里的居民楼像不像黑客帝国里的 Matrix？控制着里面的人的思想，让人以为世界就是它所编造的那个样子。它也像是我画的第一幅画，把手中游戏机设定好的程序误以为是外界真实的他人。而当我逃离这栋大楼，才发现外界根本不是我之前以为的样子，它充满了危险，需要勇气、技巧以及男性的力量才能够生存下去。还有一些梦我没有写在这里。它们都有着相似的主题——离开封闭的空间、跑过狭窄的通道、来到危险的外界……直到 2013 年 5 月，我做了这一系列梦的最后一个。

……我在一个闹鬼的楼里，想要从楼梯下去离开，发现怎么样也找不到出去的门。感觉着该下到一楼了，却发现来到了楼梯的背面，就像到了地下室，没有出去的口，再往上走，来来回回找不到一楼的门。

我又回到了某一层，我的左手边有个走廊，里面有几户人家（像我小时候住过的筒子楼）。有一个女鬼从走廊的深处出现，幽幽地向我走来；我觉得害怕，同时感觉到自己的丹田部位有一股能量升起，于是我丹田发力，发出了洪亮的哈哈笑声，女鬼反而害怕了，她在我站的位置旁的门槛上坐下，和我说她肚子疼。这时我并不害怕了，还想再和她说几句话，她就消失了。然后我也离开了大楼。

我从楼里出来，看到外面是宽阔的马路，马路上有一些行人穿梭往来。和他们相比，我的身体很巨大，他们大约只有我的四分之一或五分之一那么高……

一次次出生主题的反复，在后退中进步，伴随着恐惧的前进，这一切终于开花结果。我积蓄了足够的力量与勇气，彻底离开了心理的子宫，和外界连接上了。尽管刚出生的我还存在一些自恋问题（我比行人大很多），但确确实实我已经离开了心理的子宫，我所接触的，感知到的，都是外界真实的他人了。

回顾我自己的这一段经历，有一句流行语冒出来，“亲爱的，外面没有别人，只有你自己”。在心理诞生之前，我们在心理上都活在一个巨大的子宫里，这里面看起来可能会很丰富，有各种人、各种事，我们也在和这些人、这些事发生着某些所谓的“关系”。然而这一切就如同《黑客帝国》里的 Matrix，我们在里面百分之九十九的所见所闻，都是自己的无意识预先设定好的程序，而我们所遇到的人，也都只是自己内心不同侧面的投影。在这个阶段，真的可以说，我们无法看到真实的他人，无法与他人相遇；而所谓的关系，也只是自己的一部分与另一部分的关系。

一切早已经被规定好了：会遇到什么样的人，会发展出什么样的关系，哪些遭遇是自己可能会有的，哪些经历是即使努力也做不到，最终被“命运”的力量拉回到原本既定的轨道上。在内心的子宫里，世界是局限的，眼睛是被蒙蔽的，即使出现了和自己内在世界不同的人和事，我们也会自动忽略，看不见。在这个阶段，“我无法看到我心中没有的东西”，因而，所谓的“外面”只是子宫中各种的内容的投影，全都是“你自己”。

然而，如果我们有机会、有勇气面对这个事实——我们活在自我假象的世界里，就会开始意识到自身尚未出生的状态，而心理层面的“出生”过程就会开始。这个过程可能会漫长而痛苦，就像一个万能的神渐渐失去他所有的神力，被迫降临人间变成凡人。作为一个由神变成的人，我们失去了可以支配一切的全能幻觉，失去了未来都在意料之中的安全感，在感到自己渺小与无力的同时，我们也会发现这个世界原来是如此的丰富而新鲜，生活不止原来自己能想象到的样子，每一个他人都和我们不同，人和人之间可以建立起独立、平等、深入而真实的关系。这时候，我们才能够真正的看见世界，遇见他人。这就是出生的感觉。

在29岁的年龄，我终于出生了。相对于29年前的生日，这是我的第二次出生。而在心理层面上，这是我第一次的出生。

英雄是什么

从小我就是个不崇拜英雄的人。记得在幼儿园的时候，美国动画片《变形金刚》风靡一时，一群男孩在一起玩，大家都会扮演变形金刚里的各种角色，有的扮演擎天柱，有的扮演威震天……都是其中强有力的角色，而我却喜欢扮演里面的一个配角。它可以变形为摩托车，在某一集里靠它的机智拯救了大家。记得我在扮演这个角色的时候，小朋友们一脸的莫名其妙，不知道我扮演的是谁，因为这个角色出镜率实在不高。但我仍然乐在其中，享受变成它的那种感觉，或者它里面才有我所欣赏的特质。那些最强大的，最令人瞩目的角色，从来都不是我的最爱。初中时迷恋卫斯理的小说，高中时沉迷于金庸和古龙，很多故事里的主角按说都可以称之为英雄，而更吸引我的往往是故事情节，并没有对其中的英雄产生崇拜或憧憬；或者说，大家通常提到的那种英雄，对我而言是无吸引力的。

我不仅不崇拜英雄，甚至于对那些所谓的英雄有一些鄙视——出什么风头！有时候又觉得他们只是装的，我不信英雄。昂贵的代价是我失去了生活的目标，失去了心里的前进方向。我没有觉得谁是厉害的，没有觉得谁是好的，因而我不想追求什么，也不想成为谁。现在看来，这和我在第二章里提到的挫折有莫大的关系，而当时我却引以为傲，把这种不崇拜当作自己的与众不同之处；看到厉害的人就觉得不屑一顾，而羡慕嫉妒恨在我尚未觉察到的瞬间就已经闪过并深深埋藏起来。这使我过了十几年无目标、无意义的生活。我不羡慕谁、不崇拜谁，并不是因为我自己过得很好，而是因为我丧失了梦想与希望，怎么过都无所谓。

其实英雄对人来说很重要，它会给人勇气、方向感、担当与毅力。这些特质我曾经一个都没有。研究生考试的选择，也许是它的第一次唤醒，而那时我还对这股力量来自于哪里浑然不知。后来它开始越来越多地以各种方式显现。

研究生期间我有一段时间去北大学太极拳，每周两次，坚持了半年多。这在我身上很少见，应该是那个教拳的老师影响了我。见到这位老师是在第三次练拳的时候，先是有师兄介绍他，说他来自台湾，为了太极拳的传承来北大教学，不收任何费用，每年要在台湾和北京之间往返好几趟，机票钱都是自己出。我看到他一脸的云淡风轻，心中的敬佩感油然而生；我完全可以感觉到，他不是为了任何私利而做这件事。练拳期间，他做了一点演示，把缓慢的太极拳打得迅捷有力，让我对他的真正实力产生了高度的认可。练拳结尾，师兄让他训话；出人意料的，他没有说任何有关练拳的话，而是讲了几句做人的道理，大致是说做人要坚强、有意志，不要害怕困难，要活得有意义，等等。我以前最讨厌人讲大道理，我觉他们都很假，口是心非，我甚至能感觉到他们自己在说的时候都不是发自内心的。而那一天，我完全地听进去了，就好像他整个人的存在就是证据，就是有力的说明；我很直接地感觉到，他所说的那些，他都已经做到了。他告诉我的，就是他自己不但相信，而且早已亲身践行已久的事情。

练拳结束，我带着某种说不清的感受走出北大校门，上了过街天桥，打算到对面去坐公交车。走到桥中间，我的泪水毫无征兆地奔涌而出。我在天桥上对着车流放声大哭，有少数的人经过，看看我，继续走。哭了一会儿，才感觉到自己内心有强烈的悲伤，冒出来一句话：我这辈子白活了……我突然意识到，我的精神生活如同行尸走肉，我的所作所为毫无意义，我在浪费自己的生命！在那一刻我也意识到，一直以来我是多么地需要有一个这样的人来告诉我：什么是对，什么是错，应该如何做人，人应该过一种怎样的生活。一种怨恨的情绪随之而来：为什么我的父亲从来都没有告诉过我这些，为什么他没有做他该做的事情！而那时的我全然忘记了，儿时正是因为我害怕他，所以才和母亲结成紧密的同盟，把他排除在外，使我免受来自父亲的不熟悉的力量。

朱建军老师是我所喜欢和欣赏的，他的能力、才华、成就和胸怀无一不令我惊叹。然而那时我似乎却没有把他当作心中的父亲，也谈不上有崇拜感。总体来说朱老师对我并不严厉，或者说他的严厉并不那么外显。他对我管得不多，也没有时间管，但是对我的心理成长和现实状态又有着持续的关注。另外，很多跟随他学习意象对话的人年龄都比我大十几二十岁，我进入意象对话又晚，这样就造成了一种感觉，精神上他更像我的爷爷或者姥爷，而不是父亲。蔡晨瑞师兄代师传艺，对我而言亦兄亦父，但还是兄长的感觉更多。直到 2013 年通过了意象对话珍珠级评审，我才意识到，我把精神的父亲投射在了“意象对话”这个“朱建军爷爷”的孩子身上。

我一共参加过七次意象对话珍珠级心理师评审[1]，第一次参评就获得了准珍珠的评定，之后的五次从结果上来看毫无寸进，都是维持准珍珠。说起来也是承受了不少次挫折和打击。但是我坚持不懈的成长与参评，似乎是源于对意象对话这个体系的信任。我相信意象对话能够使人成长到相当的高度，也相信意象对话的评审制度是公平公正的。然而在 2012 年 8 月的第六次参评中，我的信心受到了巨大的打击。这一次我带着能够通过评审的自信而来，然而在评审过程中，我感觉评委的态度有些不认真，氛围不对劲，甚至从评委的提问中感觉到攻击与敌意。第二天评审结果下来，结果仍然是不通过。结果下来的那一刻，我一股火腾地冒起来，一方面是源于自信的受挫，另一方面是源于对评委的极度不满，你们身处那么重要的位置，左右着如此重要的事情，凭什么可以不负责？凭什么可以不好好做？你们以那样的态度来做评委，如何能够检验出参评者的水平？一股邪火升起，但又觉得那些评委都比我地位高，我不敢对他们发泄。于是我想到了投诉，投诉他们评审做的有问题。这种心态现在想来类似于“向爷爷告爸爸的状”。然而我还是按下了这种想法。本着意象对话“反求诸己”[2]的基本原则，回头来看自己心中为何有这么大的愤怒。

这个事件带来的心理波动持续了将近半年，每每想起还是很生气。有几种感受混在一起：我的自恋受挫而产生的愤怒、参评时我的敞开与评委的漫不经心和敌意、我觉得评委不称职的不满。现在我能够说得清，而那时这几种心理感受搅和在一起，令我难以自拔，只好每次有这种感觉的时候就继续觉察。功夫不负有心人，半年后的某一天，我又想到这件事，一股火涌上来，而这次我突然发现，我的这股愤怒里，有一种什么被打破了的感觉，不是我的自恋，而是一些别的东西。我继续觉察，发现原来我竟然一直对评委有一种苛刻的、近乎绝对化的要求：我要求他们必须是绝对公平、公正的，必须有能力以最好的状态作为评审工作，必须有能力检验出参评者的真实水平。当我看清了这一点，我也就反过来看到了那时的自己：就像一个孩子，把自己往那里一摆——交给你们了，我水平在这里，你们应该有能力评出来。我惊讶地发现，原来我一直无意

---

[1] 见本书附录二第 10 条“意象对话评审”、第 11 条“珍珠级意象对话心理师”。

[2] 见本书附录二第 4 条“反求诸己”。

识地把这些评委、把意象对话的评审体系，当作一个完美的父亲，应当绝对地公平公正，不能犯错。

接下来，一股悲伤的情绪油然而生，并且不断壮大——我意识到了我心中的那个完美的父亲形象。而当我意识到他的时候，他就开始崩塌，因为本来就是假的，不存在的，是我的心因为需要有那样一个父亲而造出来的。我意识到他的同时，我就失去了他。我在这种悲伤里待着，让它流淌，过了一些天，直到它自然地平复。在 2013 年 8 月，我第七次参与珍珠级评审。在评审过程中，我全程保持了觉察，意识到面前的每一个评委都是真实的人，而不是为我服务的完美父亲。于是我在那一年通过了评审，获得了珍珠级资质，也是意象对话心理师的初级资质。

我抬起头，从回忆中醒来，我的手还放在电脑键盘上，才意识到自己身处从南京返回北京的动车车厢里；日期是 2017 年 6 月 18 日，父亲节。时间是晚上九点半，一个刚好的时间。我打电话给父亲，他还没睡，我们聊了几句，我向他汇报了刚结束的心理学授课工作。挂了电话，心中有一种踏实感。

大概是在 2011 年，我遇上了人生中第一个对我产生重大影响的艺人，这个人是郭德纲。他的相声很好笑，我那时常听，然而真正打动我的是他在台上讲述的自身经历。我完全感受到了他是从多么艰难的状态走过来，花了十几年的时间才打开局面。更打动我的是，他的那种坚持并非普通，而是一种没有目的性、不计结果如何的坚持。他的成功绝非偶然，而我也被他身上的那种精神打动，这里面似乎有我一直缺少的什么。

珍珠评审通过之后。我在现实层面有了很多改变。最主要的变化，是开始在现实中做了很多事情，并且勇于承担责任。之前的我，是有些害怕“走出去”做事和承担责任的。在心理诞生的过程中，有一段时间我的意象里经常出现一个软体的、没有骨头的人形生物。伴随着这个意象，现实中对很多需要承担责任的事情，我常常会有无力感、害怕，甚至于我的身体也会真的无力、酸软。我走出了子宫，走出了自己熟悉的领域，才发现在现实中的自己是多么的无力。

伴随着心理诞生过程，我开始越来越多地和现实社会进行接触。大概有那么四五年，我在不同的领域做了许多工作，其中大部分都是我从未接触过也没有把握的。我的授课与心理咨询开始从网络更多地转向线下，这时我发现真实地面对他人压力是更大的。我在医院做心理咨询，和那些全无心理健康概念的患者及其家属打交道，教育他们、安抚他们。我开办公司，但人手不足，几乎需要独自完成装修设计、采购、策划、招聘、平面设计、印刷等一条龙服务。我办过心理咨询师等级考试培训，提供过上门心理咨询，给没有咨询动力的有钱人做过“消遣式”的心理服务，向幼儿园兜售指纹测试系统……

这其中充满了压力与挑战，面对一个个新任务我常常是害怕的，但是害怕也要坚持，害怕也要做。有一种内在的力量支撑着我，让我感觉到这一切是有意义的。

记得有一次，我需要一个人完成针对某小型企业的完整 EAP 服务。从小养成的计算机编程基础让我对全局有清晰的规划，然后把整体任务模块化，再把每个模块细化，拿出清晰的工作方案与流程。可是当我真的按照方案展开工作的时候，巨大的压力向我袭来。先是结束了基层员工访谈，然后是针对高管和股东的心理团体课。我站在街边，行人川流不息，几十米外就是马上要开展团体的地方。我发现自己腿软，心里也虚，我没有信心一个人能搞定那么多公司高管。可我还是去了，带着腿软和心虚的感觉，一边觉察，一边进行团体课。整个过程很顺利，他们感到收获与感触良多。再之后的工作也都比较顺利。最后一场讲座结束，我踏进家门，终于能够放松下来了。一个清晰的意象在我眼前浮现出来，停驻良久。

> 那是一个古铜色皮肤的原始人，只有腰间围了一块布，他很年轻，大约 16 岁，他的手中握着一把长矛，正在欢呼，旁边有一只倒下的大象。是他独自猎杀了这只大象，这是他部落里的成人仪式。现在他胜利了，他成人了！

正是这种自古以来就存在于人类心灵，名为“英雄”的品质与力量陪伴着我走过了从心理出生之前直到出生后的一段时间。这种难能可贵的品质，其本质在我看来就是“前进”，不论遇到什么困难都不会放弃，克服困难，向着目标不断迈进。然而“英雄”最开始在我身上的显现，是不纯粹的，或者说是被我的个人情结所“污染”的。我的个人情结中，有一部分弱小无力，不愿面对自己的弱小，也不愿承担责任。因此，在英雄原型[1]的影响下，我首先产生了个人的“英雄情结”。这个英雄情结既带给我力量与个人魅力，又给我造成了许多麻烦，让我险些迷失了前进的道路。

---

[1] 见本书附录二第 14 条“原型”。

当我走出心理世界的子宫，来到这个真实的世界，开始与各色各样的人打交道，新奇、兴奋、自卑、自恋，再加上我那时尚未觉察的“英雄情结”，这些要素混合起来，构成了我与他人交往的一种倾向——不论什么情形，我都会散发出我能行、我可以、我能帮你……这样的气息。这时候的我会散发出一种光芒，一种稳定有力的气场，而我自己也能够从中体验到强烈的力量感——我是有力量的、强大的。然而随之而来的结果，是别人的困境变成了我的困境，我不知不觉承担了很多现实工作，给自己带来了很大的压力。比如，一个不熟的朋友和我讲他的一个困境，我很快就做出反应：你这个问题应该这样这样，那样那样，才能解决，对方眼前一亮，说对啊，要不你也来一起做？我说好啊！……我迷失在那种良好的自我感觉中，不断地开始新的任务、承担新的责任，回过头来，发现自己已经背了一大堆的责任，而这些真的都是我想做的吗？绝大部分不是。在那个阶段，我只是迷恋于开始新的任务，看到难题被解决的可能性；承担新的责任，看到别人眼中的惊喜与信任……这一系列的感受蒙蔽了我的眼睛和心。我还不知道自己想要什么，却已经在现实中“负债累累”、不堪重负。

2014 年第一次参加意象对话水晶级心理师[1]评审，我的答辩论文便是关于“英雄原型”的。在评审现场，评委的一个问题让我感觉到了不舒服，我一句话就把他的问题顶了回去，带着非常强的心理能量，那个评委沉默了。走出评审的房间，那股能量还在我身上盘旋着，慢慢地退去。我意识到自己出问题了，不是我在体验“英雄”，而是“英雄”在使用我体现它自己。我被原型的力量所支配，失去了觉察，失去了自由意志，外在看来我强大有力、光芒四射，而内在的我自由意志已经丧失，不知道自己在干什么，沦为了情结的傀儡。当年的评审我没有通过，也是理所当然。

好在多年的成长体验使我保持了基本的觉察习惯，一件件事情使我越来越清晰地意识到：在心理诞生之后，我并没有真的获得自由，反而是逐渐被另一股更庞大的力量支配了。“我”更有力量了，可“我”已不是我了。怎么办？我不知道。但是我一直坚信意象对话学派“反求诸己”的要义，不论遇到怎样的问题和困难，返回来看自己，觉察自己。这个时期的自我成长很艰难，一方面是因为比起以前，自己的心理的确更加健康了，问题更少了，更容易陷入自恋而不想再继续看自己的不足；另一方面是随着个人情结的不断梳理与化解，强大的原型

[1] 见本书附录二第 12 条“水晶级意象对话心理师”。

能量开始显现，它使我产生一种错觉——我已经非常强大了。当一个人把自己认同为巨大的原型能量，这个人在获得力量的同时，也被力量所支配而丧失了自我。而且评上珍珠之后，小的情结大多有所化解，而最根本的情结却不是短时间内可以化解见效的。综合起来，这个阶段的自我成长可能会带给人一种缓慢而看不见希望的感觉，容易让人迷失和放弃。2017 年 5 月，在一次意象对话学派的高级督导课上，我把这一成长阶段的这种现象命名为“水晶墙”——意思是，意象对话学习者在获得了珍珠级资质之后，在走向水晶级的途中所必经的“障壁”。

坚持自我觉察，坚持反求诸己，坚持看意象，直到 2016 年，我才能够清晰地看到，每当我试图去承担新的责任，开始新的任务时，我内在都有一个无力的孩子，他孤身一人，既不敢面对现实，也无法接受自己的软弱。每当这样的时候，内心的无力感驱使着我想要向外去抓取一些什么，好让自己感到强大，于是我帮助别人、我承担责任、我开始新的庞大任务，然而这样获得的力量感如同毒品，产生了短暂的舒适感之后，就需要去寻找下一个。因为那个无力感的真正根源在我心里，而不在外面的任何地方，无论我帮助了多少人，完成了多少任务，只要我还没看到自己心里的这个孩子，这种恶性循环就会继续下去，直到现实的负担把我压垮。原来是我心里的这个孩子在借助英雄原型的力量来填补自己的无力感，由于情结与原型的勾连而产生了这种饮鸩止渴的行为。当我在意象中清晰地看到这个孩子，我开始关心他，关注他，那股向外抓取的劲儿才逐渐松下来。从 2013 年开始，我花了三年时间来突破水晶墙，在 2016 年的评审中获得了意象对话水晶级资质。

当我的个人情结与英雄原型“脱钩”，英雄并没有离我而去，反而变成了一种更纯粹的形式常伴我左右。很多时候，当我面临危机与困难，他都会自然地出现，告诉我他会怎么选择、怎么做，而我只是听着，知道这是“英雄”的选择与倾向，我可以采纳，可以参考，也可以只是把他的意见放在那，而选择完全不同的方式来应对。我感觉到自己从这种状态中获得了更大的自由。

什么是英雄、什么是父亲，什么是男人，他们曾经在我的心中混为一团，潜藏在意识之光照不到的阴影里，我的力量、勇气、男性气质、方向感与价值观也随之一同沉寂多年。然而随着自我成长的不断进行，个人情结的持续化解，他们逐渐开始显现、分化、发展，在与他们相遇、冲突、较量、调和的过程中，“我”逐渐地成熟、觉知、稳定、自由，成为一个独一无二的自己。

活着的意义

从小学四年级搬家之后，我开始怕死。死是一种什么感觉？那段时间我经常一个人思考这个问题。通常是在睡着之前的那段时间。小屋里并不是很黑，有路灯的光从窗帘缝隙照进来，映在旁边的墙上。我不知道什么是死，但又好像知道。那似乎是一种什么也没有了的感觉，不存在了。非常恐怖，非常可怕。睡觉时我会失去意识，可是第二天我还会醒来。而死亡，再也没有醒来。如果我死了，那么就再也没有我了。时间还会继续流逝，世界还会继续存在，而再也没有我了。那似乎是一种永恒的寂静。每每想到这里，我就无法再想下去，恐惧淹没了我，我知道这个问题就像是一个黑洞，一件我永远也想不通的事。

这样的思考断断续续地进行了两年左右，丝毫没有进展。随着青春期的到来，更多的内心动力、冲突与烦恼使我抛却了这个重大而无解的问题，不再去想它。还早着呢！那时的我尚未接触到佛教关于生命轮回的看法，而学校也没有关于生命和死亡的任何教育。唯物主义教育告诉我，人死如灯灭，没了就是没了。而事实上多年后学习佛学，我才知道，即使真的有轮回转世，那也不再是这个"我"了。这样的答案并不令我满意，或者说我也并不清楚这个问题到底是否有答案。如果太深入地去想这个问题，我就会对生命的意义产生质疑：既然人最后都要死，都要消失，那活着的短短几十年有什么意义？为什么还要好好学习？为什么还要努力生活？为什么还要对社会有用？我找不到一个载体来寄托我的存在感，只好糊涂着过日子。然而之后的二十几年里，这个问题就像一个淡淡的幽灵常伴在我身边，我只是偶尔会看到它，但我一直都知道它在。有时候我会不自觉地去计算：我现在 20 岁，人的一生大约 80 年，我已经过了四分之一，还有四分之三，60 年……好像还很多，可是仔细想想又真的不多，到那时候就要死了啊……不行，不去想了。类似这样的情形发生过许多次。

直到 2008 年考上心理学研究生，我对这一问题的思考才正式重启。我开始接触佛学，读佛经，也曾经误入歧途读过一些奥修的书。对我来说，奥修的书像毒品，特别适合助人逃避现实。在我意识到自己身处子宫那一段时间之前，我读了很多奥修，很过瘾，让我觉得当我理解了他的话语，我的境界已经很高了，可以什么都不用做，自然没有烦恼。然而这种飘飘然的感觉经不起任何现实的检验，一旦碰触到现实困境，全都完蛋。佛经是更正统的，可是也更难懂。有人告诉我读佛经不应该用脑子，而只是单纯地读，善于思考的我无法接受这种学习方式。《金刚经》《六祖坛经》《心经》，我只有耐心读这些短的，或者有故事性的佛经，我感到其中蕴含了很深的道理，而脑子却想不明白。六祖惠能听到“应无所住而生其心”怎么就开悟了？开悟是什么感觉？我看到这句怎么就没开悟？无所住怎么生心？……这些疑问都没有答案，但是我似乎从中看到了希望。

意象对话的学习，并没有直接涉及生死的问题，但是其中有一个概念特别吸引我，这个概念叫作“基本心愿”[1]。意象对话心理学认为，人生来就有一个“初心”，这个初心是关于自己这辈子想要怎么活的一个大致倾向，也可以说是一个人内心最本来的样子。如果我们能够遵照自己的初心去活，就会感到自己的人生非常有意义，非常有价值，会有一种发自内心的满足感，这样一来，当人面临死亡的时候，就会有一种“充分活过了”的感觉，就会死而无憾。然而这个初心通常会因为后天的经历、创伤、情结而被遮蔽，大多数人都忘了自己的初心，忘了自己这辈子为什么而来，要为什么而活。于是，反求诸己、心理成长、化解情结就成了通向基本心愿的道路。

我第一次听到这个概念是在 2009 年的意象对话中级班，当时完全是当故事听，半信半疑。真的有这个东西吗？可能是有，但是我不知道我的是什么。之后的成长岁月，我也时不时地会去想一想，我的基本心愿是什么？然而思考是无法得到结果的。

2013 年之后，随着自我成长的不断进行，个人情结化解得越来越多，我意识到自己的心开始变得更自由了。情结多，就意味着不自由，随便一个外在的事件都会触发内心的情绪感受，然后就被迫做出某种反应，比如我之前因为无法面对心中男孩的无力，而向外寻求力量感与认可。最要命的是，这一切都是“无意识”的，也就意味着你还没有意识到，它就已经发生了。这是一种不由自主的生活，表面上看起来是“我”在生活，实际上是那些“情结”在支配，是它们在生活。而情结的不断化解，意味着被迫的无意识反应越来越少，我的想法、感受、意志都不再是无意识情结的重复，而是更加自由的、可选择的。

2016 年年初，我做了一个奇怪的梦。

---

[1] 见本书附录二第 2 条“基本心愿”。

我是一个小树人，大概半米高，是一棵小树，又是人的形状，有手脚、有头、有鼻子眼睛嘴巴，可以走动。我来到一条小河旁，河中间有一块大石头，石头上长了一棵树。我来到这里，是找一个过去丢失在这里的东西。好像这东西已经长在这块石头和其中的树根里了。不知道要怎么办。

场景切换：我还是小树人，来到同一条小河旁。这次好像是回到了过去的时光，这时候还没有那块大石头，也没有树，有的只是小河的水在流淌。我要找的东西就在河中间，水下，闪着光……

这个梦很清晰，我感觉到了它的重要，却并未对它做更多的分析与探索。

2016年2月，春节之后，我生了一场小病，是单纯的感冒发烧。在家里窝了十几天，不需要出门，不需要应对什么外界的事情，也没有吃药，就只是待着。有一天，我发现自己能够更加清晰地感知自己和他人的内心活动，并且可以清楚地加以辨别，那种感觉就像是一层心理的墙壁弱化了，甚至消失了，我更直接地和外界进行着心理接触。与此同时，他人对我的影响变大了。那段时间的一次网络心理咨询之后，我发现来访者内心的情绪影响到了我，在我的心中久久不散，那种感觉就像是我的心变成了一块弹性很差的海绵，别人很容易就在上面按下手印，而那海绵只能以非常缓慢的速度回弹恢复原状。以上的种种现象，让我意识到，自己进入了意象对话心理学所说的“软泥状态”[1]。这一有趣的过程被我记录在《人格与心理重塑的可能性——一次“软泥”体验》一文中，发表在《柿子味道》微刊上。

作为心理成长状态来说，软泥状态是一个难得的机会，能够对内心人格的某些基本面进行重塑。这一阶段，心理人格的整体硬度下降了、变软了，因而有些平时难以解决的问题，在这个时期反而得到了解决的机会。

也是在这个时期，有一天，我躺在床与衣柜的夹缝里，那是个只能容纳一人的夹缝，铺着毯子。我的背后枕着一个肥大的羽绒靠垫，半躺在那里，阅读《六祖坛经》。病还没好，我的身体有些虚弱、发低烧。读到六祖和某人的一段对话，一种特殊的状态发生了，像是一直存在于整体心灵中的一个黏着的结“啪”地开了。一切是如此的清晰而清净，有一些躯体上的不适感，和心理的小小情绪

---

[1] 见本书附录二第5条“软泥状态”。

正在发生，然而这并不妨碍什么，它们都还是它们自己的样子，却没有一个心理上的“我”和它们彼此沾染或执着。如果一定要勉强形容那种感觉，就是轻松、清净、分明。这个状态大约持续了十分钟，就消失了。当“我”感再次降临，我才惊喜地意识到，哪怕非常短暂，刚才我体会到了六祖所说的“何其自性，本自清净”。这一体验让我对于自己的心理成长方向产生了极大的信心。

软泥状态过后，我发现对自己的觉察变得更加清晰了，就像是整个人格状态变得“清澈”了一点，没有之前那么浑浊，也就更容易看清。就在这个时间，一个存在多年却没有解决，也未曾充分面对过的问题开始浮出水面：我的“思维功能”与“情感功能”之间的矛盾冲突。思维功能是我一贯的强项，而思维与情感有时候就像一对冤家——如果想要获得清晰的思维，就需要摒除情感上的好恶和影响；反之，如果要充分地表达情感，就不能用脑子想太多，否则情感就出不来。对于30多年一直使用思维功能来面对问题的我来说，情感的表达无异于在战争中放弃自己的长项与优势而用短处与劣势与敌人相拼。我的情感表达能力是笨拙的、幼稚的，当我试图表达情感时，只能感觉到强烈的不安全与别扭。作为策略而言，只使用思维功能来解决问题是正常的。然而作为心理成长而言，情感功能的缺席，使得我内心不够完整。写到这里，过去的一系列梦境在我的脑海中浮现出来。多年来，我时不时会做这样的短梦：

> 我站在地上，发现自己的右腿异常地粗大，大概有正常的腿两个那么粗，而且更长。而我的左腿却细小无力，比右腿短上一截。我试着走动，发现自己像一个残疾人，只能一高一低地勉强走动。我不知道该怎么办，心中充满了焦虑……

这些梦境争相涌来，以说明它们自身的价值。的确，它们是在以最形象的方式提示我，甚至于警告我，我的心理发展有些太过极端。太过于重视和发展强势的功能，不断忽略和放任弱势的功能，于是我左右失衡了，我变成了一个心理上“畸形”的人。

当这一问题更加清晰和直接地摆在我面前，我开始进行一些尝试和冒险，在有些时候放弃思维，转而表达情感。这一过程是艰难的，必须要感谢我的爱人、我的来访者以及其他的成长伙伴、同行和老师，他们在这个过程中展现出对我极大的包容和理解，使我能够有一个安全的环境来弥补自己的残缺。

2016 年 5 月，我和王路骋一起坐飞机从成都返回北京。前两天刚和路骋、祥建做了深夜长谈，心中很是舒畅。飞机临近北京，降到云层以下，北京已经入了夜，窗外可以看到地面上连成片的灯光。路骋就坐在我旁边，我们两个都没有说话。我心中突然有一股强烈的冲动，有些情感涌上来想和他说。话到嘴边又咽下去，我觉得有些不好意思，两个大老爷们之间表达情感，有点尴尬、羞耻。但是那股想表达的劲儿并没有退去，犹豫再三，我还是鼓起勇气说了出来。我说："路骋啊，我觉得有你们这些师兄弟在，能够这样交流，我觉得真的很好，很幸福。"路骋若有所感，"是啊，是啊。"这简短的对话像是启动了什么，又像是拼图的最后一块被凑齐放在了它应该在的位置上，我的心好像是整个打开了，又像是开始缓缓地转动，一股清新的能量涌出来充满了我的心。那一刻，我看到了自己的基本心愿。原来是这样……

不需要证明，不需要他人的反馈，我知道就是它。原来它一直待在我的心底，等待着我去发现。仿佛过电影一样，我脑海中自然闪过许多画面，是我过去主动做的一些事情。我突然间透彻地理解了自己，为什么我要做这件事或那件事，我一直在其中无意识寻找的，原来是它。那一刻，我的心感到无比的充实、美好。我看着窗外满是灯光的大地，发现自己不畏惧死亡了！在以往坐飞机的时候，我时不时会想，如果飞机坠落，我的小命就完了，并且伴随着一阵恐慌。而那一刻，我了知自己的基本心愿，并且体验到它已经实现了一些，哪怕只是部分的，哪怕只是一点点，也让我深深地感到：这辈子没有白活。得到了这一点点，死，也值得了。

从那一天开始，我的生命品质彻底改变了。也许在旁观者看来，我并没有什么巨大的变化，每天还是做着自己平凡的事情；但是在我的内在，我知道了自己作为一个人，为什么来到这个世界上，又为什么而活。我活得不再懵懂，而是每天做着自己想做的事情，清醒又充实。当面临选择的时候，我不会左右衡量而陷入迷茫，因为我知道对于"我"来说什么是最重要的、最有意义的。选择那些对"我"最有价值的，而不是客观上、社会角度、他人认为最有价值的。基本心愿的价值，无法用任何其他事物衡量。

回头来看这一段经历，我意识到，基本心愿是始终存在的。但是后天的经历、创伤、情结会把它遮盖。我们忘记了自己为什么而活，为什么而来到这个世界上。我们只是被迫的应对外界，或为了弥补创伤而努力，或是在情结中强迫性地重复那童年早已写好的命运。而基本心愿与它们都不同，它是"最基本"的，是没有前置原因的。它是那个“不为了什么”的心愿，它是第一因。它是起点，也是终点。它是道路，也是行在路上的人本身。找到它的时候，我们就可以自豪地说，我“不为了什么而活”，我“就是这样活着”。最真实的生命意义油然而生，死亡也变得不再可怕。

基本心愿就在那里，只是我们看不到。因为它是我们最深处的“初心”，太多的杂质、污垢、障碍覆盖其上，使我们只能懵懂的活着，而懵懂中又存在着冥冥的指引。跟随着这种指引，倾听心的声音，自我成长、反求诸己，坚持不懈地化解情结，直到拨云见日的那一天，我们会明白：一切努力与付出都是值得的。

未 完

把一个人生命中的跌宕起伏放在历史长河中，如一粟之于沧海。同样的事件，放在不同的时间尺度去观看，就会被赋予截然不同的意义。我的生命刚走过33年，产生了以上的这些故事。反过来，又是这些故事塑造了我的人生。我想要把这些故事讲给大家听，可是在讲述的过程中却发现，这些故事也在讲述它们自己，它们的讲述比我的讲述更深刻、更鲜活。于是我从它们那里学习，以此来丰富自己。生命还要继续，还有多久？ 40 年？ 50 年？终归会有个尽头。文中的这些故事，过十年再看，过 30 年再看，也许又会被赋予截然不同的意义。未来是未知的，而生命在当下是鲜活的，以鲜活的生命踏入未知的领域，这便是人生的魅力之所在。

雾中悟

易　滨

序　曲

我的童年在一个安宁、与世无争的小区中度过。那时小区里没有什么高楼，我家住的三楼就算是拔尖的了，一站在阳台上，便可以一览众房小。小区的街道很宽，除了上下班时间，常常空荡荡的一个人影都看不到。街道房屋周边种满了树，整个小区仿佛被包裹在树的海洋。起风时，风拨弄着树的琴弦，便有一阵悦耳的哗啦啦声飘过，整个小区就陷入了一片宁静祥和之中。小区中间有个铁道，笔直且长，一眼望不到头，不知伸向何方。火车每天都在同一时间经过，伴随着低沉的轰鸣声，像个垂暮的老人，缓慢的走过这条必经之路，留下一道道轮回的印记。

我家里的氛围却没有小区这般宁静，经常有一道道狂风暴雨般的嘶吼声破窗而出，直抵长空。热战结束后就开始了长期的冷战，在互相不想改变对方时，或者说偶尔的三观一致时，还是有难得一见的温暖，只是这种情况如沙漠中的绿洲般罕见。在这样冰火两重天的环境中，我童年时就开始无意识地创造一个自己的世界。

很小时候我有一个幻象，我躺在床上，看着卧室周围的物品，这些物品开始还很安静，不知何时变得不安分起来，成了有生命的动物，在屋子里活动起来；他们如同女娲造人时的泥土，被吹了一口气后，就有了灵魂可以自主活动了。我入神地看着这一切，像真的发生一样。在这之后，这种活着的形象通过我的画笔流到墙上、纸上，有着自己的性格和故事，而我也活在这样自己创造的世界中不亦乐乎。

我自己创造的这个世界从童年延续到少年时，父母开始闯入进来，按照他们的理想预期去规划和建设我。在他们眼中，我如同一片未被开采的土地。而于我，原有的世界渐渐消失了，开始更多受制于他们。我的父母是那个年代少有的大学生，可谓正宗的天之骄子。骄子在天上待久了，见多了乘龙驾凤的气势，望其子也成龙了。只是这种期望一如大多数理想主义，只存在于美好的理论设想中，很少能落实。父母不知成为龙的难度不亚于登月，看到孩子迟迟没有变形的迹象，他们暗自焦虑，又无法替子成龙，干脆就讲述自己当年的光辉岁月来树立一种榜样，希望能在儿子的闪闪泪光中看到一颗龙芽的诞生。而且这必须是一个长期的家庭政策，还要坚定地贯彻执行下去，父母恨不能写出一部《老子的奋斗》，长期放在孩子床头励志鞭策，让孩子卧薪尝胆，终成一代天骄。

在这样家庭氛围的洗脑下，我相信命是由自己定的，有梦者事竞成。仿佛命运就是多啦 A 梦，想实现什么只要找它去要，它就一定能满足实现自己的梦想。只是随着年岁的增长，在成年那一年，也就高考的那一年，命越发不由自己定，它开始从父母圈定的宏伟蓝图中挣脱出来了。

疯狂的陀螺

高考作为现代的成人礼之一，有着催熟反应的功能。仿佛经此劫难，就能浴火重生。在这样大环境下，学校也配合着给学生催熟。每天老师都会苦口婆心地给学生们讲你的成绩如何决定了你的人生。长此以往，在这种“你的未来不是梦”的宣传氛围中，学生们也认同了这一观念，认为考上了大学就如同从苦难的人间登上了天堂，而这一机会仅属于少数幸运者。作为其中一员，我对于这片圣地的幻想与现实越来越脱节。上课时，老师在台上催眠，而我则在下面发梦，内心预演着进入名校、辉煌毕业、进入世界 500 强企业、成为人生赢家。梦游归来再看周围，仿佛我已修成正果，心怀慈悲俯视众生。

梦想虽然美好，但以我当时在学校的排名来说，梦想照进现实之中却没有多少可行性。我却看不到背后的虚幻，列出的计划单也只选择自己擅长的科目学习，超出自己能力范围的则选择性地忽略。这样的结果自然成绩发育不良——理化肥大，语数萎缩；组合起来整体失去平衡，成绩跌散了一地。

考试结果虽然是一路飘红，但万能的精神胜利法总能让我找到些激动人心的点：“这卷子出的完全显示不出我真实水平。等我用了新式学习法后，看下次怎么大显神通。”想着我又开始飘飘然了，仿佛自己已从凯旋门得胜归来。听着周围人群的欢呼声与乐器的奏鸣声，我越发得意起来；直到发觉声音开始变得尖锐，才被现实的下课铃声锤醒……

黑夜迷航

在紧张的备考进行时，不知何时开始我整晚睡不着觉还做噩梦，未知的力量掌控着生活航线，越来越偏离起先的理想。往日的美好心情也不知躲到了哪里，怎么寻觅也不见其踪影。虽然心情一天天变坏，因为受多年的唯物主义教育熏陶，我并不太把它当回事，觉得我的思考与意志是决定一切的根本，想对了一切就都好了。那时市面上和心理相关的更多是心灵鸡汤一类励志的书，大多鸡汤都在说应该树立一个怎样的心态活着，成为一个积极、阳光乐观的五好青年。可白天喝的鸡汤一到夜晚就蒸发一空，我依然不断做噩梦。梦在我当时看来是无法控制的对手，只能仍由它摆布，并且这个对手在不断升级，开始只是睡醒后有点不舒服，到后来甚至见各种各样的鬼而直接惊醒。醒来后的黑夜是个更恐怖的噩梦，无孔不入地穿过墙壁，缠绕在我身边。在一呼一吸间就可以嗅出它的味道，一种来自遥远的黑暗国度的气味。心中的光在这种恐惧中颤抖着，好像随时会被熄灭。在那期间，有一个幻觉曾让我心有余悸了好一阵子。那是一个夏天的午夜，整栋楼都安静地睡去了。我也在自己的床上迷迷糊糊正要入睡，这时隐约感到从走廊到门口处有什么动静，声音由远及近，快到我屋子门口时我在迷糊中看到，有个穿白衣的女人披着长发进了我的房间。我一边心里发抖着一边假装什么也没看见，觉得她也应该看不见自己，这样的鸵鸟式地想完以后我就松了一口气。她似乎是没有实体的，像雾像气又像风一样从我身边飘了过去，最后到了我的脚边。一股凉气袭来，我脚部感觉到了一种不属于夏天的阴冷，这种深入骨髓的寒意让我很不舒服，以为是母亲过我这屋给我盖被子，想完后就迷糊睡着了。而第二天早上醒来后，当我经过母亲房间时才发现屋里空空如也，母亲昨晚在单位并没有回来……那昨天到底是什么光临我屋了呢？想到这里，一种恐惧从后背幽然升起。我无法从多年受的教育中找到答案，也不知道能和谁讲这些。只能一个人想着，这种恐惧于是日复一日地缠绕着我。

过了一阵子，听别人说地球上还有种人叫心理医生，可以帮人走出心理困境，我听后内心被熄灭的火苗又复燃了起来。不过复燃没多久，便又纠结起来要不要去。仿佛去了那里就成了疯子的代言人，可不去痛苦又不停地拽着自己；两种想法互相角力拔河许久，犹豫不定。最后思考打败不了痛苦，我还是来到了一家公立医院。医院里的病人来自五湖四海，看上去安静的表面下，少了些活力，有些冷清而阴郁。我去的时候是早上，原本很饱满的太阳，却被医院大门挡在了屋外，隔出了两个世界，只留下了一丝丝的叹息，沉沉的聚集在屋中，等待着希望之光。整个医院墙面白得有些刺眼，布置冰冷、严肃且理性，像是个严肃的思考者。等了一会儿，便轮到我进去了。里面的医生穿着白大褂，见我后便问我怎么不舒服。我就简单汇报了下自己的症状，噩梦、失眠、周期性不快乐。听完后医生例行公事般一边在病例本写着病情，一边平静地和我说是高考压力太大了，放松放松吃点药就好了；看完病后开了点百忧解给我。此药果如其名，我在吃完后好像变了个人，完全不知忧愁烦恼为何物，有种何以解忧，唯有此药的快感。不过代价是，稍微一停药痛苦便加倍反弹，原先的噩梦开始逐渐蔓延到生活之中。我开始在平时莫名感到无意义与思索死亡。平时这些努力，这些成绩最后在死亡面前都会清零，那努力有什么意义呢？那么死亡后的世界又是什么样呢？死亡能不能带来痛苦的解脱呢？每天和死亡有关的东西不断在我头顶上黑压压地盘旋着，原先多彩的世界逐渐变成了灰白色，没有一丝生气和活力。活着，只是在等待终将到来的死亡，了无生趣，却也没有勇气结束生命去迎接那个更加未知的世界。

这样的消极心境越来越有势力扩大的倾向，如游击队一样神出鬼没地不断打击原本正常的生活。开始是小股的，还可以不管，后来它干脆发展成正规军，大范围地占领我的生活，让我整日不得安宁。意识上虽想努力克服，却身陷其中无法自拔，没法专注于眼前的学习备考。这种抑郁的心境有一种虚无的放弃一切的态度，包括自己的生命。在这种情况下我只得寻求哲学与宗教的慰藉，看到一些书里的观点是死亡虽然在肉体上可以摧毁一个人，而在精神层面却不是一个终结，会延续到来世。这种灵魂不死的观点多少还能支持我站在这个世界上，可以有一阵短暂的安宁。在这片刻的安宁中，之前的理想又重返回来，开始了新一轮狂热的备考。希望自己能在学习上有个大跃进，补上之前落下的，赶上、超越周围的同学。而此时上课老师讲的对我来说已经如天书般听不懂，我只好寄希望于自己，频繁去书店购买各种辅导类书回来自学。这类书也恰如我此刻的心态，都有一种多快好省，几天实现一个飞跃的名字。书一般不是特级就是高级教师写的，仿佛老中医开的药，对于我此时的学业也像是最后一线生机，那些书好像在不断告诉我："快趁热吃了吧，吃了保管好。"只不过我的学业水平到了晚期，已经练就了百药不侵的能力，不管"服了"多少本书也依然没多少起色。

这种狂想进行曲越来越与真实世界脱轨，结果就是，身在其中之人还在憧憬未来时，现实的考试就已经一溃千里，充分验证了"上帝让其灭亡必先让其疯狂"的真理。为了挽回在考场上丧失的信心，我把目光盯上了另一味安慰剂——游戏。当时正好新上了一款战争类游戏，可以选择带领一方的军队来驰骋疆场。我边玩时边安慰自己："这种教育体制下的考试终归不能反映我的能力，像我这样的良禽需要择木而栖。"而游戏就是棵好木，在游戏里可以运筹帷幄，指挥千军万马战胜不同的敌人。看着目标一个个被摧毁，我的内心也会自鸣得意，好像自己是天才军事家，在谈笑中樯橹灰飞烟灭，不断地以少胜多。这种时候我就会骄傲地想："老子这么牛，就算孙子用兵也不过如此，更别说那些现实中的难题，分分钟秒掉。"之前在考场中的挫败与失意在游戏中也一扫而光。现实中老师充分发挥学生的自主性，任学生自愿完成作业。没有人强迫的宽松环境下，我头脑中幻想着的那些大计划有了充分的空间施展，就等着在正式考试中来个历史性反扑。就像当年义和团与洋人正式交手前，个个摩拳擦掌，相信自己是有神功护体的不死之身一样，准备以一当百灭掉对方。但真到考场时面对一道道真题扑面而来时，就遭遇了一个又一个的挫败。所有的神功法力顿时失去了效果，死伤惨重。

高考越来越临近，学校的氛围像个即将烧开的水壶，沸腾着，等待开考那天的到来。而我却眼看成绩坐着滑梯似的往下滑，心情也越来越低落。此时已经没有任何办法去圆这个千疮百孔的幻梦，内在的冲突焦虑终于彻底爆发了。以前所犯的错误总觉得有时间可以重来，而只剩下一个月时，才发现上天已经不会再给我机会了。我陷入了巨大的眩晕，感觉周围的世界像梵高的星空一样，天悬地转，如九级地震一样不断晃动；灵魂在这样晃动中找不到一个可以安宁栖息之所。有时在现实中上课时眩晕突然袭来，我想呼救却无法发声；桌子仿佛大浪中的最后一块木板，我只能紧紧抓住桌子，才能保证自己不会被从桌上掀翻摔下去。微弱的意识火苗随时会被这种巨大的眩晕所扑灭。我生活在一个不断崩溃的世界中，这个世界没有别人，只有我自己，在这种恐慌中越来越疯狂，与外界的联系也越来越远。仿佛身陷一个孤岛之上，独自发疯，最后连向外发出 SOS 的力气也没有了。

许多年后，我看到了一个关于精神病的描述，大约是人的内心原本有个稳定的中心，而当偏离这个中心时，就会成为精神病，或者是疯子。疯这个字本身又是由风和病字部组成。古人认为风是灵魂，疯自然就是得了病的灵魂。在高考那一年，我在不断追求理想的过程中，不断偏离原本的中心，最终以精神生病的结果结束了高中时代。

松弛之间

高考结束后，绷紧的神经一下松弛下来，之前的许多考试症状也慢慢消隐于生活之中，疯也开始更新换代为疯玩了。因为成绩不理想，我进入了一个不喜欢的学校，学一个不喜欢的专业，叫电子工程。这类专业通常有着强健的、站在时代前沿的理论，以及瘫痪了的实践。因为不情愿上，刚开始我还象征性地做了要卧薪尝胆，来年反攻再战的准备。可时间一久，反攻再战也就只是一个口号，我的内心早已在眼前的舒适中挪不动窝了。在这样的疯玩生活之中，我偶尔也会想想之前在高考时的心理状况。我反思为是身体素质不行导致心理状态的恶化；如果不是体能差，为何会有那么多噩梦与躯体反应呢。何况我的脉平日里也纤细微弱，把脉就像在夜晚摸影子，影子偶然在月光下显现片刻，就又消失于沉寂之中。毕竟身体是革命的本钱，为了让本钱丰富些，我决定开始跑步，唤醒沉睡多年的肌肉。我定了个小目标，每次跑 400 米，这对于我已经是难于上青天般的任务了。我身体的各关节都很迟钝，如同一个废弃多年的机器，刚一启动就咣咣当当近乎要散架。跑两步看看周围，不一会就被后面散步的人给超过去了。我心中虽有十万个不服，却使不出半点儿力气。只能安慰自己说：“刚开始身体先适应一下，跑慢点。”想归想，实际是像背负了千斤的重担，迈不开脚伸不开腿,没几步就已经气喘吁吁了,只好哀叹出师未捷身先瘫。好在夜晚有隐身,跑得再狼狈也没人在后面嘲笑,按照自己的节奏一点点挪动就行。这样跑下来整个人焕然一新,心情也轻松了许多,身体的根基牢牢地扎于这个地球之上了。

我们学校作为一所理工院校继承了男多女少的特点,整个校园充满了一种工人的力量,花前月下在这种机器的轰鸣声中不复存在。现实虽没有孕育感情的土壤,游戏却可以提供一个幻想的场所。正好上学期间接触到一个恋爱养成类游戏,这种游戏一般是宅男的福音。进入游戏就像进入了大观园,可以阅尽世间各色的花朵,让人对里面的春色流连忘返。做为虚拟世界的男主角生活在一个永远如诗如画的地方,随便的小伤感都有樱花很配合地在风中飞舞。永远一出门就是为了邂逅,一路总有不同的美好风景,按照设定好的台词随便撩撩就会进一步发展,坐拥三宫六院,按照喜好随便挑。在这种粉色氛围之中,马上就有了一夜不玩,如隔三秋之感。游戏里没有爱情中会遇到的麻烦与不好的一面,只点点鼠标就会很愉快。不过这类故事有的结局却是悲剧,比如女主角因为病而在男主角怀里咽下最后一口气。好像樱花炫烂绽放后最终凋落一样,总要让人刻骨铭心一下。游戏的故事虽然结束了,里面的角色和声音却留在我的脑海里,飘渺如烟,余音绕梁,总回味于其中却又不得。想来荷马史诗中,船夫听到海妖的声音后奋不顾身地跳入海中的心情,便是如此吧。为了追随这种樱花般梦幻的声音,我决定开始学日语了。

在专业课上,大家常常鼾声一片,此起彼伏,我则静静地看着日语课本。课本中单词像是有了生命,可以带我东渡领略另一种文化的风采。虽然开始看不懂的居多,一路上磕磕绊绊,遇到不少拦路单词,挡道语法。不过本着愚公的精神,每天铲除掉一点新单词,几年下来也学完了日语系所学的东西。这种任性的代价是,我自己本专业的课挂了十几门。挂科这种事,第一挂还很担心,好像脸上有个污点一样羞愧不已,而多挂几次整个人都污得没法看了,心理承受能力却显著提高。最后连蒙带抄地也算混到了毕业证,为自己洗白了。

书中的世界

毕业那天,我躺在操场的草地上感受着夏日微风拂过,看着头顶上的白云一朵朵，好像整个人的思绪都躺在一堆棉花糖中。软绵绵的发呆间歇偶尔想想未来捉摸不定的理想，却理不出个头绪，任由想法在脑中飞来飞去，而没有哪个可以真正落地。看着周边的优秀生被推荐到一些好公司，我心急如焚却无可奈何。刚毕业就失业，走投无路的时候，我决定在家备考日语一级，打算通过日语走出一条职业之路。刚做了决定时还挺激动人心，过了没几天就忐忑不安上了。这类单词脱离日常，身居高阁，有着让人过目就忘的特点，常常第一天背的内容到第二天又得重新当新面孔来认识。背了一段时间，单词似乎可以呼朋引伴，新词加旧忘感觉越背越多，负担压力增大不少。这些单词齐心协力组成了一道铜墙铁壁，把我困在其中，使我无法呼吸到外界的新鲜空气，生命也越发枯燥没有活力；看不到一丝未来的光射进来，人陷入迷茫中徘徊不前。

为了甩开考试对我的围追堵截，我开始远赴书店呼吸一下外面新鲜空气。这个书店在同类中体量巨大，各类书都比较齐全，储备着丰富的精神食粮。书店里充满了各种书香，有惊悚味、哲思味、励志味、枯燥学习味等各种类型。好的书在封面上也会更胜一筹，不断招手等着人去挑选品尝。精神食粮这种东西不吃会空虚、无聊、傻，吃多了又会积食，夸夸其谈而不能实干。所以给精神合适的营养配比还是挺重要的。在饱览满店图书之后，我无意中闲逛发现有一个书架上写着“心理学”，一个未曾尝试过的新领域。我不禁被好奇所牵引，进一步上前去了解。书架上虽都是心理类大家族的书,也是风格迥异。一本正经，严肃不活泼的往往是专业高校用书；一眼能看穿你一切的往往是心术类的，比如什么如何七秒看穿一个人，等等；也有周公来到当代摇身变成某个作者进行占梦的书……比高考时单一的鸡汤类丰富了许多。一时间看得我眼花缭乱。就在这时，黑暗角落中站出一本黑色封皮的书，上面还有些花纹，几个白色的大字报上了姓名——《我是谁》。从色彩到名字都透露出一种神秘感，让人更好奇对方是谁，过了一会儿我才反应过来原来这是对方在问自己这个问题。最深刻的问题会以最简单的形式出现，看后我更想进一步了解这个神秘的书了。翻开书后，我发现书中讲了很多梦中出现的形象，并且对每一种形象都有相应的心理学分析，分析它象征着什么。比如书上写的房子是一种自我的象征,象征自己内心的状态，屋里光线阴暗心境会更抑郁，而阳光明媚也会心态更阳光乐观；不同样子的房子也代表了不同性格。这样的说法让我觉得耳目一新，原来一个看似简单的梦有这么多丰富的心理含义，看完后顿感福尔摩斯附体，想要把隐藏在梦背后的唯一真相一一揭开。于是我把书放入书筐中，迫不及待地准备回去仔细品味。

回去以后追寻“我是谁”的道路，我开始游览一个由各种意象组成的全新世界。只是这些意象看完后绝大部分是一知半解、走马观花的浏览而没能怎么消化。读完后我看了下，书的作者有个气势磅礴的名字，叫朱建军。在网上搜索后发现这个作者是个心理学教授，自己创立了一套中国本土的疗法叫意象对话，也算一代宗师了。不过“意象”这个文艺的词和“对话”这个耳熟能详的词两者合在一起对于我来说有种莫名的混搭感，好像看到仙女搭配农夫一样让我奇怪了好久。在这种半生不熟的情况下我看到恰好在第二年初有个培训班，学习这门心的语言。我想书中的内容我也都看过了，凭我这记忆能力基本说到个梦的象征也快倒背如流了，应该也没什么上课的必要。而生活依旧按照原有的惯性按部就班地走下去，在单词与语法中度过一个个日出和日落。

不完美的女神

自己准备的备考没有学校那种紧张的气氛，随时复习不下去了就找个理由给自己放个假。假期充满弹力，尺码可长可短，自由伸缩。休息的方式除了看书发呆，也会找朋友倾诉一番。大学时有个同桌羡慕我开辟第二语言，于是拜我为师学日语。几年下来，他音标还没有认全，我们却成了最佳损友。如果说君子之交如水一样，细水长流。我们的关系就如同可乐，在一块时充满了好玩，也像可乐一样可以忘记烦恼。除了可乐朋友之外，我身边还有一个关系如红酒一样的女孩，不过到这种味道就已经不是朋友关系，而是像有了恋人间的化学反应了。不知何时被灌晕了头，醉在杯中，看到的她满眼都是想象中美好的样子。

女孩叫悦，不仅名字悦耳，弹奏的钢琴同样动人。她总留着很有韵律的波浪卷发型，好像每时每刻随心情变化可以奏出不一样的旋律，让人为其美妙的声音所倾倒。周身又透着一种邻家小妹般的亲和与热情，散发着佛朗明哥般自由奔放的节奏。和她交流时有着难以言喻的默契，像四手联弹一样，越弹越为其中的共鸣所吸引。

从开始的互相熟识，到不知何时我发现脑海中越来越多被她的印象所占领，自己的主权开始步步沦丧，为一种神秘的魅力所倾倒后主动献上了膝盖，甘愿成为她的骑士陪伴在左右。尽管坐骑不是宝马而是飞鸽自行车，却在她倚靠在我后背时感受到一种情感的温暖与重量，在她的呼吸声中听到了夜晚最美的乐章。她走进我内心的黑夜，在沉闷死寂之中点燃了一把烈火，烧掉了旧有的陈腐与阴郁，生命开始充满了新的光明与活力。我也从原本那个沉闷的书屋里听到屋外情感的呼唤，情不自禁地走向了另一面的世界。本来平衡的生活开始被打破，在紧张不安与热烈期待之中摇摆，上至九霄，下至地底十八层，过着波动不定的每一天。就这样，她就成了电，成了光，成了能决定我快乐与痛苦的女神，而且还是雅典娜女神，除美貌外还有智慧去不断拓展自己的事业。当她不在我身边的时候，我只能独自哀叹。好像夜晚 12 点钟声敲响之时，爱情魔力一下子就消失掉了，我只能回到原先那个狭小阴暗的书屋，期待着下一次神的救赎。

对一份爱不确信时，爱要么选择继续原地待机，愿意等个比乌龟寿命还长的时间直到对方回头；要么就溜达到别的土壤，重新耕种，算是洗心革面，痛改前非；也或者把爱放在不同土壤中，和股市一样在止损与收益间权衡，准备天有不测时，还可以在新的土壤上开花结果。我们之间情感有一种若即若离的感觉，让我很不安。在这种怀疑与不确信中，我又来到了别的土壤。

一个百无聊赖的夏日，我翻看手机时想到了一个以前的同班同学。于是无聊伸了个懒腰，起身换了件问候的外衣，乘着短信飞到了她那里。女生叫颖，是当时学校的校花，不仅面若桃花，其香气更是常惹来方圆几里的蜂蝶前来一睹其芳容，似乎大自然在她身上一年中只安排了一个季节——春季，一副永远春光明媚的样子。上学时我并没有怎么留意她，只留下了一种朦胧美的印象。而此时收到她的回信，忽然有种天将降大运于斯人也的兴奋，一下子之前的无聊摇身一变成有聊，开始有更多话和她聊了起来。很快的我们就无话不说了，她有时会问我早安，称呼我为小 E，让我叫她小颖子。听到这种奇怪的专属称谓总有种穿越前朝的感觉。备考没事的时候我常过去找她，有一次吃饭聊天时，她和我说了一个刚做的梦，我一听梦来了兴致，好像侦探遇到了命案现场一样，迫不及待地想解开谜团。况且刚看过《我是谁》那本书，里面各种梦的象征大多数已经印在脑中，就等着关键时刻出手了。她语调很是柔弱，让人不禁怜香惜玉。她告诉我："梦里自己的屋子很乱，好像有小偷来过，屋子被小偷给偷了。"听完后我懵了一下，"不会吧……"这话表面表达一种同情，其实本意是你怎么做了个我不懂的梦。仿佛有十八般武器，此刻不知该出哪个迎敌。虽然房子和小偷书里都有过解释，可这两个东西一并出现时，我就不知道怎么解释了。好在她抢先说："最近家附近治安不太好，应该是需要多加小心了吧。"我听后觉得这个解释圆得很好，也解了我的尴尬。于是不住地点头称是，像一只讨好主人的哈巴狗一样摇尾巴。

古语云，鱼与熊掌不可兼得。可从书本回到现实，心并不能听从古人的劝告，而在两者之间不断徘徊。她似乎能感受到我的摇摆不定，也渐渐的对我冷淡了。入冬之时，我们的关系已像进入晚期的癌症患者，虽然心里想挽救，却最终无力回天，只留下一丝余温在手中。离别之时，往昔的回忆喷涌而出，充满了整个身体，让人溺在其中无法呼吸，只能任由其拖拽，在无边无际的苦海中不断沉沦。我以为可以抓住仅存的一些回忆填补下残缺的梦，让自己能好受些，却不想被回忆拽得更深，直到痛苦充满身体里的每一寸。不过，痛苦即菩提，痛苦到一定程度也会本能地寻找解脱之道。这个时候我想到了之前意象对话的课程广告，如同溺海之人看到了活的希望，是我当时唯一能抓到的救命稻草。

点燃心灯

上意象对话初级班的那天正好下着雪，厚厚的大雪把校区裹成了冰雪世界。飞舞的雪花在前面引导着路，我跟着穿过一个个小道后，不一会便到了上课的楼。

上课的房间是在法学院使用的模拟法庭上。法庭显得格外的肃静，像是等待着一场灵魂的审问。到场的人基本上年龄都比我大，我像个孩子一样隐在一个角落里观察着他们的举动，觉得有点格格不入，便掏出自带的书看了起来。不一会上课铃声响起，从屋外走进一个身穿棕色衣服，身材魁梧的中年男人；只见他几个虎步，脚下如带风一般就跃上了讲台。坐下以后开始和大家随意交谈起来，笑呵呵的表情中透着一股英气。如果不是在这个场合，还会以为他是某个帮派的老大，有着带领全场的王者气势。虽然他本人和照片上书生的感觉略有不同，也还是能透过眼镜片下的智慧目光认出他是书的作者。

印象中，江湖上武林高手必然有某种独门绝学和不传的秘笈宝典，只要照此宝典经常练习，他日就会名震江湖。这次既然有能在现场得到高手亲传宝典的机会，我早就在上课前准备好了本和笔，恨不得用手把整堂课的内容都录下来。而没想到的是，台上坐的这位帮主并不鼓励大家去记笔记，因为记的时候就走手不走心了，而这门技术是需要用心来体验才能理解的。这种不同于传统的方式让我有些恍惚，在这样状态下，就听老师要给我们催眠看下内心意象。像爱丽丝梦游仙境一样，由老师引导进入到潜意识的地下，在里面看到了自己的心房。除了从房子意象看心，老师还带领体会不同的心的样子。最先体会的是开心快乐，有的人是向上飘的气球，有的人是向上的喷泉，还有的是唱歌的鸟……这样的经验因人而异，为思维沟通的方便起了同一个名字叫快乐。意象则可以透视过表面的词语，看到内心真正想表达的感受。就这样，平时惯用的理性彻底休假去了，完全由底层的无意识海浪自由地翻滚。在这样的上课氛围里，我看到我在不断地下楼梯，根本停不下来，楼梯也越下越暗、越深，似乎没有终点。仿佛腿不是长在我身上，由他自己的意志在下楼。在意象的带领下，我进入了一个千奇百怪、变幻莫测的世界。时而有动物跑过，时而有精灵闪现，时而有小丑跳过，时而又有物品在说话，此间之怪无法为外人道。

初级班像做了三天梦，醒来回到现实后，梦里大多内容并不记得，但留下的一种感受还烙印在心头。以前积压在底下的潜意识终于见到了光明，各种情绪争先要跑出来释放自己，我一时间无法照顾这么多的情绪，就参加了成长小组。小组一般是由一个意象对话心理师带领，说一些梦、意象或者心理相关的东西。每次几个探梦人就这样在一个固定的时间，围坐一起，说着各自的故事。我表面在现场安静地坐着听着别的组员讲述自己，内心却是关起城门在城堡之中，小心地看着外面的动向。城堡并不发出什么声响，也常被周围人当作背景而忽视掉。只是外界情绪的狂风暴雨有时也会比较猛烈，透过城墙冲击到我背后的弱小。在轮到我讲述自己故事时，我像躲在墙后的世界里自言自语，如白开水一样情绪平淡不起一丝波澜。这个时候带组的老师常会问我，“你的感受是什么？”我则思考好久，找感受就和在白天找星星一样难。只好随便抛出个情绪词，来糊弄一下。词里面掺了大量的思考，情绪被稀释得几乎没有。这时老师也不强求，只是说“你再体会体会看看。”虽不能立竿见影，却在内心种下了找感觉的种子，等待着它的觉醒。

做成长之前的生活说不上多幸福，也说不上多苦。看书、学习、玩游戏、聚会，我的每一个生活习惯都交错叠加成一个庞大而精细的防御工事，其坚固程度堪比马奇诺防线，一般的外界冲击并不能影响到它。而自从有了找感觉这个革命种子，堡垒就开始从内部沦陷了。有一次小组老师告诉我：“从现在开始不要再看书和买书了。”这个老师擅长催眠，话语中常透露着神秘玄机，却让我一头雾水，找不到理由。不过我还是照他说的尝试了几个月，逐渐意识到我买书看书并不像以为的多好学，而是更想通过书逃到书后面的世界躲起来，在这个世界里没有复杂的人际关系，也不需要付出什么努力，只是静静地浏览别人的生活和世界。我用这种方式替代自己去思考，替代自己要在现实世界去拼搏和努力。在分析知道我有通过理智思考来进行防御的模式时，梦紧随其后，以书架倒塌，书散落一地这种方式表达了理智化防线的沦陷。底层的感受越发要揭竿而起，不起则已，一起则一度到现实与梦的边界消失，幻觉开始时不时跳到生活中。一个阴天，我坐在沙发上想着昨天的梦，恍惚间感到窗户外面有晃动，我看向窗户时，窗外有一个和窗户大小的眼睛正在往屋子里看。这个看似坚固的屋子于他而言吹口气就灰飞烟灭,这样的振动吓得我动弹不得。过了很久，我才从振动中醒过来，依然在那个昏沉的氛围中，分不清哪个是梦哪个是现实。直到氛围慢慢淡去，我才发现刚才发生的原来不是真的，只是个幻觉而已，这种幻觉反映出了我儿童时期对父母的一些心理印记，只不过相比于对早期心理内容一步步地考古挖掘式的成长，我更像是不知道怎么回事就穿越回早期的心理经验之中。跨度一下迈大了，一时不知道怎么重回当下的现实里。好在小组提供了稳定的支持，在被情绪淹没时，老师帮我回到对当下自身的觉察，看到此时此地的我是谁，稳立于大地之上。

初级班上课时，老师提到过意象对话中有一个面对技术，在出现一些令人恐惧的意象，特别是鬼这类意像时，需要面对自己内心的恐惧而不逃开。刚听的时候我相信自己是个英雄，绝不会在恐惧的严刑拷打下屈服，恨不得暴风雨来得再猛烈一些。随着成长的深入，以往被压抑的消极情绪渐渐浮出来，遇到有些梦和意象格外恐怖，看到就想迅速逃离。特别是在梦中，更是个不受理性支配的国度。在一个夏夜的晚上，凌晨两点，城市还在酣睡的时候，噩梦突然袭来，打破了本有的宁静。我被吓醒后，浑身的汗好像雨淋了一般；血液一阵阵往头上涌，头皮一阵阵发麻。梦里的气氛很恐怖，在黑暗之中两个没有面孔，类似纸人的娃娃飘上了夜空，在夜空中晃动，充满了诅咒、邪恶的气氛。我只是回想一下就又被那种恐惧所包围，虽然意识上告诉自己要面对，却不住地想从这种恐惧氛围中逃出去。梦中有声音似乎在说："有四道门，我现在打开的是第三道门，这里充满了黑暗与恐怖，但也不是完全没有希望，需要勇气走过这段黑夜之路。"勇气不是说说就有的，我内心害怕着，躯体颤抖着继续体会着。梦的氛围也感染到了现实里，炎热的夏夜此时显得很阴凉，夜怪异的狞笑着，仿佛声音可以刺穿身体，直抵灵魂。屋里的窗帘高且长，像黑暗世界的斗篷一样，隐藏着许多未知的神秘。灯光也在这惊恐中晃动了。这样的体验大约过了一个小时，恐惧才渐渐地退去，夜又恢复了原本的宁静。

一记重拳

开始学习意象对话时，我抱的目的和希望是能快速解决掉一些消极心理，为以后的人生铺一条更顺利的路。仿佛只有把这些消极心理送入集中营最终解决掉后，才可以让积极心理重新占领高地。在学完初级班后不久，我收到了日语一级通过的通知，近半年的煎熬总算没有白费，而且是自学高分拿下的，就更显得如超人一般，我被一种无所不能感推上了天，在天上旋转跳跃。飘了没过几天，我接到了一些日企的面试通知。我以为有证书基本十拿九稳，没想到对方要求我用日语做简单的自我介绍，对于这种课本里不曾出现过的问题，一拳就把我弄懵了。恍惚间不知道自己身在何处，只是说了句自己名字，脑海里的单词就已溃不成军四散逃开了，只剩我空空地坐在那里发愣。看我半天不能正常对话，对方只好打破僵局，善意地用中文帮我解围："你是怎么考的一级？"我并没能听出此话的深意，于是和他娓娓道来我的自学史。然后对方一句再等消息吧，就没有然后了。残酷的一击让我开始意识到我之前只是在头脑中虚拟学习了一门语言，对于外界的真实情况既不知道也无法应对。

几次不太顺利的面试下来，我报了培训班来弥补口语方面的缺陷。培训班的学习有一种魔力让人无法摆脱，上课环境充满异国风情，每天不仅能接触许多新的知识，还能够饱览各色美女，让求知的过程也充满了香味。按精神分析理论来说，求知欲比性欲更晚才来。在前者利比多的推动下后者才更有动力，要不怎么古人会说书中自有颜如玉，仿佛知识是美女变的，不断撩拨着人的求知欲，让其跳入知识海洋的怀抱。聊斋里的书生更是见到美女不管是动物还是鬼就往上扑，更充分说明了求知的原动力和其终点。我在这里求知欲迸发，每天吃着不同同新鲜知识的汁液，在知识的温柔乡中度过，窗外的烦心事早就忘到九霄云外。

疗愈的港湾

每天舒适地上课让我沉迷于其中，有种乐不思蜀的架势。但此间之乐总如烟花一般只有短暂的绚烂，过后依旧是面对一个没有核的，缺少生机的人生。除了上课，我在心理上的探索成长也不少，但依然像在迷雾中的森林，走着走着又回到了原先的地方。在这种迷茫中，我想到了心理咨询，希望能在森林中遇到贤者领我走出困境。不过真把自己放在一个来访者的位置还是很不习惯，莫名猜测自己是不是已经病入膏肓无药可救，离安定医院就一步之遥了。在这样不安的心态下我进入了咨询室，在松软的沙发和温暖的光线中，如同进入到一个温暖的子宫。咨询师如同温暖的妈妈，让我放心脱去紧绷的心理铠甲，自由表达自己的感受。在述说到某一点时她问我有没有意识到躯体此刻的动作，我这时才发现我的拳头居然是攥紧的，好像在防御着外界可能有的危险。然后她让我把感受集中在拳头上去体会，这个我当时不太理解，我一直试图用头脑去猜测可能是表达什么，却不能让自己在这个感觉之中，让这个感觉自发去表达它的声音。“拳头能说什么话呢？”我疑惑着。在咨询师几次带领下，我终于体会到这时紧攥的拳头表达了一种很大的愤怒——“起开”，怒气大得胸腔似乎都装不下了，要很大口地呼吸才能掷出一波又一波的愤怒炸弹，每一次打出去的拳都是要推开一些东西。如此几次后，感受如潮起潮落，到达一个点后开始慢慢退了下来，这个时候的情绪才算有个休止符。这次咨询改变了我以前的一些看法，以前自己做成长的方式因为自身的许多防御，有些感受会无意识中藏起来。而咨询师会凭借着蛛丝马迹的线索，去发现那些藏在黑暗后面的感受。当感受被发现时，许多症状也就自然消失于晴朗之中，也就不会在无意识中那么影响着自己了。这样几次围绕不同主题的咨询过后，我以前在社会和人前退缩防御的模式开始打破，自己更有勇气走出“森林”，去面对一些东西。

心理星人有时沉在自己的感受之中，在和非本星系的人难免交流不在一个频道上。我在几次咨询后有了一些勇气的增长，就以探索的精神去寻找别的星系上的物种。信号总是会淹没于茫茫人海，偏偏一次偶然，这个信号孤身远渡东洋，认识了一个日本女孩。这个女孩性格虽然有日本女人的温柔，却并不柔顺，不仅像猫一样任性，说起话来也直接利落，完全没有教科书讲的那种日式暧昧，让我不禁怀疑以前学的都是假的。我们交流的话题很广，从两国文化到对于战争的看法，讨论话题基本没有什么禁区，偶尔也涉猎心理。她热衷于自由绘画，擅长把现实里的人画成日式卡通的味道，五官比例收缩膨胀后依然可以认出是谁。有一次她给我看一张画，是个装精致的黑色带花纹和服的少女，手中拿着一个笑脸面具，而表情却有些冷冷的带有些倔强。看完以后我大概明白是怎么回事，却装出一副知道了天大玄机的样子，号脉以后闭目沉思良久，迟迟不肯说出来，引得对方更加好奇，不住地要求揭晓谜底，想知道自己的心理各项指标是否还正常。看到对方上钩，我慢慢收了线，和她说这层笑面面具是在社会上带给大家看的，是大家更希望或者喜欢看到的面孔。而真正的本心，也就是后面那个少女的情绪，因为觉得不适合于在大众面前表现，就戴上笑面面具把自己藏起来了。说完以后为我自己的完美解释得意不已，恨不得自己给自己一副妙手回春的锦旗。她大概是第一次见到有人是这般看世界，仿佛山海经中的三苗国人一样可以未卜先知，感到奇妙不已。这样的经历让我发现每个人都有意象这个原始功能，它超越语言的国界，迅速建立心与心的连接。只不过因为一些创伤与防御，让这个功能变得不敏感或者被遗忘掉了。

每天和她交流，我的日语突飞猛进，但精神气质始终没能注入大和魂。以至于有次小组，老师让我用日语像太君一样骂人，最后结果却是太囧，骂出的感觉好像太君良心大大地发现，从良了一样，全然没有武士道的气质。而努力挖掘一下的话，也许唯一能和日本人气质沾点边的只剩下宅了。在宅的世界里老子就是宇宙第一，就像千与千寻中那个躺在婴儿床里的巨大婴儿一样，不过一到了外面就立马成了小老鼠。而宅并不能产生经济效益，这和与高效率、精确、时间观念、规则严格的日企氛围格格不入，我也就渐渐打算放弃进入外企的道路。虽说迷途应该知返，可没有 GPS 导航，自己走在什么样的路上都不知道，更不用说往哪里返。只是像跌跌撞撞的弹球一样碰，碰壁后朝着一个新的不可知的方向继续碰了下去。

现实的新生

现实的碰撞往往是小组成长最好的素材，特别是碰得七零八落时，更会有参加小组的动力，期待能够重新修复和组装起来。不过这次的修复不是从心开始，而是从现实开始锻炼。在此次小组快结束时，带组老师说最近筹备自己的公司，用心理学的方式去做企业咨询管理，问大家愿不愿意加入尝试一下。对于长期游走在社会边缘的我来说，听到此话时仿佛见到了一双有力大手，可算是能被拉上岸了。我虽然不懂什么企业管理，但听了和心理学相关，体内的心理学基因迫不及待的想要施展一番。真正进入工作场合以后，最初的新鲜劲慢慢散去以后，我发现也只会在工位上坐着了。之前美好的想法，一进入到现实就和明星卸了妆一样，真实到惨不忍睹，以前的期待碎了一地。因为能力有限，老板开始并不敢给我安排什么重要的事，都是些日常的整理文件，客人来了端茶倒水的小事。不过这样的工作我也经常是能把杯子洗了和没洗一样，保持了它的本色；我完全不知道该怎么洗，用什么方式洗。这个工作经验也被我铭记了好一阵子。

公司领导一般都喜欢画大饼，给底下的人规划一个无与伦比的美好未来，引无数员工为饼竞折腰。但往往事与愿违，想着是做比萨饼，最后能做出个烧饼就不错了。为了能让骨感的现实丰满起来，公司给我分配了各种不同的任务，把我往全才方向培养发展。全字拆开也是王上的人，比人才看起来更多了几道金光，这么一想，我也就很欣然的接受了。接手后才发现原本很美好的一个计划，在做的时候要经历各种劫难，往往半途中就废掉了，最终能圆满修成正果的少而又少。开始的时候是交代我做一个 excel 表格，在我眼里它就像个外星生物，不知道该怎么说，它才能听懂我的指令。而它也不理会我，只是静静地看着我的抓狂，等我读懂它。最初的热情与梦想就经常被这种焦虑、烦躁、绝望拍在了沙滩上起不来。既然做不到心有灵犀，我就只能向周围的人求教，边学边练也勉强能完成交代的任务。

虽然是在现实做事，以前成长的习惯，会时不时地关注自身感受而忘了现实的角色。在本该现实出场的时候却只有感受站在那里，让接下来的任务无法进行下去。小的神游当有事情来临时还可以拽回来，而大的情绪来临时就不是很容易从里面出来了。在工作时被领导批评了，我感到很难过，想到了童年父母指责我的场景，想着想着，原本的难过吸引了更多难过的同伙，齐聚在我周围讲述着悲惨的世界，越发的感觉自己的人生没有了希望，世界末日快要来临。于是心情更加阴沉，阴云密布，无法呼吸，也无法逃离，被情绪囚禁，久久无法出来，更别说回到现实去工作。公司领导对此情况也教过一个应对意象，有情绪的时候把情绪想象成一个什么样的东西，然后装进箱子中，晚上回去打开再看当时的情绪，这样就不会影响手头的事。不过具体操作时，情绪往往还没等我合上盖，它就把我笼罩裹挟进它的世界中去，成了它的仆人。我毫无招架之力，阴沉沉地挨了几天，等着小组中处理过后才开始放晴。

公司不同于学校，学校为成绩服务，公司为效益服务，二者终点不同，像两条永远无法相交的平行线，许多的技能要重新养成。我开始接触的是行政会计，每日都要整理办公室的办公用品，埋头于密密麻麻的数据之中，为报销单据操心。没几天，就有一种俯首甘为孺子牛的心情，拉着一车车琐碎的任务去处理。除了需要牛一般踏实勤恳的精神外，还要有如猫或兔子这样的动物人格特质，细心地去面对一些琐碎的细节。我一直对现实的事物聚焦困难，看到的现实总是印象派风格，经常忽视细节，结果工作中错误百出。其次是每周专业讨论会。每次都会请很多心理学方面的专家参与研讨课程，我负责在旁边记录，人的想法永远比行动快，每次我恨不得手上得插翅膀才能勉强跟上诸位大神讲话的语速。会间休息时我偶尔也幻想一下什么时候自己能位列仙班，可以腾云驾雾地在思想领域畅游。不过往往没游几下，就被叫去伺候诸神，端茶倒水了。

还有一块就是市场了，现代社会里，“酒香不怕巷子深”已经成为传说，往往产品第一眼的颜值决定了市场愿不愿意深入了解它。公司刚刚建立时为了确定自身的形象气质，把许多品牌形象的设计委托给了专业设计公司。设计公司不久就交出了设计完成的网站、画册。设计的很有美感，也很商务，不过和千人一面的韩国美女一样让人容易忘记，放在市场中没有个性。老板看了后也觉得缺少特点，让对方重新选图片再设计。对方一时也把握不住心理圈人独特的口味，老板看我刚好也没什么事，就让我也找找图片。网站上的图片大抵是符合社会主义核心价值观的，搜索“幸福”一词，出来满屏的都是一家几口人露出一口大白牙，洋溢着无比阳光正能量的笑。图片基本大同小异，每张只是在场景、构图、人物，多没多只和主人一样幸福的狗上有所区别。结果看了半天图片也挑不出个合适的，另我一时手足无措。在美上无法选，可以在趣味上选；于是我对有意思的图格外留意，比如说“我是谁”“发现自我”这类主题上，我觉得这种抽象的感觉用指纹比喻更合适，代表了每个人是独一无二的个体。正好搜索出张指纹中有条形码的图片，恰到好处地表现了每人独一无二的价值。围作一圈的不同颜色的笔，就如同一个团队中有不同性格的人一样，性格各异却在一起合作涂出更丰富的色彩。找了几张以后，老板都很满意，最后直接升级要我做画册了。找图和做图好比美食家和厨师，会品尝出美味不等于能做出五星级厨师的味道，但我还是硬着头皮开始了。我当时会用的软件只有ppt，还不精通。此外更多是设计上的问题，比如版式安排，版式强调视觉整理，对于经常衣冠不整的我来说格外难，只能把别的画册版式拿来借鉴，最后把自己选的照片放上去，完成了高级别的抄，最后竟然看上去还不错。一时间我信心大涨，得意了好些天。不过公司大体品牌形象设计结束后，我就又回到了日常做记录、做表格、记账的枯燥日子里；好像从美梦醒来一样，只残留了一些与设计的美妙邂逅的余温。通过现实中的实践，我发现了自己还有灵性的一面，它们就如同森林中的精灵，刻意找寻时不见踪迹，森林只是森林。而在不经意间，它们活跃于身边，以灵感的形式跳跃出来，才发现世界还有神奇的另一面。

插　曲

工作的时间一久，内心就会渴望成长。我的方式除了在组学习交流就是蹭课了。有一次在林大上本科生意象对话课，朱老师讲直觉时专门讲了下各种直觉型的动物，不同动物代表了不同类型的直觉。比如乌鸦的直觉是可以看到黑暗与死亡的一面，并直接讲出来；乌龟的直觉来自寿命长、历尽沧桑而获得的智慧；蝙蝠在黑暗中不用眼睛便能知道路径和方向，体现了蝙蝠另辟蹊径的直觉特点，用一种不同于寻常的方式来达到目标……课堂上的“蝙蝠”似乎并不多，听了以后只有几个点点头。我虽然并不确定自己是不是这类，却很有兴致往下听。而后朱老师的语调开始变得神秘，说蝙蝠中有一类是吸血蝙蝠，通过一种血巫术的方式建立一种感应，就如同月亮吸引潮水，可以在茫茫人海中一眼发现对方，在深层建立和对方血的连接，这种吸血蝙蝠也是传说中的吸血鬼。我听后感觉血液中翻滚着不平静，在黑暗的恐惧中嗅到了一种对血液的狂热，恍惚中有一种迷之微笑的感觉。而此时正在写板书的朱老师转过身来看了一下我这边，似有火眼金睛般看着我说：“你这表情怎么那么像吸血鬼。”我一时无法从黑暗的城堡走到光明的教室中，只好顺着说：“我在体会为什么是在黑暗之中。”声音很微弱，似乎每一个音调都来自遥远的黑暗世界，像苍白的失血僵尸一样躺在棺材中发出的声。朱老师听后点了点头说：“你的潜意识已经找到了感觉。”我意识上还没反应过来，不过稍微一回观，感觉不知何时嘴角边两颗尖牙已经悄悄地探出身，准备飞出城堡，在暗夜中寻找猎物了。有了这次被觉察和接纳的经验，我对于吸血鬼了解越来越多了。吸血鬼的生存环境，破败的城堡和棺材，都是一个人在早期母胎内的体验，只不过他体验到的是母亲厌烦、不喜欢自己，表现为母亲的血液不愿意供给胎内孩子。血作为联系母亲和孩子唯一的生存通道，血液供给的断开也意味着打开了死亡的大门；大门一开，孩子的世界渐渐的缺少温暖和爱，充满了死亡与黑暗的威胁，这才形成了缺少生机，阴冷又破败的环境。这时孩子为了能够活下去，会用吸血鬼的力量拼命地吸母亲的血。在长大之后，因为自身造血能力的不足，也要依赖一个可以提供给他血液的宿主才能生存。

新大陆

转行往往转的时候无知无畏，觉得英雄找到了用武之地，准备在新天地大干一场；走着走着才发现原有的平坦大路已成索桥，走在上面晃晃悠悠，脚下万丈深渊，进退两难。过去种种生活模式都淡去，要在新的舞台活出新角色。自从我发现自身的设计能力后，便打算深造学习一下。于是找了个培训机构，开始迈出转行长征的第一步。这个学校是清华美院的合作机构，里面满墙挂的是各种流派的艺术作品，原本的白墙就像个调色盘，被这些作品灌满了五颜六色。学校氛围充满了理想主义，可以做自己想做的设计。老师也不吝惜知识，使劲地往学生身上灌溉，等着知识的力量在学生体内萌动。不过知识通常只有经过实践消化才能转化为力量，单纯灌输过多的知识，反而成了实际应用时的负担。短暂的填鸭培训结束后，我学会了一些设计软件和一堆理论知识，不过这些知识在实际工作中还武装不了自己。于是退而求其次,我选择进入一家非设计公司，开始了早九晚五的正常人的生活。

公司离家比较远，出门坐地铁一个多小时才能到，每天要很早起床上班。往往前一天晚上的梦还在舞台上，就被闹钟赶下了台，强行换上了适应社会的、正常人一样的服装上场。草草换装洗漱完毕，我就登上了地铁出发了。现代交通工具本来的目的是节约时间，让人们可以更多地休息。结果却仿佛患了焦虑症的患者一样，催赶着人们和时间赛跑，用更多的任务填满生活，似乎这样的生活才能称得上充实。我人在地铁心却还坚守在床上,神游在车厢中继续孵化着梦，可车厢环境不佳，混合了各种情绪的味道，无法顺利孵梦，每次难产的感觉也颇为堵心。

公司是个日企，有着日本人谨慎、细致、一板一眼的特点。这些和感觉有关的细节又是我平日所忽视的，以至于在最初面试时就被提醒：你的胡子该刮刮了。不同于心理体验时一个感受可以翻到十万八千里，上天入地的在无意识世界里穿梭。入职以后在现实中就得把注意力盯在字体、色彩、字号、间距、对齐等各种细节之中，一个没考虑到整体就会跑了调。起初还很难适应，看着周围同事得心应手地完成各自任务时，我心急如焚却做不了什么。不过按照滥竽充数的经验，即使没有能力，在一群人中装装样子也还是能混过去的。况且领导也不需要我独奏，大体能执行领导意志就可以了。每次在有新任务时会给我一堆别人家的案例，我直接成了好作品的搬运工，省了不少脑细胞，却感到了一些无意义，仿佛长了一颗别人的脑袋，只是机械执行着命令。最初的踌躇满志在这样日复一日的工具性需要中磨掉了色彩，只剩下一层机器的金属色。每天接受着各种各样的程序指令，虽然可以有效率完成一道道工序，却从头到心感受到机械的挤压，透不过气来。

进公司没几天，在我的隔壁来了个人事部的女孩，马尾辫、大眼睛、鹅蛋脸，周身散发着一种大大咧咧、爽朗利索的特质，每天来公司时都闪烁着光芒，人如其名——晶。一来二去我们慢慢熟悉了起来，一起吃饭，一起上下班；听着她讲一些社会上的经历和每天去哪玩，好像亚马逊女战士一样在丛林中不断经历各种惊险刺激，而我的世界于她也和梦一样，一个来自巫师房间的幻梦。双方都好奇于对方的特质，开始了莫名其妙的化学反应，生成了一些新的体验；有在一起愉快玩耍，也有因为工作的不愉快而一起反抗领导；一向习惯于遵守规则听话的我，好像一夜间受到了启蒙，渐渐走上了反抗与革命的道路。不过我思想上虽然是受了近现代自由民主思想的启蒙，可行动还在奴隶社会，被奴役太久以后不知道还可以有无枷锁的世界。而晶在这方面免疫力极强，有一次在开会时，领导坐在我们的对面讲着最近的工作状况。领导是个上海人，讲话也继承了黄浦江连绵不绝的特点，一点儿任务听起来都有滔滔海量的感觉。我在对面以高度严肃认真和重视的姿态记录听到的任务，提炼汇总以后，也基本没几条重要的内容了，于是开始无聊发困，眼皮如自由落体般下坠。而这时意志告诉我此时作为一名员工，要符合员工的角色才行。就这样在睡意与不安的拉扯间我看见坐我旁边的晶好像一直低着头，看似很恭敬地面对着领导，却是闭着眼睛，进入了冥想状态。就这样一边听着均匀的呼吸一边听着琐碎的讲话，像梦游一样，终于熬到了会议结束。结束后她也顿时恢复了先前亮晶晶的眼神，我才确认了刚才她一直在孵梦。在我的世界里，睡觉是个很私密的事情，能在这么严肃的公开场合安稳入睡，也是一种神技了。

会议睡觉事件后没几天，本来在沉默中睡觉的她，开始在沉默中爆发，她辞职了。辞职这种事，除了客观条件上不符合自己期望，心理层面上就是气场不合，好比一个兔子和一群狼在一起，喂它再多的草，它也不会吃得踏实。公司的餐厅快开业了，任务越来越多，设计、翻译、采购、卖饭，甚至发传单都要我们来执行，每个领导都是简单布置几个任务，累计起来的量终于压垮了我。有一天，大脑拽不住脱缰的情绪，我直接对领导说出了工作安排不合理并表示要辞职。此话一出，屋子里空气顿时凝固了。领导显然没有心理准备，仿佛听到不会说话的兔子宣称自己不吃草了要改吃人般惊悚，其威力虽不亚于原子弹爆发，只是没有更多能量去造第二颗，剩下的就是余威震慑了。领导听后半响回过头，以一种精神分析的方式问我："你为什么要辞职？"我本想做些解释，他却又一次质问我："不用告我那些表面的理由，你到底为何要辞职？"这时轮到我被炸懵了，恍惚间好像到了审判席，一时语塞竟不知如何回话。不过到了这种地步也是不可能转弯回头的了，和我介绍的继任者交接完，我就结束了短暂的工作经历。

在外界被伤得体无完肤时总会归因为全是外面的责任，而自己内在发生了什么则依然雾里看花。在地面的朋辈小组上，我说到现实世界的工作经历和感受时，有人说我看到的都是自己心里的世界，而看不到现实的世界，类似精神病一样没有现实感。我头一次听人在学术场合说我精神病，还品味不出它真正的内涵，以至于回去思考了几天自己到底是不是精神病。思考的结果是：我多少开始意识到，我看到的世界也许并不是它本来的样子，更多地是我心理内容的外化。

辞职后有一段时间，我过上了声色犬马加水深火热的两极日子。刚好晶也处于离职状态，两个人一起玩的内容丰富了，焦虑也减轻了，多年的抑郁症都不见了。可见爱情是返老还童、治疗各类疾病的灵丹妙药。晶是射手座女孩，如太阳一般直接热烈，喜怒哀乐全写在脸上。只是相比较于星座本身，她更像是一匹野马，头脑部分却经常处于睡眠状态；而我则是想得过多行动严重萎缩。我们两人因相反而互补，都想通过对方来完整自己缺少的那块地图。本来完全不在对方世界出现的人，就这样的进入同一个世界，怀抱同一个梦想了。我内心潜伏已久的外向性也日趋活跃起来，开始更多地关注外面的世界了。

珍珠的诞生

从自己的世界出来后，看到外界的世界顿感很精彩，呼出过去阴郁的陈年老气，吸进和以前不一样的新鲜空气，扩展了心界，变得充实起来。现实中我依然做着设计，在一家葡萄酒公司。葡萄酒在意象中象征了转化与新生，因为工作的清闲，我也像一颗青涩的葡萄一样，在这里扎下来，并酝酿着一次发酵蜕变。此时容易觉察到的是自身在现实中的不稳定感，在这种不安中我看到出现的意象是一只小老鼠，它所能看到的都是像柱子般巨大的脚在它周围移动，而巨人高耸入云，是它所不能望到的。巨人显然也不能看到这个如芝麻般小的东西，一心向着诗和远方前进，行动缓慢且僵化，但每下移动都带来很大的震动。老鼠则在巨人的脚步移动中战战兢兢地四处躲逃，生怕被踩到。对于这个意象我开始体会到的是老鼠那种慌不择路的感受，体会到的感受没有马上消失，如影随形，时明时暗。好在它没有完全吞噬掉我的意识，在进入到现实中的办公室的，工位自动给我换了一身角色服装，把之前的情绪都藏到了角落之中，变身成一个无欲无求，为公司无私奉献的好员工。直到在一次课上，就着巨人和老鼠的故事，老师引导我这两部分开始互相对话。起初老鼠不管怎么做，巨人也无法看到它，总是很无奈。直到有一天晚上巨人躺下要睡觉的时候，老鼠终于发现有机会可以到他的耳边和他说话，巨人才意识到有这么个小东西的存在。老鼠比较古灵精怪，巨人知道它后觉得多个伙伴在身边也挺有意思，就把老鼠放入了兜中每天跟着他出去。老鼠没有之前那么慌了,看到眼前这个呆板的家伙，觉得生活充满了功用而了无趣味，就时不时跑到巨人头顶和他说说话。巨人反应慢，一时跟不上它的节奏。老鼠于是驾着他，引他看那些平时他忽视掉的大自然，看到花中的仙子、林中的精灵、水中的人鱼；在日月更替，四季变化中感受到了自然的呼吸。巨人慢慢心活了一些，人也没有以前那么巨大，更像个高人了。就这样，两个本来完全相反的心理元素，在意象对话中开始了新的整合。

内心的成长结果有一个现实的检验方式，就是评级考试，考查一个人心理成长的状态。成长了几年，我的内和外都发生了变化，渐渐地看自己时就像照魔镜一样，怎么看都觉得自己很厉害，就差镜子开口夸自己了。于是我也决定参加评审❶,印证一下。不过随着时间的一点点迫近,我的心里对考试越来越恐惧，觉得死亡的镰刀近在咫尺，炎炎夏日之中却感受到彻骨凉意，从身到心都是拒绝去考场的。但是名已经报上了，意志拖着自己的心，生拉硬拽到了考场。考场之上，虽然考官都是认识的人，却不由得身体发紧，说话发抖，有一种人为刀俎、我为鱼肉的感觉。考前的自负瞬间蒸发，乖乖地等待着考官的提问。一上来主考官要我自我陈述五分钟，我没想到还有这种问题，顿时被拍得头脑一片空白，发呆了很久，好像有很多词要涌出，却又想不到一个词表达，偶尔能想出个词马上像抓壮丁一样拖到嘴前。“那个，受到规则影响，就是有个意象，我战战兢兢地在桥上走着，在悬崖上，看到天空中有个蛇的眼睛在盯着我……”还不到规定的时间，我快马加鞭赶着说完，然后就等着考官的审问了。考官有问我论文中那个在桥上的孩子的感受，又问我当下的躯体感受，这些问题平时我经常体会感受，还能比较好地回答。而最后一个重磅问题是问我沉溺在这些感受中有什么好处，我听到以后愣了一下，内心在想，难道不应该体会感受吗?不过表面上我还是说沉溺可以不用承担一些责任之类的应付过去了。整个过程不到十分钟，却是那一年印象很深的几分钟，感觉人生走上了一个新的阶段。最后意料之内的没有通过，得了个准珍珠的称号。虽然准离正式还差些，也是种安慰和鼓励了。

考试虽然结束了，人依然要生活，时时刻刻被命运之手所推动。现实中我和之前一样朝九晚五上着班，每天按老板的命令按部就班做着事。好在事情并不多,空闲时间就记录下自己的梦和感受,有意象对话的课时也可以请假蹭个课。在一次课上，朱老师讲到意象对话有个接纳技术，大意就是接纳自己所讨厌的、厌恶的心理内容。在提问环节,问题此起彼伏,我在没有人举手时赶紧插了进来。我的问题是：“很难接纳内在父母对我的指责和影响该怎么办？”朱老师听完很简单回应我说：“他们说他们的，你不听不就完了。”我听后自感有道理，不过这么大道至简的功夫我完全掌握不了。于是我接着讲了一个与此有关的意象：一

❶ 见本书附录二第 10 条“意象对话评审”。

只小老鼠在龙卷风中瑟瑟发抖，龙卷风很高很猛烈，疯狂旋转着，似乎要把它刮到天上去，而风的顶端则是气体形成的巨大的脸。说着这个意象，我就开始进入了眩晕状态，好像教室周围的一切都被卷入风中，一片混乱。有一瞬间感觉教室没有别人，只有我和朱老师，他进入了我的世界，用坚实而稳定的语气告诉我："不用去管风，风不管多大总会刮完的。你就去体会意象中小老鼠的感觉，然后体会你看到意象中小老鼠的感觉是什么。"听了朱老师的回答，我在座位上体会到意象中老鼠的恐惧，慢慢地恐惧感变成了悲哀，以前冰封住的生命力开始流淌了起来。这个时候慌乱的感觉也慢慢退去了，升起一些稳定踏实，如同被平稳的大地托住一样。结束课以后一天身体都很疲惫，在半梦半醒中感到一丝黑气从身体中抽出，在我周围徘徊了些许时候，便消散掉了。随之在睡意的呵护下，我一点点恢复起生命力。

虽然还不到稳如泰山，我也有足够的定力能去体会眩晕这个躯体症状背后的心理含义了。这种躯体症状一如甲骨文般深奥难解，起初一筹莫展，只能在眩晕来临的时候，去体会它的感受，等待其意自现。不多久它就以梦的方式显现了一个意思。梦中我在一条大蛇的腹腔之中，腹腔不是生物学意义的五脏六腑，里面的空间有好几个足球场般大小。只是地面很不稳定，大蛇总在晃动，在里面就好像地震一样。周围的壁面上有着一些看不懂的符号一排排的列着，类似古埃及刻在法老墓中的文字，圈圈圆圆方方角角，晕晕乎乎不知所云。醒来后我不知道该怎么解读，就和身边的人聊。和别人讲梦时常有一种自己一丝不挂地在人面前走来走去，而却以为自己是穿着衣服的感觉。这种梦者的新衣，经常被耿直的人一把揭穿，让隐私无处藏身。有个心理学朋辈说这个梦有很强的催眠性，像巫一样。现实中也曾有人说听我说话容易睡着，我一直以为催眠就等于催人入眠，这回一听，感觉自己像是被一种力量影响着却毫不知情。体会越多后发现我遭遇到的眩晕其实也是一个催眠。每次晕背后都像是个暗示，且每次的催眠语也不一定相同，有时候像童话里的糖果屋一样，巫婆用糖果召唤着孩子"快进来吃吧"，然后等待着把他们掳走。有时候则是"去死吧"这样的死亡咒语。有时候又像一种声音召唤回到过去童年美好时光，让人忘却现实的痛苦。不管哪一种催眠，我都会陷入其中而越来越迷失自我。在体会过程中，有一条线渐渐清晰起来，好像之前一直在黑夜中摸索，而现在初生的曙光开始能看清一些整体面貌，从心感知自己的样子了。

上一次评审结束后，一段时间里我的主题都是怎么加强自身的稳定性，觉察自己又被什么催眠了。看似招式简单，重点是在坚持去做，等待着滴水石穿的一天。很快就到了第二年评审的时候，考场陈述时还有些紧张，也还顺畅地讲完了主要内容。论文主要讲述的是自己内在原生家庭的模式，及自己的情结影响。讲完后考官让我一句话说明自己的核心情结是什么，我停顿了下说："内在的自我受内在父母的影响很小，经常没有。"外界环境的催眠对我影响甚大，近朱者赤，近墨者黑，我不自觉地就融入环境色之中，而忘了自己的本色。经常沉在这种催眠的世界中，如溺水之人一样无法自拔，自然没有多少精力去关注外界的现实。考官们嗅觉灵敏，对我现实的短板状态一下就嗅了出来，他们对于我经常做的体验只字不问，而关于我在现实上的成长则问了许多。其中有个老师让我"举出一两件现实中做过的引以为自豪的事"。刚好评审期间也是我职业上的一个转型期，期间完成了一些设计稿，虽没有落地，却得到了好评。所以我直接回答我完成过哪些项目，虽然微小近尘埃，也是实打实的结果，好于看上去辉煌无比的空中阁楼。评审结果不是马上出来，等待的过程满是煎熬，不知道最终到来的是希望还是失望。好比古时候新娘的红盖头，直到揭开一刻，飘忽不定的情绪才总算落地了。最后揭晓时，得知自己通过还是挺开心的，评审时间恰好是立秋时节，多年成长在秋季算有所收获，长出了一颗红里带黄的珍珠。❶

理想背后

人格成长犹如走平衡木，往任何一边偏都有可能失衡，所谓过犹不及。评审之后，我并没有直接做心理方面的工作，而是进入了专业的设计公司，在现实中应用着心理。相比甲方公司的舒适与自在，设计公司只有无止尽的加班与修改，而公司为了保持行业领军地位，更是贯彻了孙子兵法的策略：昔之善战者，先为不可胜，以待敌之可胜。在无数次的修改与打磨中把自己立于不可战胜的境界。公司里大多项目来自各行业领头企业，或者是国家级的项目，这类项目肉很肥，往往引得各个公司争相厮杀，一标功成万骨枯。即便竞标下来也

❶ 见本书附录二第 11 条"珍珠级意象对话心理师"。

要经历好几轮的修改碾压，项目难产也是家常便饭了。但是公司提供了一个平台，让我的想法可以天马行空，这种飘逸的思维还不断被领导和同事认可，也得到一堆诸如鬼才、暗箭等外号。箭虽然不是百发百中，脱靶或者靶自己跑掉的事也时有发生，但偶尔不经意一射也中过一些诸如中石化、中信这样的大项目。胜利时好像登上了巴比伦通天塔一样，但胜利是短暂的，无休止的战斗才是恒久不变的。在不断的项目厮杀中，我感觉自己像个骑士一样要不断战胜恶龙。后来在感受中看这个骑士的意象，此时已不是他之前横刀立马、血战沙场的样子，而是有些迷茫地坐在路边，身上依然披着厚厚的银色重甲。他带我来到他生活的地方，一个中世纪古堡，古堡塔尖高耸入云，长矛一般刺向寂静的天空，塔尖上飘扬的旗帜像是宣告着胜利。古堡周围有湖安静的环绕，后面还有个葡萄园可以酿酒。在酒窖中喝了一点酒后，人就开始打晃，恍惚中看到一些跳跃的精灵，带领进入到一个似梦似幻的氛围中。进入古堡后，在黑暗之中有个头戴金冠、身着镶金黑袍的高个子走过来，用充满诱惑的声音说：“你难道不想功成名就？听我的，我可以帮你实现，给你想要的。”他的话语闪着金光，只要交付灵魂，就可以给予黑暗中的自卑者光环，带来一种如神一样可以掌控一切，无所不能的极乐幻觉，帮助人得到世间任何想要的东西。世间财色名利本无好坏，而为得到它不惜付出一切代价的心态，才会使人踏上毁灭之路。往往最后幡然醒悟到自己所付出的代价时，比如情感、健康、道德，已经没有机会重来了。意象中我没有理会他诱人的交易，依然关注那个骑士。骑士的光辉开始暗淡，盔甲上缀满了疲惫与虚弱，慢慢地开始瓦解，形象开始变化，最后成为森林中的侠客，不再像先前一样执着于名誉与胜利。

在路上

一般快到尾声的时候，总会要出现一个大 boss，消灭了他才得以功德圆满。而成长之路则很平凡，虽也有惊心动魄，跌宕起伏，一路会遇上自己的各种心结，却已和吃饭睡觉一样化作平常了。水滴穿石，无数个平常的觉察与体验，最终会影响原先未知的命运轨迹，发生些不平常的变化。原本想要去追求功德圆满，追求本来“无一物，何处惹尘埃”这样高深的境界，却往往陷入虚无中，不知此身在何处。而“时时勤拂拭，勿使惹尘埃”却是更平凡的成长之路。在写作开始的前几个月，我梦到在深蓝色黑夜中有一个模糊的曼荼罗[1]，中心的外围是个混沌的圆，而里面是空心的。在东南西北四个方位上悬挂着满月，每个方位的过渡中是弦月流转。仿佛一个人在黑暗中跌跌撞撞，经历了阴晴圆缺不同的人生境遇，忽地有一天意识到头顶的夜空中还有一轮明月高悬，它时明时暗，却一直伴随在身边。在光中，人逐渐看清了自己本来样子，那样子无谓好坏，只是更加真实；真实远离尘嚣，在一条本不存在的路上，继续走了下去。

[1] 见本书附录二第 15 条“曼荼罗”。

人生的转向

徐海颖

心理成长有很多的定义，了解自己、心灵的成长、寻找生活的意义和价值，等等。然而，于我来说，它究竟意味着什么呢？其实，在不同的成长阶段，有不同的意味。刚开始的时候，是想解决问题。在问题解决之后，就会发现这样的方法除了可以帮助自己之外，还可以帮助其他人，也就是可以作为一份职业来帮助自己谋生了。再接着又会有些迷茫，也能够挣到一些钱，也能够帮助一些人，然后呢？内心的不安分与不满足，又会呈现出来。接着就会问自己，人生的意义是什么，人生的价值是什么，我要成为一个什么样的人，等等这些好像哲学家才会思考的问题。这个时候，他更像是一种生命的方向。

我的心理成长之路，大致分成三个大的阶段，我就一点点地来写写，也当作是自己这几年的回顾。

就让记忆先把我拉回到 2009 年。为什么会进入这样的成长之路，说实话，一开始并不是心甘情愿的，而是在生活中遇到了各种各样“无法过去的坎”，没有办法找到出路。当时唯一的愿望，就是赶紧从眼下的泥潭中离开。

为什么会走到了这样的地步？原因有很多，主要的就是几点：第一，那几年的工作强度太大，没有自己的时间，内心有种枯竭感，或者说是职业倦怠，不知道再继续这样的工作有何必要；第二，情感方面的挫折；第三，也是最重要的，人生于我来说意义到底是什么，要怎么过这一生。尤其是第三个问题，一直折磨着我，让我对生活、对工作充满了怀疑。就是这样，我带着这些困惑与疑问，去到北京，跟随朱建军先生和他的弟子们，逐渐地走进了潜意识，去了解自己。

话说回来，在 2006 年的时候，我就已经接触过意象对话，曾经去过厦门上初级班。然而，到底学了什么已经不太记得，唯一有些印象的就是觉得这个方法挺有意思的，闭上眼睛，随意想想，就能够发现内心的问题。然而，也由于当时自己并没有真正下定决心去成长，所以，上完了初级班，也就放下了，直到 2009 年。

在 2009 年的时候，我个人的情况就是：感到支撑自己的人生支柱，几乎全部坍塌、破碎。这些支柱又分别是什么？

一个是情感，一系列的情感挫败，让我对感情充满了不信任。经历了几段失败的情感，我感到非常沮丧和挫败。用现在一句网络用语来说，感觉自己不会爱了，事实上也的确如此。情感的美好，在当时是愉悦的，然而当情感过去的时候，如果没有很好的心理调节能力，那就会成为一种痛苦的来源。当初越开心，之后的痛楚也就越强烈。一而再、再而三地反复，最终无法承受。

另一个是工作，或者说事业。我一直没有办法真正热爱自己的工作。在工作上我没有激情，有的只是按部就班的完成，每一天的工作都了无生趣；由于得过且过，也就渐渐无法胜任。那个时候，很多工作我都已经无法完成了，甚至连一些很简单的、支持性的工作，都无法完成。并不是没有完成这些工作的能力，而是不想动了，不想做了。看着那些以前可能就是一两个小时就能做完的工作，放在那，可是就是不想做。每天的上班下班，就如行尸走肉一般。在岗位上，也没有什么进取心。后来，学了心理学才知道，原来这就是职业倦怠，挺可怕的。可怕在于，不是收入下降，也不是工作上被上司批评，而是这样的心态，是会将人拖入一种死气沉沉、毫无生机的状态之中。形成这样的倦怠，原因是多方面的，既有高强度工作导致休息时间不足够，还有重复性的工作将人的感受大量剥夺，也有职业的选择与内心的需求并不契合，而后者才是更接近本质的原因。然而当时的我，无法明白自己内心的真实需求。所以，就基于当时的认识，给自己分析了一下原因可能会是什么，觉得可能是自己学历不够，就决定去进修。

用了一年多的时间做准备，我去香港大学读书了。然而到了港大，上了课才沮丧地发现，这样的学习也不是我想要的。回想起来，会有这样的感受实在是太正常了，那是因为，我只是尝试从学历去改变自己的境遇，而并没有从内心深处更真实的需要出发去进行调整。那么结果，也必然不会真正符合自己的内心需求。

我想要什么呢？这个问题，我当时却根本回答不上来。在港大读书的时候，充满了各种疑惑，对课程与作业也是完全提不起精神来，又回到了浑浑噩噩的日子。到现在尤其觉得惭愧的是，很多的小组作业，我都抱着一种出工不出力的心态，混着时间，几乎没干什么，却也能够获得一些成绩。当然，恶果就是，最后一个大的课程设计再也没有人愿意和我同组了，我们几个懒散的人组成了一组，勉强凑出一份作业来。幸亏当时的老师网开一面，我们达到了最低的要求。说实话，这也是一种遗憾，自己是有能力做好的，就是由于自暴自弃的心态，导致了能力最终没有发挥出来。职业倦怠的形成，除了职业与自己内心选择不符之外，还有就是对待现实问题的态度过于消极，这会导致更加恶劣的现实情况出现，不利于自己去真实体察内心。

再有就是自己的家庭，我与父母亲的关系也一般，因为自己的状态并不好，没有办法接受家庭给与的支持。值得庆幸的是，我的心中还有一些绿洲，这块良好的心理区域向着朋友们开放着，还有一些朋友，可以倾听一下我的苦恼，给与温暖。然而，如果我不去真正直面自己的问题，我的生活只能越来越糟。因此，我下定了决心，去真正地面对。管他是什么呢！现在回看，也许就是这样的破釜沉舟，让我能够在接下来的两三年时间里，踏实下来，克服种种困难，直面自己的问题。再有，就是全程班[1]两年的课程。我当时跟自己说，用两年的时间去搞清楚自己这辈子想做什么，还是挺值得的。现在想想这也像是一种面对未知领域时，给自己的一种安慰。不过，也就是因为这样那样的理由，我才真正开始自我探索的旅程。

探　索

刚去全程班的时候，我非常惊讶。因为从来没有参加过这样的活动，在活动的过程中，看见不同的人在尽情地表达着他们的情绪，让我非常吃惊，甚至产生了深深的恐惧，这些人是在干吗呢？有必要这样吗？为什么都那么疯狂呢？印象最深的就是，第一次上课，老师带着一群人，分两排站好，互相对望。然后，一些人开始“东倒西歪”，慢慢地，就有人开始小声宣泄情绪。这些小小的声音，慢慢变大。老师在一旁看着，发现有人情绪较大的时候，就给予一些引导。然而，

[1] 见本书附录二第 7 条“全程班”。

天下怎么会如此太平呢？马上，就会有更大的声音爆发出来，此起彼伏。老师也忙得不可开交。我也一样忙得不行，不过是因为得忙着“躲起来”，在心理层面躲起来，否则那种声音形成的波浪，就如海啸一样。直接的感受就是——太可怕了！现在回看的话，我会知道，这就是潜意识的力量，或者是被我们压抑在潜意识中的力量，其实并没有什么大不了的。强烈的情绪，也仅仅只是一种表达而已，当时的同学们，也都有很强的觉知，而且老师的能力也足够。在如此强烈的情绪冲击下，对于成长来说却是很好的，就如炼钢一样，普通的火怎么可能炼钢呢？当然，进入潜意识也存在危险，需要有能力、有资格的老师来引导。当时我觉得恐怖，原因也是自己压抑得太厉害了。随着对自己内在情绪的理解，我慢慢也就理解了，现在再看当时的情景，我会觉得，哦，也就这样啊。

经过几次“洗礼”之后，我也慢慢发现，这种“洗礼”还是必要的。因为，我们平时都太压抑了，内心中有太多的情绪没有表达出来，过着完全不清楚自己真实情感为何物的人生。

自我探索的第一步，于我来说就是看见了真实情绪的样子，第一感觉就是挺可怕的。是的，这就是我对深入潜意识进行探索的第一印象，所以我当时就开始打退堂鼓了。随着成长的逐渐深入，有些意象、有些梦境，会越来越意识化。一个意象、一段梦境，从开始呈现到逐渐清晰，到最后完全明白和理解，这需要一定的时间。那么，在这个从看见到清晰理解的过程，就比较熬人了。刚开始进入心理成长和体验时，很多的情绪还是被压抑着的，我很多的意象和梦境是有点不知道怎么回事的，意象所蕴含的情绪也比较强烈，甚至有点可怕。记得有一次全班的课程结束了，回家的时候，我闲着没什么事情，就看看意象。不看还好，一看就发现意象中有一个盖子打开了，盖子下面有一些手，我当时就吓坏了，想赶紧盖上。然而，打开的“盖子”又怎么能够盖回去呢？所以，就在“打开盖子”的状态下，过了两个月，每天都处于一种相对惊恐的状态，也真够可以的。不过，从成长的角度来看，这未必是坏事，因为这样就可以让自己的成长更快一些。因为问题呈现了，压抑的情绪开始表达，那么对这些压抑情绪下面真实的内容，理解他们也就不远了。

不知道是什么原因让我一直坚持着上完全程班，或许是之前的生活太痛苦了，或许是觉得人生没有意义，或许是一开始的决心，也或许是一开始的自我安慰，或者以上都有。我就这样一点一点地坚持着上完了两年全程班。

在这个过程中，印象深刻的有几点。一是整个全程班的过程中，一直在解梦，两年的时间里，我们把自己做的梦，都尽量记录了下来，用所学到的方法，不停地解。虽然一开始完全不知道怎么回事，也不知道梦境中的那些光怪陆离的景象，更不明白所谓的内容到底是什么鬼。只是觉得解梦或许能够帮助自己慢慢了解潜意识，逐渐知道自己的真实想法是什么。在这个过程中，也是趣味盎然，充满了探索未知世界的兴奋与欢乐。就像是一个无知的人走进果园一样，虽然并不知道自己看见的水果是什么，却每一样都很有兴致地品尝一番。

刚开始的时候，有一次梦见在一个很大的商场中，我从商场的上面往下走，一直走到了最下面的地下层。这个商场比较空旷，人不是很多，好像是一个正在装修的大房子，很多楼梯好像有些结构上的错误，当我走到了地下层的时候，发现有一群人在跳舞；我迟到了，心情有点失落。这是一个挺有意味的梦，我刚开始进入全程班的时候，就是晚了，所以，梦中的呈现就是很多人已经开始跳舞了，而我却稍微迟到了一会；地下层，象征着要进入潜意识；跳舞，表明进入内心世界进行探索，实际上是快乐的事情；商场的楼梯结构有问题，也说明当时自己不同的人格层面之间的联系是不通畅的，等等。那么整个梦合起来看，就是对我刚进入心理成长的一个自我情况的反映，以及对将要进行的体验的憧憬。

二是触碰了自己大量被压抑的情绪，或许应该说，释放了大量被压抑的情绪。因为成长环境的原因，我很多的情绪都不能够表达。在各位师长的引导下，我才逐渐地发现自己的情绪，表达着自己的情感；也一直在梳理着自己的各种经历，慢慢了解清楚自己到底是怎么回事，自己是怎么一步步走到当时的情形，从而更多地理解了自己。

关于这个，我有一个非常深刻的印象。有一次吃晚饭的时候，不知道为什么，特别伤心，就自己一个人先回去了。往回走的路上，我就哭了，悲伤一阵阵袭来，眼泪根本就不是掉了线的珍珠，而是决堤的洪水，完全无法控制。就那样忍不住地哭，从五六点吃完晚饭，一直哭到半夜几乎所有人都睡觉了，我还没哭完。哭到最后，我发现悲伤情绪慢慢消退了，另外的一种情绪开始呈现了。我自己觉得也差不多了，就回到床上休息。这一哭之后，好像就再也没有那样哭过了，对家里很多亲人的痛苦，也有了深深的理解。因为祖辈有亲人是在台湾，我也见过一次，通过这次悲伤情绪的宣泄，我明白了台湾与大陆那种血浓于水的亲情。后来看齐邦媛先生的《巨流河》的时候，也是泪流满面。

三是慢慢发现，原来心理咨询也是一个不错的职业，而且，自己好像对这个也有点能力,似乎也是可以将这个作为一份职业的。这是一个逐渐认识的过程,我的初衷并没有想改变职业方向,只是想改善生活;但是当慢慢接触到内心深处的需求时,那种希望改变的声音也就越来越大了。

四是捡回了一些习惯,好像把丢下的很多的自己,一个一个地又捡了回来。这个是挺有趣的,我记得《天使爱美丽》的电影中,有一段故事,女主角艾美丽暗暗帮助了一个郁郁寡欢的中年人,在他屋子的墙角处发现了一个铺满灰尘的铁盒子,里面都是他小时候玩的玩具。当他打开这个盒子的时候,他幼年的记忆也被唤醒了,电影的镜头切换到他小时拿着玩具摩托车在“飞奔”。而我也做过类似的梦,梦见一个铺满灰尘的仓库中,有很多的玩具。在现实中,我也在自己家的抽屉中,找到了很多小时候的玩具。趣味盎然地拿出来,重新玩。其实,这些幼小时候的玩具,就是与我们早年的心理内容相连,也是与我们的深层潜意识连接的一个通道。如果,能够重新沉浸在这些玩乐的感觉中的话,对于我们的成长也有很大的益处。甚至未必需要心理体验,只是将小时候的玩具重新玩一下,也会获益良多。

经过了两年的全程班,我对自己有了较为全面而深入的了解,也更加明白,原来成长是需要一直进行下去的,而所谓的“毕业”,也仅仅只是一个新的开始。再回看全程班之前所希望达到的目标,有没有达到呢?在具体的问题上,我并没有找到自己真正想做的事情,只是有了一个大概的方向,但是这也已经足够了。因为有了方向,终究会找到自己真正想做的事情。这个就是全程班带给我最重要的东西,成长的方向。

接下来就是成长的第二个大的阶段。

选　择

全程班结束之后,我依然进行着个人成长,依然是每天记梦、解梦。然而现实的问题也逐渐显露出来。需要在现实中去面对的一个最直接的问题就是,我到底该以什么样的职业为生呢?

当时我在一个朋友的公司里从事着一些设计方面的工作。虽然依然是热爱着设计工作,依然对设计有着自己的看法,然而,我却逐渐发现似乎设计并不是我想一直从事的职业，我隐隐觉得心理学或许会是一个更好的方向。慢慢地我就有意识地往这个方向转，不过，一开始也就仅仅是将心理学作为一份工作来做，并没有很大的志向要去发展什么，只是希望能够通过这个来寻找到新的发展方向。然而，从现在来看，这样的想法也是有问题的，因为原来在设计中的一些困扰和问题，并没有真正解决。而这些遗留的问题，一直在影响着我，直到现在。同样，如果我一直都不去面对的话，那么这些问题也依然会不断地出现，在某些重要的时刻影响我。

这样的选择，对于当时的自己来说也是充满了矛盾。毕竟在设计方面工作了将近十年，从 2001 年大学毕业，到后来的工作，再到后面去学校进修。在这份工作上的投入，如果算上本科的四年，就有 14 年的时间。对于当时的我来说，人生将近一半的时间是花在这个上面，说舍弃，真的能够放下吗？很难，真的很难！在这“设计”的两个字里，有着这些年的喜怒哀乐，有着我的青春，有着我最美好的时光，有着那么多的温情。要做出这样的选择，内心是痛之又痛。直到现在，做设计的时候攒下的书都一本没扔。那些书很多都是我在大学和工作的时候，去一个专门卖折价设计书的地方，一本一本买回来的。真的是舍不得，非常舍不得。况且，我在设计上面也还是很有想法的，可惜的是在工作的过程中，并没有很好地分配自己的时间和精力，以至于后来出现了很严重的职业倦怠，也再也不想继续从事这样的工作了。我有时也会想，如果，当时能够好好分配时间，我会不会继续从事设计呢？不过，这些都只能想想了，一旦做出了选择，必然要承担起所选择的结果，包括所有的现实情况与自己内心的感受。

所以说，人生的重大选择，都是不容易的。选择就意味着舍弃，而舍弃的部分也是自己花费了大量时间和精力的。在当初，做出这样的选择，和很多的朋友聊，他们也纷纷表示惊讶和不解，对我放弃这么多的投入感到可惜。可是，人生方向的转变，真正开始变化的，并不是做出选择的那一刻，而是以前的某一个时刻就已经开始悄然变化了，只是在适当的时候呈现了出来。那样的时刻，或许是有意识或许是不经意间，就这么发生了。而且，这样的选择，不易之处也在于，明确地告诉自己，不会再有退路。那种无路可退的迷茫和无助曾经深深地浸染着我。而我的方式，就是用一种决然的态度，甚至矫枉过正，不停地表达着对“设计”的不喜欢。比如，我觉得设计要熬夜，要做重复性的工作，等等。还有就是，由于长期熬夜，只要工作得稍晚一点，我就会特别难受。而设计恰恰是一份必须得熬夜的工作，所以，我慢慢也就根本没有办法继续熬夜、继续做设计了。甚至，只要有人邀请我做设计，我的反应是反胃与呕吐，连身体都出来对抗了。也许只有用这样消极而强烈的做法，才能够将我从对设计的不舍中拉出来吧。

然而，这样的做法，不利之处也是显而易见的。原因是在我内心的深处，我其实并不讨厌设计。并不仅仅是因为我投入的时间很多，而是，我对设计本身是充满兴趣的。设计是一个很有意思的事情，大家可以想象一下，在一个什么都没有的场地上，因为设计师的想象，再有那么多人的通力合作，然后就凭空出现一个公园、一座城市，这是一件多么有意思的事情。在设计的过程中，有那么多的问题得去协调和解决，有那么多的人得去沟通，等等。这也是一个非常考验人的工作，充满了挑战。或许，会有人问，既然那么好，为什么又会选择离开设计行业，去从事一份完全陌生的职业呢？

我现在能够想到的原因有两个方面，分别从自身和行业特点来看。首先从我自身来看，我个人很重要的一个特点是充满探险精神，总是有种冲动以去探索一些未知的事情。这固然是一个挺好的品质，然而如果没有良好的承受能力，并不完全是好事。因为，如果没有清晰的方向，行动就会莽撞。从这个角度来看，转行也的确有莽撞的部分。第二个原因也是自己的原因，我个人是比较喜欢思考的，并不是特别喜欢和人打交道。而且，我发现自己更喜欢与人进行深入的交流，心理学也恰好满足了我这个的需求。第三个原因就是，心理咨询本身就是一个很好的修身过程，这个职业本身就能一直帮助从事这份职业的我们在成长。

从行业方面来看，我从事设计的十年，也是中国城市化进程最快速、最迅猛的一个阶段，可以说是设计师的黄金十年。然而，在如此快速的发展过程中，作为设计师的我，缺乏清醒的认识，整天掉入忙碌的工作之中，而没有真正去思考未来的职业方向，以至于到最后陷入了难以忍受的职业倦怠之中。简单地说就是，实在太忙了，忙到连睡觉的时间都没有了。

经过了一段时间的细致考虑，我明白了一些事情：要真正地投身于心理行业，就必须离开设计行业。我的确尝试着兼职了一段时间，发现根本就不可能兼顾。设计中的每一个项目都必须得全身心去做，而心理学方面的工作，看起来相对自由，却也是时时刻刻都要体会、思考。所以，根本就不可能兼顾。再有，我虽然喜欢设计，却非常悲哀的发现，我对于设计有一种强烈的幻灭感，这种幻灭感，如果能够扛得过去，就可以继续工作，就可以踏踏实实的设计，或许将来也会有守得云开见月明的欣喜。然而，在尝试了解自己之后，知道了人性深处的幽暗与明快之后，我明白了人生起起伏伏只不过是过眼云烟之后，体验到一城一池的得失并不重要之后，我也对自己的发展方向有些清晰，就是希望能够更深入地探索人生，希望能够真正探寻到人生的真谛。很显然，要通过设计达到这样的目标，还是太不容易，而心理学或许就会更直接而明确一些吧。

在2012年的6月，基于上面的思考，我终于决定完全从设计行业脱离，全身心地投入到心理行业中。

培 训

一开始进入心理行业，我其实也不知道该如何开始，也不知道能够做什么。只是知道自己将要面对一片未知的领域，但不知道自己能够在这里做些什么。虽然在全程班浸泡了两年，然而，真要去做心理咨询，才发现那是完全不可能的。因为，在当时，我对自己的了解还不足够，谈何去了解别人呢？最重要的就是我对自己的信心很不够，毕竟是一个全新的职业，之前完全并不了解，只是上了两年的全程班，连咨询怎么开始、怎么进行、怎么去深入，都完全摸不着头脑，能够做的就是走一步算一步。

刚离开设计行业那段时间，每天无所事事的，也不知道干些什么，突然有了大把大把的时间，于是我就去了图书馆。在这里必须得提一下图书馆，我觉得，图书馆是一个城市特别好的地方。图书馆的建筑设计和环境规划，都是非常优秀的，在这样良好的环境下，人能够直接地受到熏陶。而且，一个城市的图书馆，往往也是这个城市的灵魂所在，是一个城市的精气神所在。尤其图书馆的选址，也是这个城市的精神中心，历史越悠久的城市，这一点的体现也会越发明显。很重要的一点就是，这样高质量的场所是向所有人开放的，任何人只要自己愿意，都是可以进去的，这也是一个能够充分体现平等的地方。

一开始去图书馆的时候，我更多地就是继续用着各种各样的方法，来进行自我成长。比如继续每天记梦、解梦，体验这些梦境带来的感受，然后比对自己过去和现在的生活经历，慢慢会有很多有趣的发现。具体如何释梦，可以看看朱建军老师的《释梦》，有很强的操作性，有兴趣的人，可以去了解了解。再有，那段时间用得最多的方法是意象对话独有的“子人格技术”[1],这个“子人格”又是什么内容？简单而不是特别准确的说法就是，所谓的子人格是我们每一个人内心中不同性格侧面的反映。具体的了解，同样也建议阅读朱老师的《人有几个灵魂》一书。通过对子人格的体会，我对自己的了解也更加细致，对自己怎么成为现在的自己也更坦然，对于自己的境遇也更能够接受。因为，外在生活的境遇，其实就是内心活动的反映，这不是什么“境由心生”的说教，而是在每一次的体验中真真切切地发生着。就是因为有了这些体验,于是更容易理解人。也正因为体会到了这些，我对于之前的情感经历放下了很多，与父母的关系也渐渐融洽，自己的人生发展方向也渐渐清晰起来。

随着想法的清晰，我也开始去做一些与心理学相关的工作。我先尝试着去带一些小组，做一些个案。然后就发现很有压力，无论小组还是咨询，都没有办法很好地进行下去。大量的个案，来了一次就不来了。好几次的小组，也是做着做着就没有人来了。总之，就是很挫败，那种被无边无际的挫败感包围着的感觉，让我窒息而痛苦。有一次，我坐在一个空空荡荡的大教室中，等着组员们的到来。然而，时间一分一秒地过去，在一个将近 20 平方米的大房间中，除了我自己，谁也没有来。我就坐在这样的房间，呆呆地等着，看着时间慢慢过去，而我却什么也做不了。因为，小组就是如此的，如果对组员的帮助不合适或者小组动力不足够的话，是无法维系的。这对刚刚进入行业的心理咨询师来说，是非常不容易的一关。那么怎么办？我选择的方法，就和之前一样，回到图书馆中去，去书本里找答案。

想带小组，那么我就在图书馆里找了一本书去看，去看看作者是怎么带小组的。翻了书才知道，原来我什么都看不懂，那也不管，硬着头皮看下去。终于，用了好几天的时间，在什么都没有看懂的情况下，终于看完。然而，有意思的是，虽然什么都没有看懂，从那时候开始，小组的人多了起来，小组的数量也在慢慢增加。当然，这肯定不是由于只是看了一本自己不懂的书就学会的。而是，通过看书，在这个的过程中，内心中杂乱无章的各种想法，渐渐地开始统一，力气也开始往一处使。因为如此，也就更容易发现一些机会，而且，身边的朋友也会给一些机会让我去尝试。关键在于，有了机会，能不能够把握住也是要看自己。幸运的是，之前两年全程班的成长，的确为我打下了非常坚实的基础。

---

[1] 见本书附录二第 6 条“子人格技术”。

这个基础是那么深，以至于刚开始的时候，还没有表现出来，经过一段时间的挫折之后才逐渐呈现。而且，这样的挫折，对于个人的成长来说也是非常有必要的；就如锻炼一样，如果没有一些历练，怎么可能会有健壮的体魄呢？精神层面的成长，也是如此。

这是一种的自我成长，也可以说是自我培训。接着，就是进入了心理培训市场。在培训市场方面的实践，我并没有什么很成功的经验，而是充满了挫败。我自己总结的原因就是，市场是一个鱼龙混杂的地方，而且，在这样的环境中，各种诱惑、各种冲击、各色人马，都在其中。如果自身的成长还不够，应对能力没有跟上的话，身处其中，是非常不容易把持住的。不过，在这几年的培训市场历练中，我也发现了自己不少的特点和欠缺。对于培训市场中需要用到的种种方式实在没有办法去做到，所以也很难开展工作。而对于一些原则的坚持，却也是万分艰难。好在我有一些自我体验的方法，来帮助自己一点点渡过困难。具体如何去做，方法很多，就是之前说的关于梦的方法、关于子人格的方法。不过，总结出一句话来讲：不管多么难受，尽可能地自省。当然，也得量力而行，面对困难的能力是逐渐增加的，而不是一蹴而就的。不过自省也是很有好处的，通过自省，除了能够可以更好地发现自己之外，一些新的方法、技术，甚至理论，就都隐藏在自己所谓的缺点之中。比如对人生意义的迷茫，通过深入的体会和思考，会越来越明白生命的意义在哪里，我目前的理解是：生命的意义在于助人。在培训市场中，我慢慢也发现了自己其实也挺一般的，该有的缺点一样不少；而以前自以为是的优点，在真正的事情面前却是如此地不堪一击。所以，也更能踏实下来去做事情。

在一次次的挫败中，我对自己的认识，也从一开始自以为的清晰，渐渐变得越来越模糊。是的，成长不一定都是向上的，有时就是向下的。而向下的原因，外因是外界的环境并不那么适合成长，就如培训市场。而根本的原因却是，在与外界的接触过程中，把内心中深层次的心理冲突给激发了出来。这些心理冲突是什么呢？是深层次被压抑的欲望，是生而为人的意义，是此生的使命，是我将怎么写下我的传奇。

写了这么些字，终于回到一开始成长的动机了。走了这些年，我以为两年就能够找到的东西，现在才渐渐有了些眉目。这些心理内容，触及了一个人存在的根本，是生与死的较量，充满了张力。而内心也会因此备受折磨，自己身边的环境也会因此而呈现出相应的内容。

按照心理学的说法来看，这就是一个人选择成为一个什么样的人的时刻，也是将如何实现自我的时刻，他的人生道路怎么往下走的时刻。当下定了决心的时候，一切就慢慢重新开始清晰起来。就如，一片乌云盖地，在黑压压的乌云中间，露出了一小块的天空，那一小块的天空特别蓝、特别澄净。

这就是我的自我成长的过程，既有通过书本的学习，也有通过具体事情进行历练的过程。有过成功，也有挫败，去体会这些成功与挫败所带来的种种感受，再经过内心一系列的过程，慢慢了解自己，同时也渐渐明白自己要做一个什么样的人。

我将会是一个文人，是什么样的文人呢？还在逐渐清晰的过程中，自我成长是一个永无止境的过程。

最　后

我想说的是，在《水晶之路》的名字下写这完些文字还很是惭愧，因为觉得自己并没有名副其实，反而有种浪得虚名的不踏实感。既然如此，那就直面吧，人生总是起起伏伏，名不符实的话，那就尝试去接受现状，去理解与分析一下自己为什么会如此，然后再一点一点地让自己变得踏实起来。

谢谢意象对话，谢谢《水晶之路》的邀约！

七年之养

张如江

那张丢失的身份证

2017 年的新年，年味还未散去，我回原单位领取拖欠了七八年的工资；在回来的路上，把钱包和里面的身份证、银行卡，以及 600 多元现金弄丢了。

这是自己第二次丢失身份证，上一次是七八年前。如果用象征来解释的话，就是我的“自我”丢了。丢到哪里去了呢？不知道。

我只是知道这次身份证的丢失一定有深刻的心理意义。从现实层面上来说，这次取回拖欠的工资是我和原来单位的最后一次联系，我能走上学习心理学和开始心灵成长,和这个单位给我的心理感受有着重要的关系。这次身份证的丢失，也是现实里和这所“学校”的告别，也是和曾经的那个“我”的告别吧。

七八年前，我离开了原来的单位，因为一些现实层面可以解释的原因，比如说，工作环境不好、人际关系紧张、事业没有什么前途……我想这也许是很多年轻人开始工作前几年的感受吧，偏偏我又不是那种会见机行事、胸怀大志的有志青年，总感觉自己郁郁不得志，但又无力改变。

幸运的是，一位好心同事提醒我，要自己早做决定，别在一棵树上吊死。遗憾的是，这位好心的同事在我离开这个单位后不久，突发急症，医治无效去世了。她急症发作的心理因素很多，不过我不想妄揣，以示敬重。

离开了这个单位，来到了新的工作环境，开始的时候似乎“从头到脚都是新的”，但是，很快日子回归平静，旧的一切又隐约而至。生活如斯，人总要在生活里给自己找些奔头，可能抬头方见是南墙，依旧撞得头破血流……

同事问我是否报考心理咨询师，我犹豫了几天，没报。因为在我看来，如果只是花钱买一张纸，对我现在来说，有何意义呢？我并无意于用几张纸来增色。我并非那么清高，只是不想这么做，这对我来说，没有什么意义。于是，当年我没有报考。

其实对于心理咨询师这个词汇或者说职业，我上大学时就有所了解，我们心理学必修课的老师就是当地一位很有名的心理咨询师。不过在她那里听来的关于咨询师的故事，多是心酸的结局。多年以后我才知道，悲剧的主要原因是这些心理咨询行业的先行者们没有进行必要的心灵成长……

转过年来，同事又说可以报考心理咨询师，因为有些私人关系还有一定的价格优惠。我想了一周，把钱给了同事代缴。我知道这个选择的意义，我当时还无法看到未来是什么样子，但是冥冥中，我知道这是我做的重要决定之一，或许会帮我打开一扇不一样的门。隐隐地感觉，“心理咨询”这几个字，是和自己有关系的，是为我自己做的事情，也许这只是我所有破灭幻想中的一个，但颜色或形状有所不同。

咨询师认证考试那天的情形，即便时隔多年我仍然记得。从进考场，到下午答辩，到坐车回家近十个小时，心一直是怦怦跳的，高度紧张外加兴奋，头疼发晕，当时真担心自己得心脏病，好在当时的血压并不是太高。这是我所有考试中最刻骨铭心的一次。因为，我在乎。

我知道我在乎的不是60分及格万岁，或者不及格的沮丧，而是，对这个选择，我是惶恐不安的，我不知道未来是什么，我笃定了我要真正学习这门我早有耳闻的知识，它似乎就是我最后的救命稻草，有勇气为自己选择的最后一根稻草，希望越大，失望越大，这种焦虑也越大。然后，感觉就像挤开了一扇虚掩的门。考试之后，然后怎么样呢？不要说学到多高超的技术，就是认证考试能否及格都是忐忑不安的。

我是幸运的，辅导我们考试的老师，有一位是专职的心理咨询师，一名意象对话流派的优秀老师。我决定再赌一把，缴了一年的成长小组费用，2000元，那是2011年的6月。从此以后的两年多的时间里，我像打了鸡血一样，每周三次参加各种心理学活动，成长小组，朋辈督导和读书沙龙。写到这里我才意识到，第一次丢身份证的时间大致也是这个时间。所以，身份证的丢失是很有意义的。

《安娜 · 卡列尼娜》里有句话，“幸福的家庭都是一样的，不幸的家庭各有各的不幸。”每个人的人生际遇都各不相同，或起伏跌宕，或柴米油盐抑或艰难苦恨；同时，我们又都是相同的，我们都由父母抚养长大，看到血盆大口的老虎会不寒而栗，每段感情都笃定非对方不娶（嫁）……很多事情，由不得我们，几十年前，我们翻身了，但是我们一直不是自己的主人。

要想做自己的主人，就需要知道自己是谁，要知道自己是谁，就要知道自己从哪里来。我从哪里来呢？

话题不得不转换到原生家庭上来。鲁迅先生写过一篇文章叫《父亲的病》，我对这个标题很有感觉。我很小的时候，父亲也得了重病，这影响了我的一生，我初中前的生活多次辗转于外公和自己家里，让我想到了鲁迅文中所述的“辗转于药铺和当铺之间……”“穷人的孩子早当家”（当然也有很多穷人的孩子因为种种原因没有早当家的）。

高中毕业后，我最大的梦想就是离开那个生我养我的地方，因为，在那里我不知道我是谁，我想把所有家庭对我的影响都抛诸脑后，我不想成为父母希望我成为的人，然而，几年之后，我惊讶于我正逐渐成为我不想成为的人！

理想很美好，现实很骨感。大学毕业后，我踌躇满志，觉得可以一展宏图，环境似乎也为我提供了绝佳的机会，当我自以为自己是正确的、善良的，试图创造属于自己的一片天空时，收到的却是怀疑、否认和让我感激至今的善意提醒，告诉我，其实我真的很 low，那一刻我感觉所有的高楼大厦瞬间崩塌。从此，这种感觉如同影子一样缠绕在我身边，每当我想和世界联结，叩问自己内心的时候，它们都会不请自来，轰都轰不走……这种感觉就像宋代犯人脸上的刺青，抹都抹不掉，让我很多年都如坐针毡，吃饭都是如履薄冰，紧张异常。

结婚，生子……我做着大多数人做的事情，不管你愿不愿意，行不行，都会有人搬几块砖，放到你后背上，即使你现在还没打算从别人的背上下来。一个崭新的高尔丁死结正在重新千环百绕。我也想过最坏的打算，比如……所幸，都是大脑里的赵括在纸上谈兵。

生活就像一桶混合的颜料，什么都有，什么都不对。每个人都从这样那样的原生家庭里走出来，就像灾荒年间的野菜，是一个人生死存亡的时候能救命的东西，同时吃再多的野菜也是饿的，长大了，要学着吃点别的东西，何况有的野菜是有毒的……

这就是我的生活脉络。就这样，我这样生活了很多个七年。又是一个七年，这个七年是我心灵成长的开始，这个七年也是我重新回到内在自我并重新长大的过程，太多心酸，太多感动，太多的转变……

一梦七年

我相信每个开始进行心灵成长的人都会有类似的体验：心理学到底是啥玩意儿？不会是骗人的吧？会不会花了那么多钱，一点效果没有呢……

这些内心的冲突，我也有，而且很强烈。怎么办？因为我们内在相信了无数次我们以为的正确方式，结果，很多结果都不是我们想要的。比如我们相信，我们努力去爱一个人，那个人就会爱我，保护我，结果……

我们还敢信吗？似乎感觉自己是最后一次信了，信自己的选择，于是忐忑、紧张、焦虑地上路，开始尝试一种叫作心灵成长的活动，付费的，用了比我当时一个月的工资还多的钱。

每周一次，说实话，开始的几个月内，我都不知道自己怎么过来的，至今也没有什么具体的印象，只是记得当时每周六的下午两点半，要来到一个固定的地方，席地而坐，听老师和每个在场的人说话。说了什么，不知道；做了什么，不记得了。听自己这样叙述，真的有些郁闷……

交了钱，就要去的，何况，总得给自己找些事情做吧，要么做什么呢，大周六的，也没有什么事，家里的生活比较简单，孩子也小，琐事确实不多，也许是潜意识对我的眷顾吧。于是持续了三个多月，看着小组成员哭了又闹，闹了又哭，似乎对自己有些触动，但是说不清楚触动在哪里。

记得在一次做小组互动的活动时，老师突然说，我发现，你总是习惯去评价别人……这句话如同当头棒喝，瞬时间，我蒙了，呆在那里，几秒钟之后大脑开始高速运转：真的吗，不会吧！我一直在努力思考呀，难道我说的不对吗？

从这一刻开始，我感觉我开始入门了，入了感觉的门。

我开始有意识地看，感觉自己的这种现象，开始慢慢体会当这个时候发生时，也就是我习惯性的去评价别人时，我自己的情绪感受。慢慢地，我的脑海中出现了一种叫作意象的东西，它和我自己的思考有很大的不同，我自己不用给它力量，它自己就会生发、流转、消失。

这种东西真是奇妙呀！在我的头脑中，经常会出现我小时候的一些让我很不舒服的画面，它们就像梦魇一样，如影随形。这种滋味，只有体验者本人才可能体会到；就像一个不懂爱情，没有爱过的人无法理解失恋一样。“天涯处处有芳草，可我独爱这支花！”我试图去改变它们，好让我变得舒服一点，我想我能这样做。我也打算这样做，但是，努力了很多次，我突然发现，就像傍晚我在海边沙滩上，用手指画上了世间极美的图画，而清晨醒来时，已经没有了任何的痕迹，怎一个郁闷了得！

怎么办呢？

老师说，你练感觉吧。

那什么是感觉呢？

首先什么都不想。

什么都不想，那想什么？

就是什么都不想……

更大的郁闷！

老师说，就从感受呼吸开始吧。

好吧，我先信了再说。

于是，我开始练习如何观呼吸，开始了解一些佛法的知识；因为观呼吸是佛法的一个重要法门。意象对话和佛法的关系还是蛮密切的。这个期间，工作坊中的其他老师也建议我们练观呼吸，有时候，上课时还会带着我们一起练。慢慢地，我对自己的呼吸有了感觉，知道了自己呼吸的轻重缓急，有一种为了呼吸而呼吸的感觉，我把它叫作“胸上部呼吸”。平时早起或者晚上临睡，都会有意识地让自己练上一刻钟，慢慢地变化越来越大。

我感觉自己内在的稳定性慢慢升起，能更少地去评判别人，更多地去感受自己，感受自己的情绪、躯体感觉，然后，我的意象也越来越丰富……

有一个意象反复出现了近三年之久（当然这个过程是漫长，也是有很大的转化的）。

在一个荒凉的山坡上，有两个男人在听从什么命令，往一个洞里倾倒垃圾，洞很深、很大，像一个天然的什么洞，与世隔绝。开始的时候，洞很窄，慢慢变得大了些，洞壁都是石头，很冷很硬的石头，然后体验的时候，就是从下面不停地往上涌垃圾呀、枯败的树枝呀，甚者生锈的钉子什么的。

在想象中，我想办法，让这些涌上来的东西不管是挤压还是撕开一个口子，总而言之，就是必须把它们弄出去，太难受了。好，今天费了半天劲，终于弄出去了，可是第二天再看的时候，发现这些涌出去的东西如同变戏法一样，都还在那里，花钱要是这样该多好呀！于是沮丧，郁闷，焦虑……

明天干什么呢？对呀，接着干！反反复复，三四个月都这样循环，今天弄出去，明天它还在。现在想来，当时每次做类似的工作的时候，就如同便秘一样……在老师的引导下，我开始慢慢地关注这个洞和洞内的内容，重要的是它们带给我的感受，不再强迫自己重复上面的动作。渐渐地我看到洞内上部狭窄、突出的棱角的石头刮扯杂物的感觉，如同是把沥青浇在皮肤上，然后硬扯下来……滋味杂多。

我开始有意识的感受它们，并和我的呼吸在一起。慢慢地我又看到了洞的下部特别宽大的部分，有几十个房子那么大，就像武侠小说中主人公掉进的藏着世外高人或者武功秘籍的地方一样。空旷的山洞里，黑暗、干燥，中间却有一个污浊恶臭的死水潭，里面漂浮或者浸泡着一个球状的物体，能感觉到，这个球状物体是有生命的。继续体会这个死水潭，我联想到了闻一多先生的诗歌——《死水》。恶心、呕吐，有死尸漂浮的感觉，洞壁上有个隐秘的通道，还不停地往里面注入垃圾、黑水，散发出恶臭。

于是，我经常带着觉察看这个意象，累了就休息，反复看，反复看。去慢慢发现这个死水潭是如何形成的。然后我发现，在死水潭的底部，是有一个通道的，只是被杂草和腐烂的东西堵住了，外面还如同在大肠的末端，用绳子扎上了，打了死结……

每次在意象中强行解开绳子，都会有种便秘用力的感觉。慢慢地，我去感受这个堵，感受绳子，让这种堵住和扎的感觉自然呈现，同时感受身体的僵硬绷直等各种如潮水般的感受，允许和接纳它们，而不是虚情假意地示弱。

于是，一点点地，堵住的口有了一个小缝隙，可以流出一些液体，黑色、黏稠，还夹杂着污血，继续看是小块的石头、大块的石头、带刺的树枝，还有生锈的钉子……（现在感受的时候，胃里依然是堵胀的感觉。）

当体会到这些的时候，洞里也慢慢变得干净、清洁，光线也有些亮了，那个死水潭里的生命感觉更有活力了。洞壁上大量的石块脱落下来，伴随着污血，尽管上面的洞口依然有石块、垃圾什么的继续倾倒下来，但是，拥堵少了，洞内的环境好多了。这只是意象体会处理的第一步。

这个意象所呈现的内容，和我生命早期的生存境遇息息相关，只不过现在是用象征的形式来体现。这个体会处理的过程中，所伴随的焦虑、烦躁、紧张、强迫，是我这几年，或者说，很久以来就持续的情绪状态。当我看到这些的时候，我才慢慢明白我是什么样的状态，才逐渐知道如何与它们相处。

电影《大话西游》里有句台词说，“给我点时间，吐啊吐啊，就习惯了。”这句话，我经常和一起成长的同学们开玩笑。确实，在意象的层面，我大约三年的时间，经常会有呕吐的意象。从山洞里、从地洞里、从石窟里，吐泥石流、吐呕吐物、吐污血、吐食物的残渣、吐破衣服、吐渔网，还有什么刀叉筷子……这些都是和上面的意象紧密相连的。

这些意象都是有重要的象征意义的，代表着我内在的一些“负性”能量，以及我的生命力所不能接纳的部分，正在通过这种方式，从我的潜意识中被有觉知地宣泄出来。

这种状况，类似于婴儿吐奶。婴儿认识世界的方式主要通过口唇，如果婴儿接受到危险的时候就会用口唇来表达。比如，妈妈情绪非常不好，和爸爸吵架，边哭边给孩子哺乳，那么婴儿极有可能会吐奶；婴儿所表达的就像在说，妈妈，你的情绪是有毒的，我不想吃。（写到这个部分的时候，我一直咳嗽，我这部分的心理创伤还没处理干净。）

这个意象在大约三年的体验中经常出现，每个阶段有所突破的时候，自己的情绪状态、人际关系、自我安全感都会有所提升。前面提到了死水潭里的那个生命，在后来的体验中更为清晰。

这就是我在三年多的时间里，心理世界发生的，像玄幻小说那样的故事，没有人物、没有情节，却是如此的生动和扣人心弦。潜意识是个奇妙的东西，他会在你准备好了的时候，给你必须接受或者可以接受的礼物；在意象层面，更大的礼物就是，不断向深层潜意识叩问，并被不断呈现和处理。

下面的意象也是极有象征意义的。

意象中经常会看到漆黑野外一个孤独的小孩子，这是我内在孤独、恐惧部分的主要体现，每次当他出现的时候，最早都会瞬间隔离，没有什么感觉，就像陌生而没有任何关系的人一样；慢慢地，在老师的引导下，尽可能地去陪伴他，就像现实里陪伴我自己的孩子一样。

越往下走，越会看到更为深刻和触目惊心的真相。在一次五天的体验工作坊上，我无缘无故地“作”，怎么都不行，发脾气、烦躁、委屈、攻击老师……在老师的引领下，我慢慢看到了意象：一个婴儿被封闭在一个半米见方的冰块里。你能体会到这个婴儿是什么感受吗？

在很多人的意象里，我都看到这类似境遇的婴儿……谁把婴儿冰冻在里面的呢？你肯定想不到，是婴儿自己。因为这样就感受不到外面的痛苦了……这是一种没有办法的办法，把自己封闭起来，因为婴儿对外界已经失去的信任……确实，我在现实层面也很少有朋友；即便是成长到今天，有意识地去突破，也效果不佳，因为我内心的这个“底版”，无论用什么颜色来冲洗，都会受这个“底版”的影响。

怎么办呢？

用爱。

意象对话的老师，大多数是有爱的，特别是那些成长到黄金[1]级别的老师们。黄金品质，本身就是爱的品质的一个彰显。有幸，我的那次体验，是一位接近黄金级别的老师带领的。在意象中我先给这个冰冻的婴儿找个土炕放上，然后铺点干草，慢慢陪伴，进而盖上被子，接着想象中自己像妈妈一样抱着婴儿。随着不断的陪伴，婴儿身上的冰逐渐融化，婴儿身上都是冰水，衣服冰冷，意象中抱婴儿的妈妈的怀里都湿透了，冰冷。就这样，通过慢慢的陪伴，婴儿的状态逐渐好了，有了呼吸、开始呕吐、开始哭……

早期的成长总是伴随着你意想不到的痛苦，可以不痛苦吗？不可以，那就继续痛苦下去吧，只是你的理智层面觉得不痛苦罢了。

就这样，我成长起来了，一路泪水，一路欢笑，一路领悟，一路改变。

有些成长的好处是看得到的，有些看不到的。看的到的是，对食物的贪欲不那么厉害了；不再盲目为了别人而活，把自己累得跟狗似的；满脸的阶级斗争面相慢慢消散，变得平和；很少生病；日常的小病，比如感冒，不用吃药，体会、感受，在情绪上处理一下就有很大的缓解。（前天牙龈上火，肿了，早上肿得很厉害，体会了一上午，中午家人也牙龈肿痛，买来消炎药，让我吃，我说：“哦，已经消肿了。”）

---

[1] 见本书附录二第 13 条“黄金意象对话心理师”。

看不见的是夜梦更吉祥了。经过一大段时间的成长，我发现，真的夜梦吉祥了。赶车的梦，逃跑追杀的梦，丢失东西的梦，慢慢都很少做了。内心中和悦的感觉更多了，更喜欢和能够独处，而不是依赖手机等外物来让自己稳定下来。其实改变有很多很多，就不一一细述了。就这样，一路走下来了……山重水复，不断抽丝剥茧，重复中看到更多的真相，收获更多的感动。

成长到第七个年头的时候，慢慢开始接近一个叫作“核心情结”的东西。这个情结，简单地说，就是早年一个最大的心理创伤，对后来成人后会有巨大影响。而发现和处理这个创伤是非常重要和有意义，意象对话珍珠级评审[1]就是主要看这个创伤的发现、觉察和处理情况的，这还仅仅是目前意象对话级别评审的最低级别。

像前面所描述的那些意象一样，不断的体会、感受、处理，内在的心理创伤逐渐清晰，逐渐接近我的核心情结，鉴于这些内容涉及很多个人隐私，在此不便详述。朱老师在一些书里面也表达过类似的话语：很多心理学的规律不适合公开，因为很容易被人当成应试模板或者万能词典，而这不是我们的初衷。

但是，我愿意描述一下我经历过了这些的感受。当你到达了这个层面后，你会发自内心地和自己联结上，怎么证明呢？不需要证明，你的心会知道。你的心理能量就如同有源之水，开始由涓涓细流进而变得充盈和富有活力。你会发现，心理世界的很多感受、体验，现实世界的很多事件，他们的因果关系、对应关系，等等，是如此清晰地被你看到，你甚至可以预测你将来会做什么，会知道你家族中很多人的命运会是如何走向……这么玄吗？一点也不玄，这些都是心理学的规律，只是看到与否的区别。

到了这个阶段，我在意象中经常会看到珍珠（达到意象对话珍珠级别的老师很多都有类似体验，也许是在梦境中）、莲花这些象征着心理状态有很大提升的意象（不能反向推论），从模糊到清晰，从混乱到稳定。这个时候，你会有种真切的感觉，看到自己，自己就在那里，也许是个弱小的、卑微的、缺爱的、丑陋的……没关系，这都是自己，都是可以慢慢改变的。

接着，一扇叫作集体（家族）潜意识的大门，正在被我不知不觉中推开……

---

[1] 见本书附录二第 10 条“意象对话评审”、第 11 条“珍珠级意象对话心理师”。

七年之约

很多关注自我成长的人都觉得，我发现了我自己，我的心灵探索就大功告成了；其实还没开始呢，前面最多算找到了自己。只有找到自己，成为自己，才能谈到“长”的问题。

从开始学习意象对话，到感觉自己成为一颗稳定的珍珠，我大约用了七年，所以这个七年才是成长的真正开始，因为，这个时候，我能更多地和自己在一起，至少找到了弱弱的那个自己。

“自己”有时候很不稳定，会在行为上和感受上退回到成长前的状态，很多时候还像个长不大的孩子，幼稚、偏执、自卑冷漠……同时我也开始知道，心理层面和现实应对是有区别的，我心理上是个孩子，现实里是个成人、丈夫、父亲。所以，我现在能在现实层面很好地适应生活，同时也不会为了生活而过度地去改变自己，比如做违背自己价值原则的事情。

信爱知行，是意象对话的基本原则，践行信爱知行，是和过往所有优秀心理资源、心理营养进行联结的很好方式。当你扎实、坚持、自知地一路走过来的时候，你就能在生命体验中更多地看到真相，选择自己承担的，去经历所有自己的选择。在这一年多以来，我能更多地体验到这几种品质对我的成长和生活的影响。相对于以前，我更加自信，更能自在地表达自己，呈现自己；即使自己不够好，不那么可爱，也允许自己这样，接纳这样，一边自信着，一边去体会这种不够好的感受带给自己的意义。

我也更加自知，更能从复杂的人际关系中，找到自己真正想要的，知道自己什么情况下可能会有怎样的反应和感受；自己喜欢什么人，讨厌什么人，就如同随身携带了全方位的镜子，随时看自己的衣衫是否整洁，后背是否有污渍。

我有了更加现实的行动力，比如去做自己不擅长的事情，允许自己失败，面对自己的习惯模式的好处，选择更加健康的方式来应对。

我更加宽容。对自己宽容，对孩子宽容，对身边的人宽容，对街边买菜的精明算计的大姐宽容……当我逐渐看到自己的改变，又尝试去分辨、认同这个向好的改变的时候，我就能体验到更多他们带给我的生命力量。这个力量很多来自于我们家族甚至整个民族的集体心理现实。心理意象层面更多和集体记忆相联系，意象对话叫作原始意象或者原型。

我真正能体会到魔鬼[1]的感觉。那种对生命的掌控，以及我们不明真相的屈从，很多影视剧中会有呈现，比如科幻影视剧里那些企图获得永恒，重新定义世界的反派角色们，如《大话西游》里的牛魔王，《疯狂的麦克斯》里面的不死老乔，都沾染了大量的魔鬼能量。还有女巫们，例如《纳尼亚传奇》里的白女巫贾迪斯；还有死神们。现实层面，我们看不到他们，但他们深藏于我们的灵魂之中，深刻地影响着我们的生活和灵魂，比如“快乐至死”的信念，追求各种躯体、感官的极致兴奋……当你由于恐惧而选择了借助他们力量的时候，其实你已经不属于你自己了……

走到这个阶段的时候，我更多地体会到整个民族特有的心理意义，也就是中国传统的一些故事、传说、寓言等。比如，在2015年的时候，我在意象里看到了十八层地狱，真的和神话或民间传说里描述的非常相似，在此之前我很少浏览这些信息。2017年上半年，我在意象里看到了哪吒，深刻体会到了哪吒把骨肉还给父母的那种感受，也感受到了哪咤的前世叫“灵珠子”，以及和王母娘娘、七仙女的关系，这些都是我在意象里看到，之后在网络上查到的，意象里看到的情境竟然和神话如此相似，还有降龙尊者、始祖鸟……难道我是精神分裂了吗？

需要提醒的是，不同的概念，词汇，在不同的语系里的含义可能有巨大差异，最好的办法是，在其所在的语系里去探讨，否则会引起一些误会、争议甚至冲突。

正如前面所说，这些神话传说等，都是我们整个民族的集体心灵记忆，在每个人身上都会有印记，只是会以不同的形式呈现，所以我们才叫中华民族。这是集体心灵的共同主题。面对这些内容，更需要谨慎、自知和正道。正如意象对话创始人朱建军先生形容自己体验和感受的一句话：战战兢兢，如履薄冰。

如果说这么多年的生活，有三个部分的话，就是混沌七年、梦中七年、醒来七年。七年，只是一个周期，一个过程，或者说是个轮回，从量变到质变的历程，是靠近、经历、重新回到自己的七年。

我用这三个阶段来描述我成长前中后的一些变化和体验，希望能给走在这条路上的人一些坚持前行的信心，给那些准备走上这条道路的人一些呈现，呈现这将是怎样的一种路径，以及可能会到达的地方。

谨以此文，送给那些和心灵成长有缘的人。祝福所有人。

---

[1] 见本书附录二第14条“原型”。

我的迷失与回归之路

海　音

我从哪里来？要到哪里去？哲学家们思考过这个问题，于是人们就想当然地认为这是专属于哲学的问题。只是大人们很可能忘记了，在他们自己还是小孩子的时候，其实就已经思考过哲学的基本命题了，因为孩子们离生的本源最近，初心的迷失很少。

我从哪里来？两岁的我就问过妈妈这个问题。妈妈说，我从她的肚子里来。我仔细看着妈妈的肚脐，问了第二个问题，它这么小，我这么大，我是怎么出来的？妈妈说，你原来很小，后来长大了，你以后还会长得像妈妈这么大。我于是惊奇地知道了，我以后会长大——像妈妈这么大，这就是我要去的地方。我于是安心了，“我要成为妈妈”，我想。

第一次自我救赎：殉道之梦

两岁半的时候，隔壁家有个小弟弟出生了。一天，妈妈抱着他很亲昵，我看着也想和小弟弟亲昵，妈妈逗我，给我唱，“小白菜，地里黄，弟弟吃面我喝汤。”我觉得这个歌很好玩，也笑着跟着唱。妈妈问我：“以后弟弟吃面你喝汤，好不好？”我高兴地说：“好，好。”妈妈见我没有明白“吃面”和“喝汤”的意义，就解释说，吃面就是妈妈疼他，喝汤就是妈妈不疼她。我不高兴地问：“妈妈生的我，为什么不给我吃面？”妈妈说，弟弟是她生的，而我是垃圾堆里捡来的。

我不相信，说："不对，我是妈妈从肚子里生出来的。"妈妈逗我说，"那是跟你闹着玩的，你就是从垃圾堆里捡来的，不信你问阿姨。"我转头问阿姨，阿姨说是。于是我心碎了——虽然很多大人不相信小孩子也会心碎。我默默地走了出去，我的伊甸园就这样被突然打碎了。

无家可归的我默默流着泪，一直走到大渡河边，我想，"我没有家了，我要让河水带着我去找我的家，我的妈妈。"就这样，我一边打着冷战，一边朝冰冷的河水里走去。这时，一个老爷爷突然拉住了我，用方言很大声地呵斥我，然后就把我送回了家门口。我觉得自己犯错了，带着一份深深的愧疚感与寄人篱下的羞耻感，穿着湿鞋，默默进了家门。

从此，我稚嫩的小心灵里就有了一片抹不去的乌云。这个世界是如此变幻无常，我又不知道自己从哪里来、要到哪里去了。这就是我人生中的第一次迷失，我的抑郁的开始。

或许因为这个迷惑深深触动了我的内心，我开始做梦了——我总是反复梦见一座高高的修道院，和一位慈祥的穿着黑白长袍的西方老太太，我叫她"妈妈"；还有一盏欧式的马灯、一个挂在脖子上的十字架，和灰蒙蒙的天气。长大以后，我惊奇地知道有个地方叫伦敦，那里的人长着和梦里的老太太一样模样的脸，梦中的地方叫修道院，而那里住着修女，她们的家长叫"嬷嬷"。许多次，我怀疑儿时梦中的场景就是我的前世，而这也恰好能够解释教堂、十字架、圣母像以及出家生活在很小的时候就对我产生的强烈吸引力。

少女时代，我接触了《圣经》，爱不释手；后来又偶然得到了一本有西斯廷圣母像的画册——那时候，我的女同学们正在对琼瑶和逛街聊天如醉如痴，而我却对那些深感厌恶，反而，对阅读《圣经》以及临摹西斯廷圣母像的兴趣超过了一切。我感觉，只有在做这些事情时，由于忘我，现在被我们叫作"存在焦虑"的东西才能烟消云散，而由此带来的抹不去的抑郁也才能荡然无存。

我从哪里来？要到哪里去？母亲前后不一的答案早已无法安抚我心中的不安，这些年来，我活在一种类似于孤魂野鬼的状态中，不知道"生命"为何物。但现在，似乎《圣经》给了我一个可以抓取的答案——我从上帝的创造而来，要通过耶稣基督的救赎回到天堂。我开始对死亡有了一种深情的向往，因为天堂属于死去的人，天堂是一个无限美好的归宿。

我意识到，世界上的人类是不可靠的，重返天堂要靠基督。可是基督肉身已死，而自杀又是犯罪，所以我只能靠我自己去得到救赎。于是我开始了自己漫无目的的救赎之路。

二十几岁的时候，我离家到了外地。我终于找到了一条救赎之路——成为社会评论记者，专门报道一些黑暗、危险的社会现象，例如犯罪，由此也经历了许多危险。但我满心欢喜。我感觉如果我殉道了，那么，我正好得到了救赎。

第二次自我救赎：远嫁

在一次特殊的机缘下，我力图成为战地记者——我就要接近救赎的终点了，然而，却被妈妈拼命阻止了。于是，我试图通过殉道来重返天堂的努力失败了，我又重新陷入人生的无意义感中，被卷土而来的抑郁所吞噬。这就是我人生中的第二次迷失。

28岁时，我再一次为自己重返天堂创造了机会。我嫁给了一个西方人——他是一个虔诚的基督徒。我跟随他远离祖国，去国外开启自己的新生活，几乎每周都去教堂礼拜，我的人际圈子变成了都是虔诚的基督徒，而我也幸福地感觉，在地球上我已经找到了一个安全的归属。

第三次自我救赎：走进心理学

然而不久，密切的接触让我心中的迷茫越来越多——对于很多关于“上帝”和“魔鬼”的问题，牧师们和教友们的回答都让我感到困惑。由于这些关于“真理”的问题暂时都还没有一个让我心悦诚服的答案，我一直没有受洗。

而真正导致我离开基督教团体的，则是一次现实生活的私人变故——我的前夫有了外遇。我决定退出，我们的婚姻解体了。心高气傲的我带着我们的脑瘫儿子净身出户回国定居；很快，前夫中断了对儿子的经济支持，人间蒸发了——心高气傲的我又拒绝了律师的建议去找使馆诉诸法庭，反而给他写了一封同意他停止对孩子的经济供养并与他彻底解除关系的正式文书，托我们共同的朋友转交给他，从此我们形同陌路，至今彼此无音讯。

婚姻失败对我的打击不只是婚姻失败本身，更重要的是，我的第二次救赎之路被毁灭了。我一直追问的人生根本问题没有找到答案，而且前夫作为一个“虔诚基督徒”的代表，也深深地颠覆了我们在上帝面前共同发下的誓言，粉碎了我对“重返天堂路”的最后一丝信仰。我意识到：我第三次迷失了，我又不得不开始重新寻找我的救赎之路了。

一个重度脑瘫伴发混合型癫痫的孩子，把我引向了心理学。身边病友接二连三地婚姻解体、放弃孩子、心理崩溃、自杀，让我明白，身为独生女的我必须首先保证自己不步这样的后尘，才能不把这个不幸的孩子最后孤苦伶仃地留在这个世界上，在苦难中终结他的人生。自杀的路被母爱堵死了，我只能拼尽最后的力气去找第三条救赎之路。

幸而，我的父母深爱着我。他们毅然决然地支持我离开一场已经腐败的婚姻，支持我对孩子的不离不弃，支持我学习心理学，支持我在孩子三岁的时候就离家重建事业……由于父母离异，我帮助父亲重建了一个家庭，我的妈妈就独自承担起了孩子的养育和康复治疗。甚至最后，父母还谅解了我戴着“小三”这顶耻辱的帽子，让我下定决心去选择了一个我深爱的男人，重新开始我的感情生活……写下这些文字的时候，我的妈妈已经成了一个白发苍苍的单身老人，14 年过去了，身为医生的妈妈从未离开过我的儿子，几次把他从死亡线上拉了回来，又在一次一次事故之后帮助我们从绝望中挣扎出一线曙光……仅凭这些浅薄的文字，对她无怨无悔的付出，我能说什么呢，对这一切……

我唯一能做的是不辜负他们的爱，付出我所有的心力走向光明。从 2003 年开始，我投入心理学中，每一天都没有虚度。如今，14 年过去了，我已经从一个寻求被治疗的病人鬼使神差般地成为一名心理咨询师。我只能说，命运的恩赐是我始料未及的。

遇见：意象对话

生命难以承受之痛牵引着我走进了心理学大门。然而，对于我这样一个当了三年全职妈妈的门外汉来说，心理学的探索并非一帆风顺。我无意冒犯或贬低别的流派，我只想如实地说，由于我本身的性格特质以及机缘，前两年中，我不断尝试了几个不同流派，最后发现都没能真正把自己从强迫、恐怖、焦虑和抑郁的心理症状中打捞出来。就在我绝望的时候，意象对话偶然出现在我的生命中。那是在2005年的秋天，也是那一天，我初识一位意象对话[1]的老师——当时对他颇有微词的我无论如何也想不到，这个让我一看就有些厌恶的男人，居然在日后成了我的人生爱侣。而且与意象对话浅浅的相遇给我带来的深刻影响，在之后就逐渐显现出来令我震惊的威力。

课程结束当夜，我就梦见一个专埋小孩的墓场，每个小孩的尸体上都发了个小豆芽。这个梦引起了我强烈的好奇，为了弄清楚这个梦的意义，我开始转向对意象对话的学习。很快我隐约意识到，每个死去孩子的尸体上都长出一个小豆芽，象征着“每一次死亡中都会转化出重生的萌芽”。

我开始接受意象对话心理咨询了。经过大约半年的咨询，我当初的咨询目标已经达成，强迫和抑郁的症状已经消失，我的心境也有了很大的改变，开始品味到苦难中若隐若现的幸福感和人生意义感。

第一阶段：从“解决症状”到“想知道我是谁”

症状解决了。正要结束咨询的时候，一些具有转折意义的意象却自发地涌现在我的梦中，我被自己潜意识所呈现的“变态”所震惊了，于是决定继续咨询并更加全面系统地学习，以弄明白这些意象在表达什么。

转折点一：鬼屋里的碎尸

梦境如下：我正在家里正常生活，突然发现自己开了“天眼”，结果看到，这个家的地下实际上是个黑暗的千年鬼屋，里面全是血淋淋的碎尸块，分不清是动物的还是人的，血流遍地，还有许多幽灵、吊死鬼和厉鬼都活在那里，但是无影无形。

经过大半年的学习和体验，我渐渐理解到，这些不同的“鬼种”，是我心中暗藏的各种创伤的表达。例如：幽灵主要在表达抑郁和没有存在感、没有人生意义感和心灰意冷感。这与我儿时的一系列创伤有关：出生被告知不受欢迎、婴儿期被母亲放在亲戚家里几个月、幼儿时被反锁在家中与世隔绝，以及童年遭受亲属的一些创伤性对待，而家人都有意无意地放纵这些事件发生，等等。吊死

[1] 见本书附录二第1条“意象对话”。

鬼主要表达我的憋屈感和无人可以言说的感受，以及“上天无路入地无门”的“被挤兑感”，这与我儿时在原生家庭系统中感受到的被压迫、被排挤、被冤屈的感受有关。而厉鬼则表达了，由于恐惧表达和无力表达，因而被我一直压抑在内心深处的仇恨、怨怒，以及报复心。我与那些鬼魂对话之后，随着鬼魂自发转化成人，其中的一些碎尸块也自动拼合在一起，并再生出了残缺的部分，最终变成了一个一个完整的“人”——当然，在现实生活中，我也有损失，因为作为“人”，就意味着我已经失去了作为“鬼”的那些“威力”。

多年后经过深入成长我才知道，“碎尸”以及“自动拼合”的过程正是荣格所说的“自性化”的全面启动；那些“碎尸块”正是我所不知道的自己的“人格碎片”；碎尸的自发拼合，正是通过进入无意识而显现的人格自发整合过程。

转折点二：吸血鬼情结

第一年与鬼意象打交道,就让我的核心冲突——“母女关系”冲突显现出来，伴发的基本情绪基调是抑郁。

由于从小被母亲开玩笑地叫“小吸血鬼”，我无意中内化了对这一心理身份的认同。作为结果，我长期伴随着自我贬低带来的羞耻与内疚，以及由此而来的抑郁与自杀冲动。

在母女关系意象中，母亲作为“献血者”和“付出者”出现，而我则作为“吸血鬼”和“剥削者”出现，由此带来的现实影响是，我对母亲怀有根深蒂固的歉疚感与负罪感，我感到母亲是因为生了我这个女孩而失去了她的幸福和尊严，我活着的代价是母亲生命力与幸福感的丧失，因此，我必须用自己的一生来偿还、赎罪，去实现她的愿望，让她满意和感到幸福。为此，我的前半生都竭尽全力地用来追求卓越，成为她想要我成为的样子，以达成母亲对我的期待，洗刷她的耻辱感和低贱感，以此来补偿她的痛苦和丧失，缓解我的自我低劣感、羞愧感与歉疚感。然而，现实中无论我如何努力，都无法达成这一目标。于是，我越来越感到自己不配活下去，越来越陷入自我毁灭的冲动与抑郁中，阶段性地出现强迫性自伤行为，并两次尝试自杀。

经过与意象对话，我意识到，自己心中的母女关系是一个内疚控制的陷阱——幼年严重缺爱并遭受抛弃和虐待的母亲，由于心理创伤带来的影响，把家族情结通过代际传递无意中丢给了我。通过逐步内化女性咨询师的“好妈妈”意象，我产生了稳定的自我接纳和自我理解，宣泄了早年创伤所带来的各种消极情绪，从夸大、歪曲的自我贬低与自我攻击中走出来，确认了自己并不是“吸血鬼”，由此走出了深重的羞耻感，重新建立了积极的自我意象和基本自尊。

当“吸血鬼孩子与献血者妈妈”的母女关系意象在心理世界中自发转化成了“白色小羊羔和它的女主人”意象时，我在现实生活中也发生了相应的改变：我的自伤行为彻底消失了，自伤冲动也基本上不再出现。而在心理学学习层面，这个期间我成功地自编了《脑瘫儿家长的羞耻感量表》和《脑瘫儿家长的社会支持量表》，并在之后顺利完成了自己的特殊教育方向的硕士论文《脑瘫患儿家长羞耻感与社会支持的相关研究》。

此阶段成果包括内心和外部现实两方面：内心方面，是个人成长目标的转变：从一开始只想解决眼前的痛苦和症状，到想要了解“我是谁”；当我开始意识到自我成长对自身的重大意义之后，我的个人成长动机从“避害”走向了“趋利”。而外部现实方面，我的强迫症状以及多年的抑郁症状等基本消失了，我恢复了正常的生活功能。

这一阶段，我也舍弃了很多病态获益。在自我认同方面，一部分从“鬼”进化成“动物”，另一部分从“鬼”进化成“人”。我已经开始与自己的阴影工作，并开始了人格的重初步建。

通过意象对话的大门，我的第三次救赎之路终于正式开启了。

第二阶段：“献祭”主题的显现与转化

随着人格的初步重建，我心中开始有了希望，想要去寻求幸福，重建自己已经被打碎的生活。这一阶段的梦很多，主题似乎也很杂乱，但反复出现在梦里的，总是血泊中一只雪白的小羊羔。经过多次解梦的工作，两个重要意象出现了，“献祭”主题更加清晰地显现出来。

转折点一：替罪羊情结

这一阶段主题是我的罪疚感。

开始的罪疚感是我对儿子的。我怀孕期间过于消瘦，加上儿子的爸爸和我血型不合，导致儿子在胎内发生了溶血反应而在 26 周早产，最终成为重度脑瘫。作为一个“不称职”的母亲，我无法面对自己的愧疚。

经过一段时间咨询，我发现，这种罪疚感的源头竟然是与生俱来的：我从小就听说因为我是女孩，奶奶不接纳我，于是妈妈和爸爸之间就出现了隔阂，几次差点离婚。我人生最早的记忆之一就是在妈妈怀中为她抹去泪水。父母分居几十年后最终还是离婚了，我觉得母亲一辈子都没有得到作为女人应得的爱，这一切都是因为我。

终于，在咨询师的帮助下，我看到在自己的心理现实中，我是一只雪白的小羊羔，在祭台上乖乖地待宰。在冰冷的祭台上，我感受到了巨大的恐惧与哀伤，也感受到了自己的无辜与莫名其妙，我意识到原来我并没有犯罪，我必须去死，只是因为我必须去替养了我的主人们去赎他们的罪。"这不是我的错！我没有罪！我不想死！"有生以来第一次，我可以这样理直气壮地为自己申辩和呐喊。喊着喊着，在泪奔中，小羊羔变成了一个小女孩。

此后，我的现实生活与基本心态发生了重大的转变，原来那种"我不配活着"的感觉不再笼罩着我，我从沉默寡言开始变得有活力，自杀冲动完全消失了。同时我也理解到，我一开始对儿子那种"我不配做妈妈"的内疚，其实来自于幼年的我想要对自己妈妈所做出的一种谴责性的表达。意识到这一点后，我的现实行为也发生了转变：我可以不再为自己没有持续熬夜加班给孩子挣更多的医疗费而内疚了，取而代之的是，我会更多地拥抱儿子、和他温柔地说话，虽然他听不懂。抱着儿子的时候，我的内心感受是温暖和幸福，而不再是伤痛和歉疚。

当我开始面对和接纳了自己对妈妈的消极感受，而不再把它们深深地压抑在无意识之中，这也使得我有机会和现实中的妈妈产生了一种真正的情感连接。尽管在这种连接中，也有怨恨，但那是一种有血有肉的真实的情感。我发现，当恨被如实看到的时候，真实的爱也自然而然地产生了，与此同时，以前"欠债-还债"的感觉被一种新的"又爱又恨"的感觉所取代了。现实中，妈妈反馈说我变了，一方面我和她"真正亲了、贴心了"，不再像以前那样"看起来很乖很孝顺，但总感觉离心离德"；另一方面，我也变得有时候开始和她"犟嘴"了。尽管如此，妈妈仍然表示，她宁可我和她犟嘴，也不愿意我像以前那样和她离心离德的，现在她感到"没那么孤独了"。我能理解她的感受，因为我的自我认同也已经从"动物"变成了"人"。

转折点二：处女献祭

（一）白羊与吸血鬼王子的故事

这是我心理世界中的一个重要子人格——16 岁的处女"白羊"。

她自愿把自己的血献给吸血鬼王子。她没有父母，从出生就从未走出过这间墓室——原来这是属于吸血鬼王子的墓室。此刻她正躺在黑暗的墓室里等待着吸血鬼王子来吸自己的血。经过漫长的等待，年轻英俊的吸血鬼王子终于出现了,是个苍白瘦削的金发白种男人。他看着白羊雪白柔软的脖颈上青色的血管，感受到了强烈的诱惑，但他不忍心吸她的血，王子努力控制着自己的本能冲动。他命令白羊离开自己的墓穴，但白羊执意不肯离开，并苦苦恳求他吸自己的血，他烦躁地拒绝了，并转身准备离开。白羊突然悲从中来，茫然地对他说："我活着的意义就是等你来，把自己的鲜血献给你！如果你不要我，那么我活着还有什么意义呢？"吸血鬼王子被她的话打动了，开始忍不住接近她，她闭上眼睛，微笑着等待那一刻的到来。就在吸血鬼王子即将接触到她的时刻，他突然改变了主意，大吼一声，随即他的身体跳起来，痛苦地扭曲、变形，仿佛要被撕裂成两半，最后，他突然飞起来，他的头部变成了两把小锯条，像螺旋桨那样旋转着，一直顶着墓室的天花板，最后突然把天花板钻开了一个洞，强烈的雪白色的阳光猛然间洒进伸手不见五指的墓室中，而吸血鬼王子的身体瞬间像蒸发了一般消失在阳光中。在他消失的地方，出现了一只灰白色的，不起眼的飞蛾，随即飞出洞口，消失了。白羊震惊地目睹了这一切，不知所措。第一次，她看到了阳光，以及小小的洞口上面露出的蓝天、白云，她闻到了陌生的、清新的风的味道。突然，她发现自己开始呼吸了，她吓了一跳，不知道自己是谁。

这一段意象故事是在一天晚上似睡非睡的状态下自发出现的。随着意象中的白羊被自己的呼吸所惊吓到，我也同时从恍惚中被惊醒，回到现实。好一段时间内，我全身心都还携带着所有"梦中"的那些感觉、感受、念头，我突然感觉"梦中"的情景如此真实，甚至真实到了比我的现实生活还要更真实。这让我陷入了史无前例的迷乱和恐慌。

经过更加深入地与这些意象接触，我意识到自己对身边的一个有妇之夫的那些微妙却深刻的感受，以及我对他有意无意的暧昧和诱惑，也终于理解了身边发生的很多相关的事情。在此之前，我对自己内心的这部分内容毫无意识，因而对很多事情很困扰，甚至对一些人"莫名其妙"地反应产生种种糟糕的感受。我还以为，从四年前离婚开始，我的心就死去了，我对男性再也没有感觉了！这个发现让我的内心五味杂陈：无地自容、歉疚、恐惧、悲哀、释然，还有无法否认的感激、兴奋和惊喜。

一周之后，我在咨询中选择了和"吸血鬼王子"告别，在意象中，作为"白羊”的我也走出了墓室，在一片春天的草地上，向已经变成了飞蛾的他倾诉了我的感恩、我的欲望、我的遗憾、我的决定和我的祝福。接着，在现实生活中，我也和那位“以某种奇异的、近乎本能的方式吸引了我”的有妇之夫做了简单而符合现实感的告别，并至今再未联系过。自此，这个属于我的梦，被我收藏在了我心灵的历史簿中，我不再被它蒙着眼睛推着走路，我们各自回归到了属于自己的生活中。

（二）白鹿＋耶稣＝双面金人

“白羊”子人格出现不久之后，在半梦半醒中，又有一个16岁的处女“白鹿”出现了。

这个子人格身穿白色的希腊长裙，正端庄、从容地走上一个长方形的白色大理石祭台，静静地躺下，面对着蔚蓝、晴朗的天空。阳光均匀地洒在她的长发上，给她镶上了一道金边，一阵清风拂过她，带来了她身上散发出的淡淡的香气。耶稣肃穆地走到了祭台旁边，拿起一个黑色的十字架在自己额头、咽喉、胸前各碰了一下，又碰了一下白鹿的额头、咽喉和胸前。然后，他用一把黄金宝剑正对着白鹿的心窝戳了进去，一直戳透了她单薄的身体。她静静地躺着，一滴鲜血从她的后背滴了下来，耶稣拿了一只小小的白瓷杯，小心地把血接在里面，在阳光下就像装着一颗亮晶晶的红宝石。然后，耶稣把杯中的血一饮而尽，摔碎了那只小瓷杯。白鹿宁静地注视着他，一动不动，无声无息，面带微笑，仿佛如愿以偿的样子。突然，耶稣的双脚渐渐离开了地面，面对面漂浮在了白鹿的上面——如果横着看，就像两个人正面对面地站在空中，而白鹿的后背靠着一个祭台。连接着两个人的是那把黄金宝剑，它一端在白鹿的心窝里，另一端在耶稣的心窝里，仿佛是两颗心之间的一座桥梁。渐渐地，两人越贴越近，两人之间的黄金宝剑随之缩短，直到完全消失在两人之间。白鹿和耶稣面对面地贴着，两个人的身体从头到脚都完全贴在一起。这时，耶稣口中的血滴变成了金黄色的蜂王浆，他把它口对口喂到了白鹿的口中，白鹿顺从地吞下蜂王浆，蜂王浆带着金黄色的极光，顺着她的咽喉一点点进入她的心脏。蜂王浆的金光所过之处，白鹿的身体被照得晶莹剔透。原来，白鹿长着一颗像青苹果一样的心脏，硬邦邦的，没有温度，不会跳动，周边也没有任何血管。当蜂王浆像一条金色的小虫一般慢慢地涌入青苹果，这颗心开始变得柔软、温暖、红润起来，周围也开始像春天的柳树抽条一般长出了许多血管，一直延伸到她身体的各处。最后，青苹果终于开始跳动，并清晰地发出“扑通扑通”的声音；它复活了，恢复了一颗真心的样子。跳着跳着，白鹿的全身都变得越来越透明，到她的整个身体全部变成透明的时刻，她上面的耶稣突然下沉，一下子沉入了她的身体并整个穿过了她！也就是说，他们的身体此刻已经成为了一个像是“双面人”的整体。之后，这个整体开始发出金光，灿烂却不刺眼的金光，周围的世界突然变得特别清晰起来——有肥沃的大地、一望无际的天空，还有风、各种花草的清香、几只不同的鸟儿在不同的方位发出各自独特的鸣叫声，一切都让我感到从未有过的陌生而又熟悉。……忽然，这份活泼泼的安宁被惊扰了——双面人动了起来，在纯度和亮度都越来越高的金黄色的光中，双面人渐渐盘腿坐了起来变成了黄金双面人，而那四射的金光开始变成无数条黄金手臂，双面人变成了金身的千手观音……

巨大的恐惧袭来，我从梦中被惊醒，一下子从被窝里坐了起来，感觉我的整个身体连同每一条毛细血管里都是我的心跳。打开灯看看表，正好是凌晨一点钟。我爬起来，拿起笔记下了这个梦的细节。放下笔，我立刻又进入了梦乡。

早晨起床看着自己半夜的记录再回忆这个梦，我突然发现，这个“白鹿”长得、穿得都和“白羊”非常相像，简直就像双胞胎，唯一可以区分她俩的地方是——白羊脸色和嘴唇都很苍白，白鹿脸色泛着红晕，嘴唇也红嘟嘟的；白羊头上戴着白色的樱花环，而白鹿头上戴着白色的百合花环。

后来我明白，白羊是献祭给死亡的献祭者，而白鹿是献给生命的献祭者；白羊通过献祭回归死亡的怀抱，而白鹿通过献祭走向复活；白羊献祭的意义是，通过把自己物化成食物祭品，而使得自己的存在被认可为“有价值”；白鹿献祭的意义是，通过把自己与神性的耶稣结合，而走向人性与神性的合一。值得一提的是，白羊献祭的中介是“被吸血”，象征着主动被利用，是单方面的“施－受”，本质是一方的生命力被剥夺，而另一方占有了不属于自己的他者的生命力，这个关系本质是情结性的；白鹿献祭的中介是“被金光进入和融化，并与神性的中介者结合为一体”，她的原始生命力（处女红）被她的“阿尼姆斯（女性心中的阳性精神品质，常常以‘男人’意象出现）－耶稣”承载在一只“瓷杯”（慈悲）的容器中得到转化与升华。在这个献祭仪式的故事中，献祭者与受祭者的关系是互相给予的爱的流动，是双赢的——献祭者把自己的原始生命力，经由对神性精神的崇拜与敬畏，自愿献给神性精神的代表耶稣；而耶稣通过用象征着爱与智慧的黄金宝剑穿透她的心扉，并通过接受她以自己“心血”所做的虔诚的供养，让献祭者的原始生命力在自身的容器中被酝酿和转化，变成滋养的金黄色蜂王浆，并经由神性的阴阳结合仪式回馈给献祭者，使之与自己合二为一，达成整合。现在以荣格“炼金术”的视角看来,这个转化正是一个“炼金”的过程，这个过程的仪式就是“圣婚”，而这个梦本身就是“炼金瓶”。

对比两类献祭，我对自己一生走过的路豁然开朗。在我的命运中，能够打动我心的男性不外乎这两类：一类像吸血鬼王子，阴郁、神秘、缺乏真正的生命力，却又充满着罪恶感的诱惑；另一类像耶稣，具有阳光一般的温暖和大爱品质，同时还有像黄金宝剑一般的智慧穿透力，以及义无反顾的自我牺牲精神。现实中，两类男人和我的结合都没能实现，因为，对吸血鬼类的男人，我本能地对那种致命的吸引力保持警觉，不敢轻易涉足；对耶稣类的男人，我充满了精神的崇拜，丝毫不敢允许自己去以性的欲望来亵渎它。最终，我选择的初恋男朋友和前夫，都是我心中的“好兄弟”或“好父亲”的投射对象——因为他们只是人类，既不像鬼，也不像神，我觉得和他们婚恋是安全的，即便有一天失去他们，也不会威胁到我自身的完整性。事实也的确如此，由于婚恋关系的现实感，我始终未能全心地把自己投入给他们，作为获益，当他们最终背叛我并离我而去时，我并没有受到格外强烈的打击——虽然我也有损失、有厌恶、有悲痛，但从未感觉“自己的一部分随他们而去了”。正因为如此，我的“心”依然保留着“处女”的样貌，病态的那部分化身为白羊的意象，健康一些的部分化身为白鹿的意象。当心理成长已经深入到足够开启我的“心门”时，她们就涌现了。

具有共时性[1]的现实命运转折事件是：在“白鹿献祭”后不久，我一开始遇见的那位意象对话老师，也意外地走进我的现实生活，我们一拍即合，彼此相见恨晚，就像终于找到了失散很久的另一半的自己，我们自然而然地恋爱了。虽然他在法律上还没有正式结束婚姻，但我依然带着强烈的罪疚与羞耻进入了狂喜——终于，我可以向爱情献祭了，献出我最为珍视的名誉和尊严。

此阶段成果是开始触及到自己的个人核心情结——献祭。在心理现实中，不论从自我认同方面，还是从关系模式方面，都有了更加健康的进化。

首先，在自我身份认同方面看，从作为“无辜的替罪羊”的被迫献祭，到以一个人类处女的身份主动把“纯洁的自己”献上“爱情”的祭台，我的自我认同开始出现递进式的进化，从动物进化成人，又从小女孩成长为少女，这说明在内心深处我开始对自己一直不被接纳的女性性别身份有了接纳和认同。而

[1] 见本书附录二第 16 条“共时性”。

“处女”的身份认同，则暗示着我开始有能力以一个全新的、不被过去创伤所染污的、健康、自然的女性身份走向异性关系。同时，从“被别人强迫献祭”到“主动的自我献祭”，说明我开始对自己的“丧失”自我负责，而不再向外归咎于人，不再以“无辜者”“替罪羊”和“受害者”的身份自居。此外，在这一年的成长中，从“有罪”到“无罪”再到“纯洁”，可以看到，内在自我身份认同和自我评价，两方面都在从消极到积极进行转化，说明在我的心理现实中，过去习惯性的自我贬低模式已经开始被转变，自我接纳与自尊得到进一步的提升。

其次，在异性关系方面，病态的部分开始得到转化，而健康的部分开始显现出来：吸血鬼主题在异性关系上的延续，得到了更加健康的转化，“吸血鬼王子”这个我内在的“男性吸血鬼救世主”，不仅放弃了吸血模式，而且还通过自我牺牲救赎了自己和所爱的女孩“白羊”（“替罪羊”的进化与成长），与她双双走出暗无天日的地下墓穴，进入有天空、阳光和大地的健康世界，把剥削关系转化成了爱的关系——由于“白羊”是我的女性自我身份认同（“白羊”这个少女意象是前面几个阶段进化的产物，她的前身是“小吸血鬼”“替罪羊”“小女孩”），这就意味着，作为“吸血鬼”和“献血者”的自我认同，开始在我的自心中得到了超越与救赎；而对原本就比较健康并具有神性追求的处女“白鹿”来说，她的阿尼姆斯（具有神性的“耶稣”）也显现了，于是把自己奉献在祭台上的她，通过象征性的“性爱”，与“耶稣”合一，并转化成金身“双面人”。我相信，这个双面人意象是“自性”原型在我心中的初步显像，它象征着通过我心中阴阳两部分的精神整合（也就是荣格心理分析中常说的“圣婚”），我已经自发踏上了自性化之旅（荣格心理分析体系中的“自性化过程”，大致就是成为“完整的人”的心理发展过程）。

这阶段所对应的外部现实转变是：我开始变得“有女人味”，对自己有了性别方面的自信；我与自己身边的几个“男吸血鬼救世主”类型的异性切断了暧昧关系，因为我不再依赖于他们对我的“需要”与“饥渴”来确认自己的女性价值，也不愿意再继续容忍这种低自尊的异性关系；我带着重生的勇气开始了自己新的选择，真正从过去的婚恋伤害中走出来，开始了一场真正意义上的恋爱。当然，同时也由此开启了我的“黑夜之旅”。

第三阶段：从“光明”走向“黑暗”

无可否认，我人生中最痛苦和黑暗的时光就此拉开了序幕。当我开始人生中第一次真正的灵魂之恋时，我才发现，我既接收不到被给予的爱，也不会给予爱，原来我的内心早已被恐惧、怨恨和绝望充满，已经腾不出空间来容纳爱；原来，我对“爱情”的强烈渴望，不过是“叶公好龙”。

转折点一：骨折与“如意树”

难以言表的幸福和恐慌中，我措手不及地走进了一场真正触动心灵的恋爱，然而，这场爱来得不是时候，我陷入了绝望的两难中。刚开始，我指责自己的“不道德”，并决心退出这场三角关系，成为一个“成全者”，并为了使自己符合“社会道德”而放弃“我个人的情感和意愿”。

然而，这个努力却被一个现实事件终止了——我爱的男人几乎马上就离婚了，并公开与我恋爱。为了补偿他的前妻，他放弃了不菲的家产，带着大笔公司债务净身出户，这让我内心的愧疚减轻了一些。他坦然承受着舆论的谴责和家里人的反对，带着我出双入对。但我却远没有他这么洒脱，外在的舆论压力如影随形，家人的反对扑面而来，羞耻、愤怒、哀伤、恐惧、委屈等情绪的浪潮淹没了我。作为“小三转正”，我的痛苦没有权利也无处宣泄，于是我爱的男人就成了唯一的宣泄口，我用冷漠折磨着他，以表达这难以启齿的羞愧与痛苦。我发现，他的内心稳定得出奇，他既敢于毫不动摇地坚持自己的选择，同时也敢于持续而毫无怨恨地承担选择的代价和结果——他理解外界所有那些夸大和歪曲的攻击谩骂声，也理解我的痛苦、委屈、怨恨和冷暴力，他只是把所有这一切从容不迫地承担下来，就仿佛这一切不过是月亮的阴晴圆缺一般自然而平常，同时也并没有因为这些而让自己的步伐有任何紊乱。如此稳定而强有力的爱与意志，让我第一次亲身体验到所谓的“安全感”，他的包容和承担，以及那份从心中自然流露出来的宽厚与谅解，让我深受感动。我开始庆幸自己选对了男人，那时候，我曾梦见一座硕大无比的南极冰山在温暖的金色阳光下开始融化，并淌下晶莹剔透的水滴。

面对外界的“危险”与“伤害”，我蜷缩在他的臂弯中。那时候，我感觉世界上只有他的怀抱才是安全的、放松的，他仿佛占满了我内心中的全部世界。对他，我的心中充满了理想化的幻觉。然而，他却坚持以真面目示人，一再让幻影被无情地粉碎，从子虚乌有的空中跌落地面。无数次地，我提出分手，想要在自己沦陷得更难以自拔之前逃之夭夭。

在一次次感到受伤流血之后，我不得不一次次重新揭开那些丑陋的童年伤口。持续的心理成长又让我一次次懂得：问题只是在于我的心中埋藏着许多未曾有机会被引爆的“地雷”。因为，此前在我壁垒森严的防御下，从未有“人”闯进这片我心灵深处的“禁区”，使得这些隐患未被触发。而我，由于之前缺乏真正的自我探索，使得所有那些未解决干净、只被我的理智化防御所埋葬在地下的童年亲子创伤，都开始全面发作在我的恋爱关系中。当我看到，当下这一切的伤痛，都来自于我自己的理想化投射和过往创伤时，我一次次放弃了“放弃”的念头，一边摆荡在“逃避”和“面对”之间，一边苦苦地翻腾自己陈年的伤口。

就这样在“被粉碎”中坚持了大半年之后，我突然做了一个梦：

> 我迷路了，进入一片森林，突然发现一棵长满各种奇异果实的参天大树。见到它的时候，我一下子就被吸引了，所有其他的树木对我而言都变得微不足道。我围着它，抚摸着它，恋恋不舍，忘记了回家。突然大树说话了，告诉我说，是我自己在很久以前亲手种下了它，种完了以后我就离开了这里，再也没有回来过。当时它还是颗种子，现在长大了，所以我现在即使和它面对面也已经认不得它了。我恍然大悟，非常喜悦，我意识到自己有权利吃它结出的果实，于是跳起来想要摘果子吃。每一次刚刚触到果实，那果实就像水泡一样破灭不见了。这样坚持了几次之后，我又失望又灰心，开始怨恨那棵大树，于是就想砍掉它重新种一棵。但是它如此坚挺，纹丝不动，无奈之中，我开来一辆大卡车，把它撞断了。它的树干在贴近地面的地方折断了，轰然倒下。我更无奈了，本来我想要把它连根拔起，但现在，这个留下的树桩更结实地和大地深处连接，于是我只好离开了，以后再另想办法。

醒来之后，我马上做自我分析，意识到自己已经不能再忍受和他的关系了，和他在一起是不会有任何好结果的，“一切只是看似美好的泡泡”。已经感到精疲力竭的我，不愿意让自己的后半生都虚耗在这些空虚的肥皂泡里。于是我在内心作了一个坚定的决定，我要听从自己的无意识，坚决地和他分手，因为我绝对不能容许一个“美丽的大泡泡”成为我的整个世界。

凑巧的是，第二天是我们的第一个“爱情周年纪念日”。那些天他正在外地出差，打电话让我替他买件我喜欢的礼物送给我。我正巧看上一双蛇皮鞋，因为太贵而舍不得买，于是我就忘记了分手的决定，欢天喜地地买下了它。想不到还没等我把这双鞋带回家，意外就发生了——我规规矩矩地站在人行道边上，突然冲来一辆违反交通规则的轿车擦了我一下，我的左腿胫骨竟然就骨折了。

于是，还没来得及回家，我直接住进了医院，分手的事情也没有说出口。直到六个月后，医生才允许我丢掉拐杖用自己的双脚走路。这半年中，我变成了一个生活不能自理的婴儿，一切全都依赖他的照顾。他对我无微不至，每天来医院陪我，每天背着我出来放风；在他去新疆授课的一周里，他不但带着我，而且还背着我上了趟天山、下了趟天池。我的内心再度陷入了极度纠结中，我懊恼地发现，他已经不知不觉地变成了我的依赖对象——当我痛下决心刚想要毁灭他给我带来的“全世界”时，他又一次成为我的“全世界”，而且这一次更彻底，他不但是我的“全部心理世界”，现在甚至还成为我的“全部现实世界”！

后来我才明白，这次“胫骨骨折”，在心理层面，是一个极其强烈的象征性表达：首先，脚踝骨折的原因是“司机不守规则”，所以“守规则的行人”成了无辜的受害者——“无辜者”为“有过者”承担了代价，又是一个“替罪羊”的故事脚本。

其次,“骨折”是两方相撞,发生了直接冲突。但敌我悬殊,不堪一击的“我”方受到重创——在敌我双方中，“我是遵守规则的一方”，对方是“不守规则的一方”，我是“受害者”，对方是“迫害者”。这又是一个受害者的故事脚本。

再次，从自我认同角度来看，“我是守规矩的行人”是一个“好人”认同，符合我原有的“好我”身份认同；而“我是不守规矩的人”是一个“坏人”认同，是一个新的具有入侵性的身份认同信念——而两个关于自我认同的信念在我内部“撞车”，导致“我是守规矩的人”这个原有自我认同“受到巨大冲击而站不住脚”的结果。在“坏我”阴影面前，我的“好我”面具同样不堪一击。

此外,这次事故同时还暗含着一系列的潜意识表达。如,“这一切来得好突然”“没有谁想要伤害谁，这一切只是意外”，等等。

原来，这场事故竟然是一个躯体化事件！看到了骨折的意义，我不得不承认，这是我的潜意识在为我介入他人的婚姻而做出的辩解。无论我爱的男人与他的前任妻子之间发生了什么，不可否认的是，我都是那个突然闯入别人的婚姻，并伤害了别人的“越轨者”和“迫害者”，而他当时的妻子才是那个规规矩矩站在自己位置上的“行人”和“受害者”，所以，“被撞断腿”是我“罪有应得的因果报应”。

有意思的是，我刚刚在梦中用卡车撞断了树干，就在现实中被汽车撞断了腿，这两者之间似乎具有某种冥冥之中的关联。我开始疑惑：他、树、我自己，这三者之间究竟谁是谁呢？

更为戏剧性的是，现实中撞倒我的那位司机，当时正在去一个庆祝宴的路上，因为那天正是他安全驾驶十周年！他也万万没料到，竟然祸从天降，他就像一个喜滋滋奔赴婚礼的新郎官，却突然之间发现婚礼变成了葬礼。而之所以他要做这个庆祝，是因为十年前这个日子，他自己被一辆车撞断了腿，他不得不架着拐瘸了三个月。后来，他把这只拐借给我用，而我不得不架着它瘸了六个月。现在写下这些文字的时候，我忍不住偷笑。一边偷笑，一边感慨命运的鬼使神差，就好像暗中有一个非得要把谁撞断腿不可的“瘸鬼”，在经过一个又一个的受害者去找“替死鬼”。同时，我也不胜唏嘘——他在庆祝自己是“十年无差错好司机”的半路上出了差错，也正像我在为自己的“高尚”沾沾自喜的半路上出了差错一样。一瞬间命运就可以翻转到乐极生悲，一个刚想要标榜自己的人就重重地打了自己的脸，人世间真是无常。

除了骨折本身想要表达的无意识意义之外，我还认真地看了“骨折”给我带来的获益，大致发现这些获益兼有“比较病态的”和“比较健康的”两面。这些获益主要有：

1. 这样，作为一个成人的我，就有理由享受由他所提供的“母婴之爱”了（积极面是，还对“我是成人”这一点有现实感）。

2. 这样可以测试一下，他是否也像“世界上的其他人”那样“冷漠”“不可靠”（积极面是，原有的关于“世界 / 他人是怎样的”的消极信念开始不那么被确信了）。

3. 由于心中对他前妻的负罪感，我必须给自己一个严厉的惩罚，以此让自己深受内疚与羞愧折磨的良知获得少许安宁与平衡。

4. 获得“无辜受害者”的自我认同。我的潜意识希望那个被撞的“受害者”是我，而不是他的前妻，通过这一场“我被别人撞”的事故，我仿佛又可以把自己“洗白”了。从象征意义上，事故的肇事者被归咎于他人。或者说，这场突如其来的“第三者”事件的肇事者是我的情人，而不是我本人，我也是受害者，就像他当时的妻子一样。

5. 通过骨折，我心灵的痛苦被转移到了肉体的痛苦上，而肉体的疼痛对我而言是更容易忍受的，就像我从小就会用生病来转移心理上的痛苦一样。

6. 因为骨折，我那个和他断绝关系的决定也夭折了——我需要一个更强大的借口（“不可抗力”“命运的安排”）来留在他的身边。

此外，这个阶段我还发现，自己的根本冲突，其实是对依恋关系和承诺的恐惧与不信任，而这来源于我父母婚姻的不幸和失败，以及我两岁以前的早期经验给我带来的深刻影响；当然还有继发的原因——我自己婚恋关系的失败。但我惊讶地发现，关于“我是谁”“世界是怎样的”“我和世界的关系是怎样的”这些基本信念，竟然在我两岁前就已经形成了。更令我惊讶的是，这些基本信念竟然形成了一个关于我一生命运的剧本——“我想要怎样活”。在咨询师的支持下，我开始直面这些信念：

1. “我是谁”：我是弃儿，所以我是乞儿——但我不要当乞儿，所以我学会收养自己、喂养自己。

2. “世界是怎样的”：世界是冷漠无情的、不可信也不可靠的——所以我唯一可以依靠的只有自己。

3. “我和世界的关系是怎样的”：人为刀俎，我为鱼肉——所以，我要远离人群。

4. “我想要怎样活”：我要独立，并帮助那些和我一样的人改变命运。

而这些基本信念构建了一个足够完整的基本叙事，一个关于“我在这个世界上的命运是怎样的”的命运脚本[1]：“因为我是弃儿，所以成了乞儿；因为我是乞儿，所以世界是冷漠和充满危险的。但我不愿意做乞儿，所以学会了自我喂养；因为发现自我喂养的好处，所以我不需要依赖他人，这样我就安全了。我安全了以后还可以帮助那些像我一样的人改变他们的命运。”

看到这一切的时候，我呆若木鸡，我人生中发生的所有的故事，真的只是这个基本叙事的不同翻版！这一切让人难以置信，我的心凌乱了。我突然觉得，自己活了 30 多年，却依然活在一个两岁的故事里！更令人难以置信的是，世界上竟然真的有“命运”这回事！最可悲的是，当我想要把自己投入爱情关系的时候，却突然发现我的命运脚本却是一个“远离关系”的脚本！

人生中第一次，我开始面对一个令人难以正视的心理现实：在我内心中从未有过真正亲密的、可信赖的人，包括我的父母。在我的心理剧本中，他们都曾

---

[1] 见本书附录二第 3 条“命运脚本”。

经在我童年最需要保护和支持的时候，以某种方式抛弃了我，所以我从小就学会独立，绝对不依靠任何人。作为结果，我发现自己表面上对人天真幼稚的轻信背后，其实隐藏着一颗对任何人都不信任的心。是的，如果在我荒凉的心理世界中，连我的父母、我的原生家庭都不值得信任，那么这个世界上，还有谁是可信的呢?

然而现在，面对着这个我所爱的、同时也爱着我，并且在我最脆弱的时候对我不离不弃的男人，我的根本信念动摇了，我的“命运脚本”演着演着就出了差错——我不得不面对我其实想要信赖他、依恋他的强烈渴望，我不得不承认其实我渴望着全身心地把自己投入给他，并与他永远地融为一体。

我恨“骨折”，恨它剥夺了我逃跑的权力和机会，反而让我更加依赖他，越陷越深——否则，我就会乖乖地臣服于命运，我就可以重归于我的平静。但我也感激“骨折”，感激它以一种毫不被我领情的方式来赠予我一份厚礼，让我在有生之年有机会真正体验到被人呵护而不用担心因为自己没用而被遗弃的滋味，让我有机会开始怀疑自己内心最深处的那些悲惨信念是错误的，也让我有机会看到自己正不知不觉地被无意识所推动着，一步步、越来越沦陷于我那可悲的“命运脚本”之中。现在，可怜的我已经被卡在了“放弃”和“投入”两股强烈的力量之间动弹不得、不知所措，我陷入了从未有过的迷茫。

我急迫地追问我的咨询师：“命运脚本有没有可能改变”？她告诉我，所谓“命运脚本”，是被自己的心所“构建出来的”；既然心可以构建它，就一定可以重构它、解构它，就像“解铃还须系铃人”的原理。但前提是要先看清楚“心”，看清楚“命运故事是如何被创造出来的”。所以，命运脚本是否能够改变，取决于我们能够在多大程度上看清楚“心”。我们越不认识心的本来样貌，我们就越受到命运的摆布；越认识它，就越能够从命运中获得自主。咨询师的话让我安心了一些，我决定要尽量地看清我的心，这样我就可以少受命运脚本的摆布了。

在之后的心理成长中，更多让我难以承受的内容涌现出来：骨折前梦中的那颗树，原来是一棵“如意树”，树上的果实叫“如意果”，种子来自于我在妈妈肚子里的时候从自己的胎心上掰下来的一瓣，名字叫“我要”。这颗种子本身就是一个神奇的咒语，虽然它已经被深深埋入到地下看不见的底层里，但只要我念动这句咒语，树上就会按照我的心意结出各种各样美味的果实。

原来，这棵树其实和现实中的爱人无关，它只是婴幼儿时期的我在欲求得不到现实满足之后，依据自己一厢情愿的自我中心的欲求，而“种下”的一个理想化的幻想泡影。而现实却偏要戳我的泡泡，我急了，带着愤怒和失望“砍断”了它，却依然不舍得将它从心中连根拔起地舍弃，因为我还贪恋着这颗魔法般的“如意树”带给我的好处，背后的不甘心还对这个幻想有所指望，指望着假以时日，它就会按照我的心意长大长壮，为我遮风挡雨，让我依靠，为我提供各种美味的果子吃——这棵“如意树”，不过是婴儿的我幻想中的“好父母”“好乳房”的象征。

我和他在一起并不是为了找到一个爱人，而只是为了找到一个好父母——这个发现让我顿感踩空了般的哀伤与失落，想不到咨询师让我的幻想“被破灭”得更彻底、更没指望，我甚至因此而有些恨她。

但同时，这个发现也让我释怀：我区分了“现实中的爱人”和“我的意象”二者之间的不同——现实中的这个男人既不是我想象中的“耶稣”，也不是我梦中的“大树”，他只是一个坚持以自己的真面目来爱我的、活生生的、有许多宝贵品质和许多小缺点的男人。也就是说，在我心中倒塌的，只是一个我心中的自恋幻想，而不是我的爱人或爱情。既然只是一个婴儿在遭受现实挫折后所炮制出来的魔法式幻想，那破灭就破灭吧，倒也没什么可惜的。就这样，带着欣慰和些许抱歉，我又回到了现实关系中。由于意识到自己并不真的懂得“爱情”，而只是把“爱人”当成了一个理想化的“欲望摇钱树”“好父母”或“完美妈妈”，我开始节制自己对他的欲求与期望，我们的关系有了改善。

转折点二：自罪与良性肿瘤的爆发

毕竟，我和他的开始是不被祝福的；在这一年中，我被夹在内忧外患中。外部是谴责甚至歪曲的舆论，内部是一些重要亲友的排斥甚至中伤。更糟的是自心的严厉鞭挞，让我陷入了史无前例的罪疚、羞耻、惭愧和自我贬低中。作为人类的一员，我如此渴望着被接纳、被祝福，然而我所做出的选择让我得到的却是惩罚和诅咒。自从我选择了他，我就失去了家人和社会的接纳与尊重，更可怕的是连我自己对自己的接纳与尊重也失去了。我开始怨恨起来，这些怨恨由于没有资格扔出去给外界，因为我只是个“罪有应得、咎由自取的罪人”，于是就只好转向我自己——接受自我惩罚，总比接受外部惩罚要好受许多；作为交换，接受自我惩罚也给了我一些“权力”，允许我继续留在我们的爱情里。虽然这些“惩罚”也会偶尔溢出去投向给爱人，当我自己再也承受不了的时候，但我已经暗地里痛下决心，要像他那样“后果自负”，而不再怨天尤人。

现实结果，这些难以承担的怨愤，开始在我的身体上以各类肿块的方式全面发作出来，一年之内就出现了肾囊肿、卵巢囊肿、乳腺增生、肠息肉，以及肝血管瘤。

我的心理咨询由此开始转向心身疾病的疗愈。经过咨询，我意识到，这些瘤子主要是我无法表达的消极情绪所郁结的结果，肾囊肿主要来源于找不到自己存在的合适位置，以及惧怕被世界抛弃的恐惧；卵巢囊肿和乳腺增生主要来源于我恐惧怀上他的孩子，以及对自己女性身份的不洁感；肠息肉主要来自于我不敢宣泄自己的心理垃圾，感觉自身外部没有一个适合宣泄的空间，从而不得不堵在自身内部；而肝血管瘤，则源于我的自恋暴怒，以及对外部评判特别是中伤的愤怒。

总体来说，这些肿瘤都是我需要“被严厉惩罚”的潜意识需要：由于我做了他人婚姻的“终结者”，我的理想化自我蒙受了连累和羞辱，想要杀死“受欲望摆布而不争气的我”，于是我心中代表超我道德标准的那部分，就开始对我心中代表本我欲求的那部分发动了“围剿”甚至“屠杀”，而我的整个身体就成了它们混战的“战场”。意识到这些之后，我接受了切除肠息肉的手术，又开始住院，我的健康状况暂时稳定住了，没有继续恶化。

值得庆幸的是，在这段我什么也干不了的住院期，我有了大量的时间和安全的空间来深入自己的潜意识，并和涌现出的那些意象一次次地长谈。渐渐地，我学会了更勇敢地直接面对、进入我的痛苦，拥抱它、懂得它，最终一点一滴地转化它。我发现，我以前一直自以为坚强的灵魂，其实是伤痕累累、不堪入目的，那些被我的记忆所遗弃的一段段痛苦经历，竟然携带着从我本来完整的心上所撕裂下来的一片片的“我自己”；或者说,每一个伤痛都已经和某一片“我的碎片”聚合到了一体，当我抛弃那些痛苦的时候，也同时把和痛苦粘连在一体的那部分“我”抛弃了。当我还没有遭遇到这份爱情的时候,那些“我的碎片”连同它们身上所携带的痛苦都一并沉睡着；当爱情将我的心唤醒，那些“我”的碎片、连同它们所携带的那些痛苦，也被一并唤醒了！

我不得不开始面对一个现实：这份爱情是有惨痛代价的。我可以选择为了避免付出这个代价而舍弃爱情，也可以选择为了接受这份爱情而接受我的那些碎片以及碎片上所携带的那些痛苦。

“该如何选择？”我扪心自问。我的心告诉我：当我的另一半已经带着我梦寐以求的爱情出现在我的命运中，我却因为不敢给那些痛苦一个位置，而抛弃我的爱情和我的另一半，这是多么荒谬而可悲的一件事。如果没有遇到他、我的真爱，至少我还可以继续以那部分残存的自己平淡地度过我的一生！但现在，这个“如果”已经变成了“不可能”。历史无法重新选择，我不得不老老实实站在我的当下，面对尚未可知的未来，带着我的种种伤痛、迷茫、恐惧和希望，坚持走下去。爱情，是我心中的信仰，而“心”宁愿为了对这个信仰的不离不弃，把“我”最在乎的“纯真无辜”作为最珍贵的祭品献给它——即使这个献祭最终对“我”而言将是身体的死亡，那至少“心”也可以陪伴着神圣的爱情一起死去。我仿佛看到了小人鱼选择把匕首抛进大海的那一刻……唉，“心”已经逼迫着“我”选择了一条难行之路，看来这就是我的命运，而我只能臣服于它并于它和解……我已经“心不由己”。

于是，我开始把注意力从外部压力转向自己内心的痛苦，尽量用更柔软的情感来抱持这些碎片，就像化学还原反应一般，小心地、耐心地把“痛苦”和“我的碎片”的化合物重新还原，让痛苦还原成“痛苦”本身，而我的碎片还原成“我的碎片”，并最终回到“我的整体”。这个过程就像把一块一块丑陋的矿石慢慢地在烈火中炼成一片片的细碎金属，最终又将那些金属的碎片熔合为一体。这是一个连续不断的烧灼的过程，充满了生与死、黑暗与光明的考验，但我已经开始有些相信：所有这些痛苦都是值得的，因为真正的“光明”，一定要在穿越了最长的“黑暗”之后才能自然地显现。

此阶段是我的“理想化”开始进入全面破灭的阶段——除了理想化的爱情、理想化的爱人，还有理想化的自我。当我想要给自己心中的“爱情”一个存在的位置时，才发现自己这个“容器”早已成了碎片。我面对艰难的选择：弃爱情，就不用付出痛苦的代价；接受爱情，就必须接受所有那些被我摒弃掉的“我的碎片”。在心的呼唤下，我选择了后者。为此，我付出的代价就是：越来越深地进入内心的黑暗，并一块一块找回失落的“真我”。

在现实中，这意味着，我忍受着自己强烈的恐惧，放弃了从爱情中逃离的企图；从心理层面来说，我从“隔离/回避亲密关系”正式走向“进入亲密关系”。虽然我试图被家庭乃至社会所接纳的欲求被挫败了，但是我开始尝试接纳一个黑暗的自己。这个过程中我的身体付出了惨烈的牺牲。

同时，我开始意识到，“我”并不是自由的，而是受到无意识所草拟好的“命运脚本”的操纵。我终于看到，我的心想要融入关系，而我的命运脚本却鬼使神差地推动着我制造分离。这说明：我只是“命运”的祭品。这一阶段，我开始努力舍弃我的“傲慢”“自我控制感”和“纯洁无辜”等一系列的“理想化自我”，向“命运”低头,我接受了这把凝结着诅咒的“爱情”钥匙,去开启我的“心”门。

在献祭之旅中，我又向着暗流深处迈出了一步，从“我是理想化的祭品”，走向“我是命运的祭品”。

第四阶段：从“寻找自己”到“不认识自己”

如果说，过往的一年拉开了痛苦与黑暗的序幕，那么接下来这一年才算是我真正深入漫漫长夜的日子,面对着“融入还是分离”的撕扯,原来的那个“我”在这无边的黑暗中一层层土崩瓦解。果然，在“理想化”破灭之后，紧随其后的就是“暴怒”。

理解到身体出毛病的心理原因之后，我不愿意继续压抑自己的痛苦了，随之而来的现实冲突和困扰自然就更多了，我被淹没得几乎窒息了。一贯用逃避和放弃来解决所有关系困境的我，一旦堵住自己出逃的后路，就瞬间变得惊慌失措、无计可施……

转折点一：第一次歇斯底里发作

恋爱以来，我常常独自以泪洗面，对爱人的怨恨都埋在心里，以种种冷漠和拒绝的方式表达出来。有生以来，我都懦弱得出名，最怕人际冲突。就连青春反叛期，我都是一只乖乖的小绵羊。我曾经也因此而受到许多赞誉，并在表面的谦虚背后得意扬扬。

然而想不到，第一次和爱人的争吵，竟然是为了微不足道的一点儿小事，我突然情绪和行为失控，痛哭流涕、乱摔东西、尖声吼叫，甚至在他睡着的半夜里身无分文地离家出走。奇怪的是，一离开家，我的疯狂状态就自动解除了，就像一个附体的鬼魂瞬间离开了我的身体。不知怎的，敏感的他很快就醒了，莫名其妙地把我找到并拖了回去。正在暗夜中迷路的我没有挣扎，默默地被他带回家。我对自己的表现感到极度羞耻和失望，但我俩很默契地对这件事缄口不言，一切似乎又恢复了常态，就仿佛什么都不曾发生。

然而，这件事并没有真正地“过去”。打那之后，似乎埋藏和积累在我心中的“暴怒”机关被一脚踹开了，每隔一段时间，我就要这样失控地发作一次，就像火炉上的高压锅会自动定时放气一样，发作完了我又重新陷入羞愧、懊悔和对自己极度的失望中；就仿佛在我的内心中有一个“黑洞”，平常没有碰到这个黑洞的时候，一切都很正常，我不仅社会功能完好，而且在工作单位和亲友面前依然还是那个被赞誉为“通情达理、顾全大局、冷静、宽容、认真负责、温和善良、值得信赖、绝不拖泥带水、孝敬……”的“好人”，而一旦碰到这个黑洞，我就刹那间变成了可怕的疯子。

表面上看，我的社会面具从未变化，除了这个爱我疼我的男人，以及我所信赖的咨询师，世界上没有其他人知道我会“定时发疯”这个无法启齿的秘密，但我的内心却不得不面对这样一个恐怖的事实：在恋爱关系中，我竟然时常表现得和一个边缘型人格障碍患者毫无差别，我的情绪在两极迅速而强烈地摆荡，过度敏感，妄想性地投射和歪曲，歇斯底里地攻击自己最爱的人，用各种挑战他底线的方式试探他是否会抛弃我…… 面对这样可怕而丑陋的我，我无地自容，却又无法自控。每到这时，我的羞耻感和自恋暴怒都想要我马上抛弃他，抢在被他抛弃之前；转瞬之间，我又被离开他的不完整感甚至死亡感所恐吓住，从而转向更加不安地抓紧他。

这期间，我又开始无数次地宣称“分手”，又无数次地答应与他“复合”，一次又一次陷入了“放弃”和“紧抓不放”的强烈摆荡模式中。我曾经以为，自己已经知道这些反应来自于我婴儿期的矛盾型依恋，也知道我对自己的一位有着边缘型人格的重要养育者有强烈的心理认同（以前一直以“反向认同”的方式来认同），已经可以通过“知道”来解决它们对我产生的影响。然而，我却发现事实并非如此。我开始怀疑，心灵的探索对我的现实生活是不是根本毫无意义？我又一次感觉自己迷失在漆黑一片的漫漫暗夜中找不到出路……

然而，就在这个最黑暗难熬的阶段，我的爱人，在我近乎疯狂的变幻莫测中，始终如一地对我张开怀抱，不离不弃，表现出了令人震惊和肃然起敬的包容、温柔、稳定以及清澈的洞察力。我开始重新认识这个我生命中的男人，他不愧为卓越的自我心灵探索者和引路人！面对自己爱人阵发性的病理性疯狂，说什么高大上的理论都很容易，但他能够一如既往地、真正地做到，那一定是因为他早已经真正走过了我现在正在经历的险境和困境（此刻，写下这些文字的时候，我不禁泪流满面）。

还有我的咨询师——她像肥沃的大地一般，稳稳当当地、富有滋养地把我所有的这些折腾拥在怀中，让我不被可能会被抛弃的恐惧吓倒，不被自己的狰狞吓倒。让我在深入最无望的黑暗时，尽力借着咨询师为我点燃的一盏灯光，如实照见自己心里心外所发生的一切。

在那段“打回原形”的时间里，各种可怕的意象又源源不断地涌现出来：吊死鬼、厉鬼、婴灵、嘴巴被缝上的非洲难民儿童、长在树干上流淌着浓绿眼泪的人类小女孩的眼睛、白水蛇、眼镜蛇，还有被谋杀并肢解的碎尸、被活生生刮鳞剜去内脏并凌迟的鱼、追杀者、纳粹或日本兵……

我渐渐懂得，这些可怕或丑陋的意象，都是我内心一部分的显化，它们甚至不仅仅属于我个人。吊死鬼与厉鬼不仅是我心中的冤屈与无法言说，以及怨恨与复仇之心，也是家族中在文化大革命中所经历的创伤；嘴巴被缝上的非洲难民儿童不仅是我心中对自己“想要”的残酷压抑，也是家族中，甚至民族中的“孩子们”所受到的虐待；婴灵不仅是我们家族中被堕胎的孩子，也是独生子女政策下被堕胎的孩子们；长在树干上流淌着浓绿眼泪的小女孩的眼睛不仅是我的嫉妒与哀伤，也是重男轻女文化下“女孩子们”的嫉妒与哀伤；白水蛇也不仅是我心中对性欲望的贪婪，眼镜蛇也不仅是我心中被怨毒激活的具有毁灭性攻击力量的魔鬼，它们也都具有集体无意识的表达…… 所有这些之前完全无法被我接纳和承认的部分，都携带着它们的创伤涌现出来。

在难熬的一波未平一波又起的痛苦中，我艰辛地揭开伤口、流血、敷药，然后，看着它们慢慢转化或愈合，留下一些伤疤来见证它们曾经来过（现在才知道，那个阶段的爱人和我的咨询师，在我全面揭开心灵碎片的时候，以他们好父母的容器包容承载住了我，就像炼金瓶一般，让我有机会慢慢转化）。我彻底迷茫了，那些我以为已经被解决了的情结，为什么还会卷土重来，而且越来越猛？以前所有走过的那些成长之路到底有用吗？我深深地懊悔自己当初的“无知者无畏”——我本想让爱情赋予彼此尊严，却在爱情中毁掉了彼此的尊严；我本想找回真正的自己，却更加把自己弄得面目全非。

心灵疗愈之路，原来竟然是一条万劫不复的炼狱之路，这条路遥遥无期，看不到尽头，我感觉已经彻底迷失了自己，想要回头，却发现已经“上了贼船身不由己”，我陷入了彻底的绝望中。我曾经把自己作为“最珍贵的祭品”献给爱神和命运，而此刻却发现，我所献出的“珍宝”只不过是一个臭气熏天的赝品！神圣的爱情、我的信仰啊，我知道你还在原地、依然完美无缺，但现在的我，何颜以对？我还有什么可以献祭给你？……

转折点二：小人鱼——神秘拯救者

就在这个史无前例的心理大崩溃刚刚拉开序幕时，似乎预言一般，一段令人震撼的场景在我的梦中显现了。

> 半夜里，所有的人都在熟睡着，只有一只猫头鹰睁着一只眼睛站在树上警觉地盯着空中。突然，世界末日到了。在剧烈的地震之后，洪水席卷而来，一切或辉煌或平庸的建筑全部毁于一旦。无家可归的人们从梦中惊醒，赤裸着身体仓皇奔逃，无处容身。有些人被砸成了碎块，有些人被活埋，有些人自顾逃跑，有些人不顾自己安危去救护家人，有些人不顾自己和家人去救护他人…… 这种极度混乱持续了一阵子之后，开始莫名其妙地趋于平息。最后，大地的裂缝重新合拢，涌上地面的海水退潮，废墟重新被夷为平地，灾后的幸存者们准备重建家园。半梦半醒中，我看到一条巨大的小人鱼，她的身体是灰色的、半透明的气态，因此很难被看到；她半身没在无边无际的汪洋大海中，默默地用她的双手托起这个人类居住的小岛屿，使它不被海啸所击碎、吞没，而岛上的人们却浑然不知。

这个梦以某种莫名的方式震撼了我，我心中非常确信这个梦为我的生命带来了某种转折，但这个转折究竟是什么呢？却不可知。有意思的是，不知道为什么，就像是“天机不可泄露”一般，当时在现实中，我和我的咨询师讲了这个梦之后，我们似乎出于某种默契而并没有就这个梦进行工作。因此，这个梦没有被“揭秘”，而是像一个古老的天机一般，以“神话传说”的样貌“原封不动”地保存了下来。

这是我朝向“整合”，却被无意识逼近“分裂”的一个阶段，也是我心灵成长中最黑暗、最危险的阶段，但与此同时，似乎又因为受到某种神秘而不可知的保护（灰色小人鱼？）而“有惊无险”。

当我想要不惜代价来寻找“整合的我”时，却感到自己渐渐地分裂成了两半：一半继续保留着良好的社会功能，用来和外部世界打交道；另一半已经面临崩溃，退缩在爱情所提供给我的壁垒中。而在这个两人世界里，我再次分裂成两半，时而勇往直前，时而退避三舍；时而冷若冰霜，时而激情似火；时而把他紧紧抓住，时而又把他拼命推开。我痛苦地发现，在自己最爱的男人面前，自己“好女人”的面具已经被残忍地撕去，而面具底下的“狰狞”却水落石出。原来，我并不是自己以为的那个“纯洁美好的女人”，我其实根本不认识我是谁！一切变得更加令人绝望了，我不但找不到自己存在的位置，而且还开始出现了全面的身份认同危机。

我真正潜入了心灵的黑暗洪流中，因为这一阶段，我开始舍弃让我安全的“美丽面具”，赤裸裸地开始面对那些不堪入目的“自性碎片”了。

我也终于意识到，自己其实没有任何东西可以拿来“献祭”的，因为在这个世界上，除了“面具”这个“假我”赝品，我其实一无所有！在这个时期，从根本心态上来说，我终于愿意舍弃自我意识和自我控制，全面接受无意识的牵引，冒险走向一条黑暗无明的未知之旅。而在我即将自我崩溃的危机时刻，稳稳地托住即将要崩解的“人类世界”（自我意识世界）的无名拯救者——灰色小人鱼，她是我内在的救赎者，同时也很可能正是荣格所说的“自性”的象征。

第五阶段：从“幸福的关系”走向“无望的孤独”

艰难地熬过了一年心理崩溃期，作为一个除了假面具之外其实一无所有的精神赤贫户，我增加了许多由衷的谦卑，也开始从内心中更彻底地放下原来的那些理想化自我认同。在目睹了自己那些可怕的、难以启齿的阴影，以及它们对我现实命运的重要影响之后，我不得不面对一个让我难以接受的可能性——我自己其实只是一个拥有着所有人类罪恶的普通人。

作为结果，我大大减少了把这些阴影外投给关系中的人，尤其是我的爱人；我开始越来越意识到，作为“我的另一半”，他其实是我的“替罪羊”，为了保留我心中对自己“纯洁、善良”的想象，我必须把自己心中的“肮脏、罪恶”投射到他的身上，我把他作为成全我“理想化自我”的祭品。这一发现击垮了我一直以来所坚信不疑的东西——我一直以为我自己才是罪恶的世界与他人的替罪羊，一直以为是我把自己献祭给了爱情之神以便救赎我的爱人，但实际上却恰好相反，世界和他人才是我的替罪羊，我的爱人才是把他自己献祭给了爱情之神，以便来救赎我的灵魂。第一次，我心甘情愿地在内心最深处认罪了——原来，我自己才是“罪人”！我终于找到了我是谁。

现在，我需要救赎的不是别人，而是我自己。我的心反倒落地了。

转折点一：“认罪”与碰触“存在性焦虑”

自从看到自己才是真罪人，并且拿别人当替罪羊，同时还要自诩为“别人的替罪羊”，我开始真正扪心自问：如果我实际上一无所有，那么以前我自诩为献祭者的时候所“献出”的那些“珍贵祭品”又从何而来的呢？如果我只是一个罪人和赤贫户，那么以前被我深信不疑的“我是献祭者”是怎么回事？我生命中所发生的那些真实的“献祭”故事又是怎么回事？如果我的存在对自己和世界都并不是一个祝福，那么我继续存在下去的意义又是什么？

顺藤摸瓜，我惊诧地发现，那些作为祭品的“美德”，都是我“剽窃”来自欺欺人的！我实际上竟然是一个小偷、骗子。就连那个自编自导的“献祭者故事”，也都不是我创造出来的——如果我认为是我创造了这个故事，那也是出于自大所编造出来的一个谎言。“献祭者”和“献祭者的故事”早就自己在那儿了，它不过是一个属于全人类的故事脚本，被我家族中的某一代长辈所“剽窃”；而我，作为一个忠诚的孩子，恰好从家族里继承了这个故事，并将之重新实现成我的命运而已。

我是有“罪”的，但这个罪，也只是我继承来的人类的“原罪”而已。突然，我对原罪产生了一个有趣的理解——所谓“原罪”，就是“原型的罪”。于是，我真心开始低头，认罪了！与此同时，也开始了自我救赎之路。我开始为自己传承了这一段接力棒负起全责，但不再为先人们过去的选择负责。我只是一个有限的、普通的人类一员，明白到这一点，我感到无比释然；当诚心认罪，并卸下一些自大幻想，我开始有了一丝洗心革面、重新做人的机会了。

认识到这些为我的现实生活带来了巨大的良性改变，也使得我们的伴侣关系越来越融洽和亲密，但我却随即陷入了一种极度的虚无与无意义感中。这种感觉让我在表面生活中的幸福和丰收之下，总感受到一种隐隐的、稳定的、挥之不去的茫然和恐慌。就仿佛，原本我想给自己美丽的脚配上一双美丽的鞋，结果却在得到鞋的时候发现，自己根本没有美丽的脚。命运如此荒谬弄人——就在我历尽千辛万苦终于得到了一份幸福的爱情关系时，却发现这个厚礼已经对我毫无意义；这种企图“在关系中找到融合与归属”的愿望的幻灭，也让我落入了无望的孤独感中。

我开始明白，在关系中永远找不到“融合”，因为“关系”是发生在两个不同个体之间的东西；“关系”的存在本身，就意味着我是我、他是他，我们是两个不同的存在。

我想到了之前梦中出现的灰色小人鱼——那位把我从“世界末日”中拯救出来的隐士。她无声无息地爱着这个人类世界，无条件地托起这片混乱不堪的孤岛，而地面上的人类却丝毫没有意识到她的存在——这仿佛正是我有生以来一直持续存在着的某种最深刻、最弥漫，却又最无法清晰捕捉或描述的基本感受。

在某种可以言说的层面，这种感觉很像我最深切、最柔软、最隐秘的心；当它面对我深爱的男人，以自己的方式毫无保留地爱着他、触着他、献给他，却无法发出一点点声息，他也对此浑然不知，甚至连我自己也对此浑然不知，就像岛屿上的人们对小人鱼的存在浑然不知，或是意识对无意识浑然不知一样。

我开始尝试揭开这份我所体验到的深刻而又无望的“孤独”所带给我的意义，以及这种虚无的、无意义的、稳定的却又挥之不去的茫然和恐慌感的面纱。渐渐地，我意识到，自己现在所体验到的这种“无可救药的孤独感”，本质上是个体要成为“我”的必然代价：如果我的一切都和他人完全相同，那么我拿什么来界定我是一个作为独立而特别的“我”呢？正因为我在世界中的独特性，才使得我成为了这个“独一无二的个体我”。

我这样不愿意被“孤独”，那我为什么一定要成为“独一无二的我”呢？我意识到：一旦我放弃这个“孤独”，就会丧失我的独特性，我就会只是像一滴水那样——和任何其他水滴都一样，并且与它们共同融入在大海中成为一个整体。可是那样的话，“我”这滴水就“不存在”了！这触到了我的心理底线，我无法想象自己作为个体“我”是不存在的！“我在”，这是我最最基本的需求，如果我都不存在，那么一切的追求和得到还有什么意义呢？我陷入了一种彻底的没着没落的茫然、恐慌和虚无感中。

我扑向我的咨询师，请求她帮助我。咨询师停止了对我的意象工作，只是带着我静静地呼吸，并让我练习在生活中的每个当下都尽可能地觉知我的呼吸。这个工作很有效，很快我就安心了。只要我一开始清醒地觉知呼吸，我就马上察觉到每个当下我都是“在”的。这个史无前例的存在性危机，就这样轻易地被我的咨询师当下解决了。

但我还是焦虑不安。只要对呼吸的清醒觉知一停止，那种“我在”的确认感也就随之消失了，随即显现的恐慌，是一种对“我的存在消失了”的恐慌，类似于“死亡恐惧”的那种东西。甚至，只要我的心足够宁静，我就马上察觉到，就在呼与吸之间的刹那缝隙，我的那种关于“我不在”的恐慌也依然没被解决。

我失望了。原以为“我不在”的恐慌被“觉察呼吸”解决了，却发现这个恐慌依然存在；与之并存的还有另一种恐慌，那就是“虽然我此刻存在，但这个存在马上就会消亡”的恐慌。那一刻，我突然从骨子里理解了，为什么那么多人想要追求“长生不老”或是“永恒的生命”，原来，那与追求“恒常的自我存在感”有关——那是一种人类生命的“存在性需求”。也就是说，这种恐慌，是一种我无法避免的根本性焦虑。当我感觉不到自己“在”的时候，我会为“我可能不在”而焦虑；而当我感觉到自己“在”的时候，我又会为“我下一刻可能不在”而焦虑！我真切地意识到，真正的“安全感”对有限的人类来说，是根本不可能获得的东西，它只是我们用来幻想着可以治疗“存在性焦虑”的一颗“长生不老仙丹”而已！只不过古人把它叫“长生不老仙丹”，而我们现代人给它披上了一件科学的外衣，命名为“安全感”。明白安全感根本无处可寻后，我不得不放弃寻求我的“长生不老药”，准备与“无常”共舞。

我终于开始试着去面对一个简单得不能再简单的基本事实：我们只是有限的人类。有限的人类是不可能获得无限的生命的，就像作为小人鱼就不可能获得人类的灵魂一般。既然作为“人”来“存在”，也就意味着我们必须接受“作为人的有限性”——比如“死亡”。第一次，我开始有点真正理解到“死亡”这个我以为我早就理解了的词汇，我发现我的潜意识其实根本无法接受它、面对它，所谓“我知道我当然会死，人人都会死”这些表层的信念，其实不过是我表层的意识用来麻醉我自己的——这样我就可以假装“死亡对我根本不是问题”，我就可以先蒙着眼睛不去管“死亡”的事儿了。但现在，自欺不下去了。我只能试着去接纳——“我会死”，而且“每个我爱的人也会死”。

转折点二：丧礼上的白骨

竟然就在这时候，我突然接到了爸爸好友的死讯。小时候我常常去他们家玩，他家的女儿是我的好姐姐，而他的妻子也是我婴儿期的第一位乳母。我飞往成都，参加葬礼，送他最后一程。我亲眼看这这位曾经那么高大、强壮的伯父被推进火葬炉，等他再被推出火葬炉时已经化为一堆焦骨。那一刻我突然有一种被赤裸裸的死亡所冲击的崩溃感。人的生命竟然如此脆弱，死亡可以顷刻间把我们所在乎的一切化为灰烬……

好长一段时间里，我无法抹去亲眼看着一位熟悉的人化为焦骨的那一幕场景。在无可言说的余震中，我从内心深处慢慢开始承认“我会死”和“人会死”这件事，也开始承认，我生命的全部意义，都是为了追求一个“我常在”的确认。然而，心内心外却瞬息万变，这使得“我常在”的确认随生随灭、时时落空，我越努力地追求它们，它们似乎反而越发遥不可及。

发现“我常在”既无法在外部世界得到确认，也无法在我内部得到确认的时候，我惊慌失措，因为我看到，有一种焦虑是生命存在的必然代价，是无可消除的——因为它的本质，是对“无常”所带来的“一切存在的都会随着时间丧失”的根本焦虑。我忽然明白，这种感觉就是所谓的“存在性焦虑”，也忽然明白了欧文·雅龙所说的“直视骄阳”的意义。我深深地感受到，面对无常，除了珍惜当下，我们什么也做不了。终于，我写下了一首诗，为这个葬礼作了一个哀悼性的结尾。

生死一梦微尘坠，聚散半席终有归。
忍看秋水澜将寂，莫使余阳尽散辉。

我回到自己的生活里，开始尝试有觉知地面对“存在性焦虑”，一边存在着，一边焦虑着。

新的焦虑马上又产生了——如果“我”只是一个在刹那与刹那之间随生随灭的“存在”，那我这么费劲地活着还有什么真正的意义呢？就好像我必须一次一次不停地往空中抛一个绣球，它才能在空中“短暂地存在”下去，而一旦我没有力气再抛它，它就会立刻从半空中坠落下来；“我的存在感”，正如这空中的绣球一般。甚至连哲学上所谓的“我……故我在”，本质上也不过是不停地“抛绣球”或不停地“抛花朵”、不停地“抛……”的差别。而“抛的东西”不同，就是每个人命运的根本选择的不同，也就衍生出了不同人的不同命运……突然之间，我想到了推石头的西西弗斯，一种带着神圣感的彻骨的悲怆喷涌而出，瞬间贯穿了我。

人生竟然真的就这么无意义吗？这一次才是根本的绝望。

我开始思考哲学，但哲学命题所能给我提供的生命指南，也只能到此为止——它让我明白，“我思故我在”之类的命题，只是个体用来获得“我在”感的一个自欺的口号而已。这个口号看起来如此高深而令人信服，其逻辑却荒谬得不堪一击，能证明“我在”的是什么呢？是“我”还是“思”？这个命题如果符合逻辑的话，“思”也只能证明“思在”而已，而那个凭空蹦出来的“我”，又是怎么就突然“在”了呢？第一次，我如此认真地怀疑：难道这个“我”真的只是个被虚构出来的根本幻觉吗？

就这样，我自然而然地走近了佛教。

第一次试着打坐半小时，我就发现，当外界有一个刺激出现的刹那间，我内心的十几个念头已经转了几轮，每一轮都引发出了越来越强烈的各种情绪，这不正是传说中的“轮回”吗？第一次，在刹那间，我清晰地体验到了“情绪”的来龙去脉，也由此产生一个领悟：现在被我当作“我的命运”的这个东西，不过是被我的心念所创造出来，然后又被我信以为真并深信不疑的南柯一梦而已。所谓“我的存在”，本质上不过是这个“梦的存在”。

一个穿透性的释怀从我心中油然而生。似乎，这时候的我忽然开启了一双和肉眼不同的眼睛，它可以轻易地透穿表面上发生的一切混乱和变迁，直接而清晰地看到那简单的本质，以及由这个简单本质所衍生出来的“我的命运”：我所做的一切，都只是为了一件事——获得自我存在感。当我还没有获得自我存在感的时候，我就追求“我在”；当我获得了“我在”感时，我还想追求“我一直在”；而当我明白我不可能求得“我一直在”时，我追求“我好”作为“以存在质量对存在数量的补偿”。

我终于理解到，自己过去的一生其实只是实践各种“补偿”的一生——如果“我好”或是“我有用”，那么虽然我的肉体会死，但还可以虽死犹生，因为被缅怀就等于让我“虽死犹生”；如果我生孩子，让子子孙孙生生不息，那我自己的肉体虽死，但我的基因被无限延续下去了，就等于让我的基因携带者替我永远地活下去；我可以把自己的生命能量投注在我的作品，或其他“我的……”上面,让“我的……”携带着“思想我”“情感我”等继续替“我”延续下去……所以我急于赶在自己生育力尚在时生孩子，所以我尝试写诗、作曲、画画、出书，创造一些带着浓烈个人气息的心理咨询技术，等等。但最关键的是，我最想实现的是“我好”——因为不用依靠“我的……”去间接实现，“我好”就足以用最直接的方式来实现和补偿“我的存在感”。

然而，以什么样的方式来证明“我好”呢？现实令我遗憾：我不够聪明，不能成为“思想家”；我不够漂亮，不能成为“佳人”；我不够贤惠，不能成为“贤妻良母”；我不够受人喜爱，不能成为“明星”；我不够有创造力，不能成为“创造者”；我不够洒脱，不能成为“隐士”；我不够随机应变，不能成为“成功者”；我不够勇敢，不能成为“英雄”；我更不够强大，不能成为“拯救者”；我甚至都不够适应现实，不能成为一个普通的“社会人”…… 我只是一个无能、无知、软弱、死板、病殃殃、不讨人喜欢的可怜的家伙！我唯一可能被别人承认“好”的方式，就是对他们“有利用价值”，或是成为一个“自愿吃亏的君子”——这样一来，我所有的弱点都变成了我的优势！而成为“献祭者 / 替罪羊”是最好的两全之策。于是，我就这样创造了一个理想化的好我，一个“甘居人下的牺牲者”，“纯洁无辜”“无欲无求”，把自己永远钉在道德的至高点上，以“超然”的眼光俯视着这个“低俗的世界”，所以我要去向神献祭，因为只有最好的东西才配成为神的祭品——只要能够成为祭品，就证明了“我好”“我超凡脱俗”，这才是我“献祭”的真相!

原来，我的献祭命运脚本是这样被我剽窃来的！我终于刨到了自己献祭情结的源头。亲眼看着这个泡泡是怎么被吹出来的过程之后，我开始像接纳存在焦虑一样，接纳了“我一直在自导自演一出献祭大梦”这个关于我命运的根本事实，也由此明白了我自己心中感觉可以“扪心自问的好人”面具是怎样被炮制出，又是为了什么目标而服务的。

此刻，在更深一层的炼狱里，我接纳了一个并不是好人的自己，也开始有空间跳出自己的个人立场来看周围的人，开始看到每个凡人都像我一样，活在自编自导自演的“命运”里……我为“我们人类”流下了眼泪。突然之间，有生以来第一次，我心中真诚地生起了一种想要为人类服务的心愿，而不再只是利用“服务他人”来服务于自己的自恋。

我从未想到过，就在我不再需要为谁“献祭”，就在我的“献祭者”面具被自己剥下，就在我个人的“献祭神话”无情幻灭的时候，真正想要“利人”的心愿却自发地出现了。这个心愿反而与“献祭”毫无瓜葛，这只是属于我自己的一个心愿而已，和其他任何一个可能出现的心愿一模一样，不是为了其他任何人，而只是我自己愿意这么去活而已。

这时候，“金身双面人”在我的梦中再次出现——他／她已经化作一位不知名的菩萨，静静地端坐在虚空中，浑身散发出明彻而又和煦的阳光。在他／她面前的脚下，是一个有血有肉，活生生的普通人，一个身穿崭新的灰色僧袍的年轻小和尚，五体投地地虔诚叩拜后，他焚烧了厚厚的一堆日记本，看着风把灰烬吹散，然后他刺穿了自己的手指，把一滴鲜血供养给了菩萨的白色莲花座，莲花座渐渐地变成了粉红色。

做了这个梦之后，现实中的我也开始发生转变：我不再过度地纠结于我的爱情关系，而是自然而然地把注意力转向了对自己刹那、刹那、刹那心念的观察。我发现，我的爱人竟然早已经经历过我所经历的这一切，对我所经历的每一步，他不但总是一听就明白我在说什么，而且还总是能够给予我适时的指导，有时候心领神会地肯定印证，有时候毫不留情地当头棒喝。一次又一次，我站在人生的不同高度和深度，重新认识自己面前这个朝夕相处的男人。就这样，我们又拥有了一个全新的精神世界来分享和撞击，于是不久之后，我们俩精神结合的成果——以存在焦虑的层层泛化、变式和循环为核心的“回归疗法”诞生了。

命运的吊诡在于：当我实际上在拿别人当替罪羊替我脱罪时，我却深信是别人拿我当来替罪羊替他们脱罪。而随着自欺程度的逐级递减，我内在的信念系统不断发生转变，逐渐从“别人是我的替罪羊”，到理解“我为什么自诩为献祭者”，再到“我愿利人”。

与此同时，当“献祭者”和“罪人”两个自我认同开始冲突时，我不得不重新寻找“我是谁”“我存在的意义是什么”，于是不可回避地碰到了“存在性焦虑”（简单说就是怕失去自我存在感的恐慌）。而看到“存在焦虑”正是“我”企图获得存在感所必须付出的代价时，我开始放弃寻求恒常的“安全感”，而逐渐接纳了无常。

这一时期，以“献祭者”认同来满足自恋、获得自我存在感的一个大泡泡也被戳破了，我真正看到了以前自己所谓的“利他”，不过是一种隐秘的“利己”。我理解了所谓“献祭”对我个人生命的真正意义——它只是一个足以证明“我好”的证据，而这个证据，只是我用来缓解存在性焦虑的最好的、最有效力的“麻醉品”。献祭者的命运脚本，是一个彻头彻尾的神话和谎言。至此，我的献祭者之梦开始苏醒，我开始不再需要用它来继续自欺，不再对它紧抓不舍。

而对于伴侣关系本质而言，在这个阶段也发生了一系列深刻的蜕变。当我开始放开对理想化爱情梦的执着，而更加全面地回归自心的时候，我意外地发现，在一个全新的精神领域，我与爱人再次相遇了，我看到了真正的他和真正的自己。此时，“情结性的爱”开始向“真爱”转化，我也由此懂得了两条关于“得到”的天机——“求之不得”和“舍得”。

而作为我们俩人的意外收获，经过这次精神上的结合，一个“新生命”——“回归疗法”也得以孕育和诞生。此刻，印在我脑海中的是 2017 年郑玉虎老师在谈到回归疗法时偶然说到的一句话——“良知最终会呈现它自己”。我万分感慨，是的，“回归”正是这样呈现了它自己。

第六阶段：从“自愿受罚”走向“重生”

我的人生开始有了一个属于自己的心愿——利人。所以接下来我就有得忙了。

我打算“从我做起”，而我自利的方式就是，开始努力走出自编、自导、自演的“献祭者故事脚本”，给自己的人生创造一个新的结尾。

另一方面，我也开始基于我能够怀有的真心实意程度，在现实中行动进行一系列对我来说具有挑战性的新实践：为自己曾经犯下的错误、伤害过的人作出尽可能的补偿；在各种竞争中主动退让一步；如果我觉得自己在“做好事”，我就尽可能如实地观察自己是否存有获益的期待——希望被帮助者感恩？希望被别人知道以免埋没了我的“功劳”？希望因为“我默默地不求回报地做了好事”而最终被命运回报？同时，面对那些曾经让我感到被伤害或正在让我感到被伤害的人，我尽力地把他们作为对境去练习“安忍”，在我实在做不到安忍的时候，至少尽力做到语言和行为上的“不回应、不报复”。我必须承认，面对一些我在意的人的误解而长期保持缄默，只是等待着“日久见人心”，这才是对我来说最艰辛最难熬的部分。有时候，那种类似于“自污”“自虐”的感觉甚至让我“生不如死”……但难归难，我毕竟开始一边难着，一边力所能及地实践着“利人”（至少是“不害人”）了。

这期间，“雪娃娃”成了我的主导意象，但与童话中“雪娃娃自我牺牲”的结局不同的是，我的“雪娃娃”虽然融化了，但没有受到任何伤害，更没有死亡，而是以水蒸气的“身形”升腾到空中，变成了一朵白云的一部分。在湛蓝、无际的蓝天中，那么多、那么多的白云，都是无数的雪娃娃变成的。我们融为一体的“大我”，一起自由、幸福地在蓝天中遨游，然后再变成雨水落下，滋润干涸的大地，让幼苗长得更健康茁壮，或是变成雪花落下，再次变成“雪娃娃”。我们是一体的，但也随时可以分开；没有人知道我们的存在，但我们却共同拥有自由的永恒生命，没有恐惧，只有幸福。原来，成为真正的“利他者”，竟然是如此幸福和自由自在！

此外，为了更清晰地“看透”自心，也为了更坚固自己的“断恶向善”，我开始定期到寺院里参加七日禅修。在禅修中，我更加清楚地看到了自己心中那些人性中的“罪恶”——之前我更容易在自己之外的“别人”身上看见它们；我也渐渐真正相信了，自己所有承受的痛苦，真的都是自作自受；同时，我也感同身受地体验到了由于自己的自我中心、贪欲、怨恨、嫉妒、猜疑等，给别人带来的那些伤痛……我开始尽量放下自恋的防御，接受来自良知的拷问，心甘情愿地背负起自己灵魂的“十字架”。

在这期间，同样主题的梦境频繁出现——我死了，没能活过 40 岁。甚至在一个梦中，我在杀人逃逸了很多年之后去投案自首，才得知已经有人替我承担了凶手的罪责并被处决了。我痛哭流涕地去埋葬那人的乱坟岗上忏悔和祭奠他或她，然后站在悬崖边上，用一把手枪射穿了自己的心脏，血浆四溅地跌下万丈深渊，白色的落英覆盖在我的尸体上，头顶上飞起一只白色的鸟儿直冲云霄，留下清脆欢快的叫声。

我意识到自己可能还有没被觉知到的自杀冲动，但随即又感觉，既然已经知道了，倒也不必太认真，说到底，梦不过是一种无意识的表达而已，既然我听到了，也就完成了。况且在现实中，我不但不想自杀，而且还有强烈地想要活下去的动机——我的儿子是重度脑瘫，生活完全不能自理，我年迈的父母只有我一个孩子，我的爱情经过那么多磨难刚刚开出灿烂的花朵，而且我和爱人合创的回归疗法还正在生机勃勃的酝酿中…… 有太多太多我想要活下去的现实理由。这样评估以后，我自认为并没有现实的自杀风险，于是就没有对我的咨询师提及这个内容。

然而，就在我的生活、事业、自我都在朝一个美好的方向蓬勃发展的时候，医生突然发现我子宫里面长了二十几个小瘤子，而且可能是恶性的。当医生委婉地建议我直接切除子宫的时候，我毫不犹豫地同意了。几乎全家人都强烈反对，但我心意已决。无奈，他们只好为我预约了一位最好的手术专家。远在北京的爱人闻讯，要取消授课来陪我做手术，我坚持让他照常授课。在临手术的前两天，我告知了我的咨询师，她非常震惊，建议我无论如何在手术前先做一次咨询，然后再做最终的决定。在她的建议被我毫不犹豫地拒绝了之后，一贯边界清晰的她甚至还用恳求的口吻希望我考虑一下做个咨询，并且说她可以马上从北京飞来广州和我面对面咨询，我再次坚定地拒绝了。很久以后我才得知，就在我子宫摘除的次日，我的咨询师突然喉咙出了问题，导致她完全“失语”了……（现在写到这里，我感到非常抱歉与感恩，为了她对我如此深切而又无奈的爱与分担）。

转折点：子宫摘除手术、濒死体验与“命运脚本”的改写

摘除子宫的时候，只有妈妈在我身边。做子宫摘除手术的过程也富有戏剧性。鬼使神差地，腰麻失败了，开始手术的时候我的痛觉还很清晰，只好再次实施了最大剂量的全麻。不知道为什么，我始终意识很清醒，直到大出血很久之后，我发现自己的视觉和触觉都消失了，但我的听觉还很灵敏，能清晰地听到监控

仪发出的声音以及医生护士的谈话声和手术器械的碰撞声。然后，有点类似于所谓的“灵魂出窍”体验就出现了，当我感觉自己的身体已经塌陷、虚弱到极致，以至于再也揽不住、汇不拢自己的生命力时，我的意识就开始从我的眉心里慢慢地逸散出来，细细的、袅袅的，就像一炷香的青烟一般，那带着“我”感的意识，似乎是白色透明的；它就静静地飘在手术室的天花板那里，在我自己身体的正上方，一直以某种我现在难以用语言描述的“未经加工的直觉”，来观察着手术室里所发生的一切。这个“觉知”具有一种极具“整体性”的功能，它虽然已经离开了我的躯体，但它不但知道我的情绪和思想，同时还知道所有在场的其他人的情绪和思想，比如手术专家的沮丧、愤怒、恐惧、抓狂，以及其他人的惊慌失措等。

对这一切真实的自我体验内容，我只能近似地描述说：这种直接的“知道”，超越了人我的空间，同时也丧失了时间感，仿佛整个止血的漫长两个半小时，在体验中仅仅是“一个刹那”而已。

然后某一刻，忽然我飘在天花板下的意识知道我就要走了，一股淡淡的释然感或是欣快感生起，那是一种突然知道自己原来竟如此自由而带来的释然、轻松和喜悦。

紧接着，淡淡的哀伤生起，我的意识同时“看见”我的妈妈，此时的她正面如死灰地坐在手术室门外，心里充满了心痛、恐惧和哀伤——我知道她知道我要走了，但是还期盼着奇迹出现，在一遍一遍告诉自己说这不是真的，这只是她自己的担心和想象。于是，我在这样淡淡的哀悯感中停留着，那感受，就像看着偶然在街道拐角遇到的一个和我毫无血缘关系的可怜老太太或一个可怜的残疾孩子。和我之前的想象完全不同的是，我以为自己毕生都在强烈地爱着他们、忧虑着他们的安危，以为自己“死都舍不下老妈和儿子”，但实际上，当真正要生离死别的时刻，我却表现得远比自己以为的薄情得多。

在这样对“别人”的淡淡的哀悯感中停留了不知道多久，突然一个念头闪现了——“我要回去照顾他们”。几乎就在同时，我的意识闪电一般就回到了手术台上的躯体里。这时候，大梦乍醒一般，我即刻就回到了现实，才发现自己的身体感到极度寒冷，动弹不得，而监控仪上的心跳声也恢复了正常。医生终于止住了血，说：“推出去吧。”听到医生这句话，我就立刻失去了知觉。

手术后的 24 小时里，我基本上处于昏睡状态，间或有片刻的清醒。后来才知道，就在那片刻的清醒中，我已经向北京的全程班的一位伙伴发短信报了平安（当时爱人正在全程班授课）。这一天一夜，妈妈瞪着眼睛寸步不离地守在我身边，生怕我随时就消逝了。后来才知道，这期间我又出现了若干次短暂的心脏停跳。

术后一天，爱人从北京飞来看我，就在他踏入病房的一刹那，我突然清醒了，开始向他微笑，那一刻就好像睡美人终于等来了她的英雄那一吻。

在妈妈和爱人的呵护下，尽管身体很衰弱，记忆力也明显衰退了不少，但我的精神很愉快，仿佛重生了一般，康复得也很顺利。只除了过量的麻醉反应让我喷射性呕吐了十几天，只能靠输液维生。呕吐基本停止后，我就开始像婴儿一样躺在床上，用妈妈买给我的奶瓶喝奶（理直气壮地补偿了幼年没能满足的欲求）。直到一个月后回医院复查的时候，我还无法独自直立行走，行动只好靠爱人抱着或背着——一切就仿佛我是个真正的婴儿刚刚来到人间。

这次意外的经历给我带来了许多内心的震动。其中一个就是，居然，在我临终的关键时刻，竟然是我平常对陌生人所持有的微弱的恻隐之心给了我自己再生的机会！这对我产生了深远的影响，我开始由衷地相信了，所谓“利他”，其实真的就是最好的“自利”。

而关于“灵魂出窍”这种传说中的事，我无法解释自己真切地体验到的现象，或许它们都只是我在麻药作用或失血性休克状态下所产生的幻觉。但这不重要，重要的是，经过一次身临其境的“死亡”与“复活”体验，我在内心深处产生了一种深刻而全然的感受——那个作为“罪人”的我，已经接受了死亡的判决和执行；现在，我终于得到了净化，可以放下过去，重新做人了！

手术前半年中，我的梦多次预言我活不过 40 岁。处于死亡恐惧或是处于自杀欲求中的我，并没有意识到这正是命运脚本的预警，而放任它在现实中实现。我开始真正为自己的罪恶背负十字架，并接受惩罚——作为结果，我把我的子宫推向了祭台，以便为我作为“罪恶的坏女人”的灵魂赎罪，让它在良知的审判台上得以释放，“重新做人”。经过一次穿越死亡的重生洗礼，作为“罪人”的我象征性地死去了，我的良心终于安宁了。

“我不是死去，只是失去一个象征女性身份认同的子宫，并沉睡 24 小时。当我的英雄找到我的时候，我将从坟墓中苏醒过来，从此和他过着幸福的生活。”——这是“第十三个女巫”所改写的睡美人神话脚本。

在命运女神面前，一种真实的谦卑在我心中油然生起。我开始真正意识到：我的现实人生，不过是无意识预先撰写好的一个剧本，而我的“身体”和

“自我意识”，不过是无意识导演所用来实现它的演出所选择的“道具”和“演员”。这一阶段，我舍弃了“子宫”（“自我”以及“肉体生命我”的代表），走过死亡的判决——过去的罪人已经被处决，而“我”，则在生死穿越的生命仪式中走向“重生”。这正是“情结性献祭”的命运脚本象征性地完成与初步“改写”。

第七阶段：从“我要活”走向“寻找复活的意义”

我重新做人了。过去那个犯罪的女人已经被杀死。所以，我现在需要借助自己的心愿，来给自己这个“新生儿”寻找一个活着的意义。

转折点：淋巴癌、“死亡”与“复活的意义”

然而，正当我如释重负地想要给自己的重生寻找一个意义时，淋巴癌的扩散灶就在我身上被发现了。看来，“未完成的情结”并没有跟随被舍弃的子宫一起“被完结”。显然，当初足以吞噬掉我子宫的力量，在我的子宫成为祭品被杀死之后，依然不离不弃地继续吞噬着我剩余的生命。在它的威逼下，我不得不重新回头审视子宫切除这个身心的痛失，以及这个痛失所牵连的其他人的痛失。癌症就像无声的火警，一担被拉响，救火者就必须和熊熊烈火争夺时间和地盘，刻不容缓。在这个过程中，我走过了以下心理历程。

1. 防御。

在刚刚发现扩散灶的时候，我下意识地拒绝承认这个事实，像绝大多数有着同样困境的人们一样，使用各种防御，与“我真的得了癌症”的感受隔离开来。比如，“乐观”；有趣的是，从小就郁郁寡欢的我此刻却有了非同一般的“乐观”。

2. 有觉知地拒绝承认“我得了癌症”。

这个阶段与上一阶段的不同在于，我睁开眼睛看着自己在怎么欺骗自己。这个过程是痛苦而纠结的，我感觉自己的心时常被分成四个部分——恐惧死亡者、骗子、说真话者、裁决者。裁决者为了保护恐惧死亡者的感受，决定采信骗子的话，但说真话者却从未闭上他的嘴。

3. 面对与穿越黑暗。

终于，身体种种症状不断揭穿我心中那个善意的骗子。我开始直面死亡的恐惧，在哀悼中整体而深入地反思人生及其存在的意义。

世事无常给人生赋予了无可逃避的悲剧的本质，人生的虚无与荒谬被无情地揭露了，以往的执着开始变得那么无意义——无论爱恨情是非得失，无论在当时的自我看来多么重大而无可或缺的事物，一旦放在时间的长河中观察，不过是流沙过手、南柯一梦。终于，欲求开始放手，仇恨开始放手，过错开始放手。当伤痛可以被无条件地拥抱，恩怨可以被平等地包容，是非可以同时存在于同一个平面上，一种宁静的珍惜从心底油然而生，我开始向身边的人越来越全然地开放。他们中的许多人也同样回应了我，爱与和解流动起来。而对那些不愿意与我和解的人们，由于每每想到人生的短暂与无常，想到爱与恨转瞬就可能翻转，也让我可以比较轻松地与之擦肩而过，不再烦恼挂心。我更加脚踏实地地活在世界上，活在关系中，有觉知地和身边的人了恶缘、续善缘，让自己可以离去得更少一些歉疚和遗憾；我也终于从内心中放过了自己，不再幻想和强求自己一定要对这个世界上任何人来说都是一个祝福。终于，我开始尝试放下那些无休止的、无谓的自欺与挣扎，老老实实面对我的剧终了。

然而，面临结束的时候，我才突然发现自己还没有来得及真正开始，因为我一直在忙着为那个虚幻的“开始”创造条件！竟然，我之前所有的生命都被用来为这个“开始”做准备了，而我甚至并不真正清楚我的生命一直想要的那个“开始”到底是个什么东西！这时我才清晰地意识到，之前的“利人”只是一个模糊的心愿，但如何才能在这个心愿中真实地、真切地活出我作为一个人的意义呢？我需要作为一个个体的人去活出属于自己的生命！

又一次幻灭感。我发现自己竟然又一次被无意识所愚弄了——曾经，它用“我是个好人”的迷药来喂养我的意识，把我的身体骗去利用，成为实现它目标的一所活动住房；现在，它继续依据自己创造的故事脚本，又要毁掉这座房子，以便给“献祭者”之梦一个现实化的结尾。无意识创造了我的命运，我这个自以为是的“主人”却不过是它用来演戏的一只活着的道具！当我追求什么，我就被什么所驱逐；当我被什么所喂养，我就被什么所吞噬。居然“得”就是“失”——命运多么吊诡！我一次又一次的“梦醒”，到头来却被发现只不过是“梦中的梦醒”而已！难道，命运的牢笼真的永远也走不出去了吗？难道，一个人真的永远都是命运棋盘上的棋子吗？我开始在最悲凉苦涩的黑暗之处哀悼自己。

哀悼着哀悼着，过往人生的一幕一幕涌过我的心底。忽然灵光一闪：咦，“我”

不就是个空口袋、白屏幕吗？当它认同“命运脚本”的时候，“我”就是在为实现“命运脚本”而活，此时“活出命运”就是“我人生的意义”；当它认同“心愿”的时候，“我”就是在为实现“心愿”而活，而此时“活出心愿”就是“我人生的意义”。其实，“我活着的意义”一直都在这里存在着——而且，恰恰就存在于我活着的每一刹那的选择中！这就是“自由意志”！

一种突如其来的释然感出现了，我发现自己其实根本没有什么可哀悼的。就好像，我正为自己丢了一只金盘子而哀恸，却突然间发现原来那只金盘子根本就不曾存在过！哦，原来是这样！我忽然笑了，笑得眼泪都流了下来，那感受纯粹却又复杂，难以名状，那是一种混杂着自嘲、无奈与感慨的轻松、深刻而全方位的狂喜和豁然开朗，仿佛一个无限的、光明的空间。我忽然有一部分再也不怕死了。那是因为，我内心深处有个地方发现自己从未真正“活”过，却也能一直“存在着”——那是一种无法被“生死”所添加或剥夺的东西。

想不到，就在我终于愿意放开抓握的双手去哀悼自己死亡的时候，我的心，却有了一处不再受死亡威胁的安置之所。在这幸运的狂喜与释然中，我似乎忽然间开始触摸到了自己存在的真正意义。更重要的是，在一个心灵的更深层级，我也开始隐约触摸到了“我”的“空性”。

“我”就像其他任何被创造出来的“概念”一样，只是一种对“存在”的分别和命名——这些用来代指的符号本身，就像一张照片或肖像画一样，除了方便人与人沟通之外，它们本身其实没有任何实际的意义。只不过，由于我们自己的愚昧，在浑浑噩噩之中就想当然地被它们这些“相”当成了“存在”本身，所以，当一个人往我的肖像画上吐口痰，我就会立即感到是自己而不是那张纸受到了这口痰的玷污。从这个意义上来说，“我”和“房子”“猫”“铅笔”“粪便”“精神分裂症”一样，都是平等的，都只是一个虚拟出来的“代币”而已——它们本身没有价值，却因为是“代表”而被赋予了虚拟的价值。

与此同时，“我”这张代币，又和其他的那些代币不同：我是“主体”的存在，其他都是“客体”的存在，因为“我”有无中生有的创造能力，而且还能像狗皮膏药一样黏着——每当它创造出一个什么概念，它就执着在这个无中生有的泡泡上，就像一条寄生虫牢牢地吸附在它的宿主身上一般。难怪佛教中总说“我执”，真的是“我”的“执”，实在是再没有比这个命名对它而言更贴切的了！

我也开始依稀懂得了何谓“业力”和“愿力”，“业力”就是“命运脚本”，而“愿力”就是“自由意志”。当“我执”在命运脚本中去活，就是活在由“业力轮回”中，把“命运脚本”中的某个角色的意义当作“我活着的意义”；当“我”在心愿中去活，而且时时记得自己的心愿，就是活在“愿力”中，把“心愿”所选择的方向当作“我活着的意义”。在找到自己的心愿之前，我纯粹活在业力中，作为命运脚本中的各种角色去思考、感受、选择和行动；在找到心愿之后，我开始交错地活在“业力”与“愿力”之间。所以，我的命运“业力”已经开始受到“愿力”影响而有所转变，但由于我对“命运”还远远没有看清，因此“业力”在我的人生中依然还占据着主导——这就是为什么我可以“复活”，却很快又被“死亡的猛兽”在身后紧追不舍。我更加清晰地看到了自己之前的人生轨迹。我也猛然间理解到，为什么普贤菩萨在成了菩萨以后，依然时时处处提醒自己不忘失本愿，要“念念相续，无有间断；身语意业，无有疲厌”。

再一次，我由衷地臣服。但这一次不是向“命运”臣服，而是向“觉醒”臣服。我开始意识到，自己离“跳出命运轮回”还很远很远。很可能，我的余生依然会在命运策划的某一个剧情终点宣告结束。而对此，我接纳了，不再做无谓的抗拒与挣扎，从内心到外部现实，我都开始认认真真地为随时可能到来的死亡做准备。但这并不代表我放弃了为活下去继续努力。相反，我借着一个人类可以有的“自由意志”，为重生的自己创造了一个意义——“觉醒”。而此后，我活着的每一天都将朝向这个方向，利用自己当下的每一刻，从“命运业力的轮回”中一步一步解脱出来，越来越投入到“心愿”中去。想不到，不知不觉中，我竟然已经走进了佛法大门的边缘。

4．皈依。

我要为解脱而活——这是我余生的意义。然而，从找到意义，到实现意义，二者之间还极其遥远。对我这样集人类所有弱点于一身的凡夫俗子来说，想要“解脱”，仅仅依靠一个时不时就想不起来的“愿”，是远远不够的，因为这个“愿”即便能被时时想起，也很可能会在哪个时刻受到“业力”的染污。如何才能保持“心愿”的本来面目呢？还是需要看清。有一分看清，就有一分自由。自由作为人类心灵中深藏不露的先天潜质，仅仅靠空谈是无法把它淬炼出来的，我要真正把它落实在生活中的每一个当下，每一次烦恼、痛苦发作的对境中才行。或许，这就是王阳明先生所说的“知行合一”吧。

于是，夹在生与死的边界，我开始努力为自己扩充一个超个人的新视角，用来容纳各种存在状态的两极，人的生与死、爱与恨、信与疑、追求与抗拒、冷漠与狂热、自私与利他、自卑与自大、猥琐与磊落、缺失与富足、独立与融合、嫉妒与成全、忠诚与背叛、复仇与和解、业力与愿力……在这个空间中，被分裂的两极被看作同一枚硬币的两面，彼此不但并无冲突，而且还互为存在的必要条件。渐渐地，死亡本身也开始被容纳了，虽然它还是会给我带来依依不舍的感觉，但对我已不再是个可怕的威胁。

与此同时，我也越来越看到，人生的诅咒与祝福并不是一个注定不变的东西。在我们浑浑噩噩的时候，祝福也会被我们当作一个诅咒或活成一个诅咒；而在我们清清楚楚的时候，诅咒也会在我们眼中和生活中变成一个祝福。

癌症给了我一个珍贵的礼物，让我的眼睛又睁开了一丝，也让我的生命真正有了意义。我开始用自己的生命去践行解脱，也在这个过程中真正地学习自利、利他。

解脱的强烈愿望为我打开了又一扇通往新世界的大门，而它将真正通向我的回家路。我皈依了，我再也不会流离失所了！我已经依稀知道，回归到我来时的地方，那里就是我要去往的"彼岸"。我从哪里来，就要向哪里去。流浪的孩子终于找到了回家的路！当内心的皈依，通过外部的皈依仪式被充分表达和实现之后，我感到自己的灵魂从此安顿了。我知道，此后无论失去谁、失去什么，哪怕是失去自己的生命，我内心的最深处也不会再恐慌了，因为我已经找到了真正可以回家的路，确认了我要去往的方向。我还有生生世世可以去慢慢走，而所有外在环境中的一切，与内心世界中的一切，不论是血雨腥风还是风花雪月，都不过是这条路上临时掠过的风景。而之前所谓的"利人"，也只不过是一个自己玩弄的更加迷人的游戏。这个游戏的根本意义是为了"自度""自利"。我已经开始发自内心地懂得，真正的修行就在自己当下的日常生活里，在面对自己的贪、嗔、痴的行住坐卧中自净其意。

幡然醒悟的那一瞬间，这一生中所有的那些尚未满足的渴望、尚未解决的困扰、尚未消化的创痛、尚未被还原的冤屈、尚未被理解的表达，以及尚未放下的爱恨情仇，都像微不足道的尘土一般从容抖落，就像一个本自俱全的人体，从所有的衣衫中完完整整地裸露出来。第一次，我体验到一种被纯净的能量自然生发出来的生命状态，以及它所自然蕴含的欢喜、释然与希望；这份踏踏实实的存在感，无须寄生在任何条件上，它本来就那么存在着。真的，这便是"自在"了。"存在"一直"自在"着。

活着，真好。我愿意活下去，用之后所有被赐予的时间来成全自己的解脱。我不在乎哪怕下一秒我的心脏就会停止跳动——我愿意好好活下去，不是出于对死亡本身的畏惧，也不是出于对生活本身的贪恋，这只是因为我终于明白了自己活着为什么有着弥足珍贵的意义。是的，有生以来，我第一次这样真心实意、全心全意地祈祷自己活下去。我愿用我残余的生命去做一件有意义的事情，如果我得以穿越这片死亡之域，我可以让自己成为路灯，照亮一条向死而生的凡人之旅；如果我倒在了路途之中，也可以用自己的尸骸作为一座警示的路标，提醒之后的旅人绕道而行。这不是为了别人，为的，只是我的心。

当死亡的阴影已经吞噬了我的一部分生命时，生命的第一道曙光却在死亡的阴影中悄悄娩出。死亡这位难以捉摸的使者，以它令人敬畏的相貌，为我送来的却是一个关于“生命”的神圣祝福。命运，竟然会用这样一种吊诡的方式垂怜着我，而这，与我感恩或不感恩无关。

面对死亡的紧追不舍，我幡然醒悟，给自己赋予了一个人生意义——解脱。此生，为它而来，为它而去。我终于找到了初心，回归了自己的根基。在内心最深处，我相信，我已经找到了自己，再也不会漂泊或动摇。至此，之前的所有那些人生经历突然之间被它赋予了一个完整的意义，那就是：所有那些创伤与疗伤、献祭与救赎、自利与利他的故事，都是为了解脱所做的必要准备。啊，终于，我知道了自己从哪里来，要到哪里去。这一路准备，只是为了向死而生。

第八阶段：从“终极献祭”到“自我救赎”的实现

好吧，我又回到了起点。这辈子再也不愁没事干了。我以后要做的只有一件事——带着心愿，看着每个当下显现出来的业力，正在怎么把我束缚在轮回中不得解脱。

转折点：愚弄者原型[1]与最后的祭品

我不再把“利他”当真了，但我还是可以继续玩着这个游戏，并借着“利他”游戏，时时观望着自心。

我实实在在地发现，每一次烦恼的生起，背后真的都源于我有所期求。随着每一次从“心愿”到“欲求”，我的宁静喜悦之情就变成了焦虑烦恼之情。我清晰地看到受欲望驱动的自己活在这样一种注定以烦恼收场的轮回中：从欲求产生开始，我就进入一种想要设法满足它的焦虑的状态，我会担心自己做不好而得不到，又会担心得到了无法保证它不失去；每当欲求没有被满足，我会失望、

[1] 见本书附录二第 14 条“原型”。

愤怒或哀伤；每当欲求被暂时满足，一种焦虑突然被释放的快感就短暂地在我心中生起，但随着它的很快回落，空虚感就会推动着我去产生另一个“欲求”，最后直到欲求无法被达成。总之，从“欲望”产生被“我”执着上开始，它就成了我的奴隶主，我就开始为它的一个又一个欲望连续打工，而无论结果如何，永远无法得以善终；从开始到终结，整个过程充满了各种各样不断衍生的焦虑和烦恼。这就是“欲望我”的根本命运脚本！

我又开始追溯——“心愿”，是如何神不知鬼不觉地变成了“欲望”呢？

我一次一次回到初心，体验到“愿”与“欲”的本质不同。愿是没有期求的，它只有一个方向，它的落点在我的每一个当下，当我为愿而活的时候，我的自我存在感就像一片汇入了大河的树叶，朝向大海，随波逐流，遇到阻碍就随顺绕过，被截断就暂时停留，时而急时而缓，顺势而行，遇自然大道同流，沿路满是风景，从从容容，毫无焦虑。而欲是一个有目标的期待，就像一叶障目不见泰山，它的存在使得周围整个世界的自然美妙对我而言都不存在了，而这一叶却近在眼前、远在天边，似乎唾手可得，实际却又如海市蜃楼般杳不可得。我发现，当我汇入心愿时，我被命运大道所承载和包容，自由自在；每一个当下的存在都是淡淡的安定与祥和，不同的体验像不同的祝福一般给我惊喜，给我每一瞬间的生命赋予存在的意义；而当我被欲望所占据时，就成了一匹拉磨转圈的瞎眼驴，感受到欲望就像五彩斑斓的肥皂泡，每当触及的瞬间就化为泡影，最后留给我的，只不过是一次一次体验到欲壑难填的挫败，以及自恋挫伤。

渐渐地，我开始越来越清晰地感知到另一个原型的存在——愚弄者（Trickster）。在西方神话中，它是一个小偷、骗子、商人和魔法师，它甚至有个名字叫赫耳墨斯。它的存在方式很有趣——它就像那条诱惑夏娃偷吃禁果的蛇，通过唤醒人性中欲望的贪求，而让我们打破内在良知的戒条，去只顾眼前不顾未来、只顾自己不顾他人地满足自己，它使得我们每一次微小的满足都以牺牲自己未来的利益，甚至牺牲他人的利益为代价，让我们在“赢”的时刻偷偷地“输”掉更珍贵的东西。“愚弄者”原型就是这样和我们做交易的，它给我们“欲望”的满足，我们却给它自己的灵魂——这场交易中，它把我们卖掉，我们还喜滋滋地数着钱，它才是终极的赢家。

借助神话反思自己的过往人生，我清晰地看到：每一次自己被欲望占据的时候，我自私自利的一面都会暴露无遗，会忍不住或是不知不觉地把自己的快乐满足建立在他人的不快乐上——大到抢夺别人的伴侣，小到在一次无所谓的争论中不依不饶地强调自己的正确性。这当然使得我的快乐难以得到别人的祝福，也让我难以逃避午夜梦回时自心中生起的惭愧；这就是良知、因果、天道、上帝的法则。真可悲，竟然，每一次都是欲望赢了，我都输了自己。

泪水迷蒙中，我忽然睁了一下眼睛。

而“命运”不过是一次一次当下的选择。当我选择被“欲望”占据，我就成了“情结”的祭品，变成了被情结操控的木偶人，被“情结”肆意所玩弄在股掌中，这时候我活出的人生就是被“情结”所设定的“命运剧本”，而“我”以及参与到我命运中的“他人”，不过是这个命运故事中的角色，毫无自由可言。而当我能够看到“命运”和“自我”的本质，在每个当下选择把自己献给“心愿”，我就有了真正的自由意志，这时候我所活着的生命才是真正地“活出了我自己”。啊，我终于知道了，我从“情结”而来，要往“心愿”而去。

而我也终于知道了我是谁。我是献祭大梦中的演员，也是愚弄者魔法中的玩偶，但这些都不是“我”的本质，它们也都是曾经被我信以为真的梦而已，而我的本质是“每一瞬间当下的选择”。现在，我已经知道，每一个原型，都是人类心灵中幻化的一场大梦。而在献祭梦中演了43年之后，献祭故事给了自己一个结尾——“献祭原型”❶献出了它自己。于是这个梦自己醒了。

现在，基于心愿，我选择去作一场新的大梦——“觉醒之梦”。

我意识到，黑暗无法被驱逐或消灭，黑暗只能被照破。当一个生命汇入觉照之光，他就成为觉照之光。觉就是自利，同时也是利他。当我们受欲望所驾驭的时候，我们不过是被“情结”所占据的木偶，我们毕生演出的都只是被情结所预设的命运故事。而通过觉醒走出情结之梦的操控，为自己选择的心愿而活，才算真正活出了一个生命他（她）自己。

我终于找到了自己毕生寻找的答案。我的心终于暂时安顿了。虽然，我依然选择了一个新的梦去活……

❶ 见本书附录二第14条“原型”。

《水晶之路》作者访谈录

本书的写作接近尾声时，我（编者）和张如江有一次简短的写作感受交流，在如江的提醒下，我意识到这种非正式的交流中蕴含着很多有价值的内容。而限于本书的体例，这些有价值的内容无法在正文中体现出来，于是就有了现在这个作者访谈录。每一位作者完成写作之后，都被问到了同样的五个问题。

问题一：你在接到参写这本书的邀请时，有什么想法和感受？

问题二：你的写作思路是如何形成的，这其中是否有印象深刻的经历？

问题三：你在写作的过程中有什么收获？

问题四：你的写作是否有遗憾，或者限于篇幅没能表达出来的内容，是否可以在这里简单说说？

问题五：你还有什么其他想对读者说的话？

作为一种更随意的表现形式，每位作者的回答只经过简单的整理汇总，原汁原味地体现在下文中。

【问题一】你在接到参写这本书的邀请时，有什么想法和感受？

郑玉虎：

很开心，跟人分享自己内心的故事，是件很开心的事。志同道合的一群作者一起来分享，就更加觉得难得，觉得一群人凑在一起做这样一件事，很有趣。而且早就觉得应该有这么一本书了。人的故事，才是活生生的教科书，枯燥的理论多无聊。希望这不是唯一的一本，要有续集，一大群人一直写下去，这样它就不再是一个简单的故事集，而是史诗，是一大群人、好几代人的故事，或者说，是一大群人、好几代人的人生。这些完全没有相似度，看起来毫无关联的人生，实际被一个内核紧密串联，那就是意象对话的价值观、世界观和人生观。每个人心中的意象对话都不一样，甚至完全不同，但是三观是一致的，觉得这样不同的故事放在一起很精彩。

甄静慧：

第一反应是惊讶，这样的一本书，真的会有人感兴趣吗？

然后又觉得从写作角度来说，挺有趣的。心理成长的过程多痛苦啊，但又会上瘾，上了“贼船”就下不来了。自己是这样，不知道别人又是怎么熬过来的。把自己的故事和大家的放在一起，大概会有种“我不是一个人在路上”的感觉吧。

总归是要看到大家都不容易，我才放心的。嘿！

李拯：

可以通过参与写这本书而回顾自己的成长之路，对我来说也是一个不错的总结机会。同时也能看到其他人的水晶之路，我觉得是很值得期待的事。

王路骋：

说句实话，我不是第一批受到邀请的作者。当时，编者说我比较自恋，说话都是在自己的感受里，和读者交流的感觉不强。大约过了两个月后，他又对我说：“我想了想当初没约你写稿有点后悔，我看了你最近的文章，感觉你现在的文章能和读者交流了。”我听到后有喜悦感也有不畅感。坦白地说，我写文章还行。之所以说还行，是能说清楚，另外我也确实能感受到自己有时候的表达不是那么放得开。其原因就是我受权威原型的影响，想要表达的时候，内心里总有一股劲；我要把话说得有分量，如果觉得心中的话分量不够，就不想说。所以，构思过程就有相当一部分劲在我自己这里打转，照顾听众就显得不足，同时还可能表达不太清楚。（偷笑）很自然，听众才是权威，大家可以判断我有没有说清楚。哈哈！

王惠清：

我刚接到邀请时有些意外，也有兴奋。我知道我的体验还不够，我也知道答应写文章，我会有压力，在压力下来完成，压力也是动力，我要接受这个压力，因为我知道我的惰性，也想面对一下我的惰性。当然也有对名的渴望，因为我觉得我无名，名气可以补偿我的自卑。

郭筑娟：

开心——有机会梳理自己如何疗愈童年创伤对生命的影响，有机会与更多人分享心灵成长这点事，有机会让更多人从字里行间感受到如何改写生命剧本对个体的不良影响。

忐忑——普通吃瓜群众的心里话所述内容是否带给他人兴趣和影响？是否有感染价值？文笔不好、不精彩怎么办？

筹谋——如何写？写什么？既要通俗易懂又要体现专业，从个人经历说清楚原生家庭对个体的影响，心理缺失对个人认知、行为的影响。心理成长对个体的意义和作用？变化是怎样产生的？

沉淀——从写给别人看到写给自己看，创作心态转化。把经历过的心路历程真实地记录下来，对自我成长有一个阶段性的总结，倘若他人有触动、有共鸣，且不是更有意义？！

张峥：

最开始被邀请的时候，我是惊讶的，总觉得自己资历尚浅，不太有资格写这个。后来编者告诉我说，只要是“在路上”就可以，于是我就接下了这份邀请。心里挺高兴的，也愿意把自己的故事分享给更多的人，希望能有人喜欢我的小故事。

周烁方：

我是作为主编身份被邀请，心情很激动，同时又有些不安。激动的是，我知道这些心理成长的故事会是深入而吸引人的，终于有机会分享给更多的人。不安的是，那时候我并不确信，这本书的作者们，包括我自己，是否能够做到深入浅出，既写出成长故事的深度和精彩，又能够让普通人也看懂。后来事实证明大家都很给力，我很开心。

同时，作为作者，开始写作前，我意识到自己将做一件从未做过的事情——对我从小到大的人生经历进行深入和细致的梳理，我不知道这么做会发生什么，会带来什么，但是我心里很兴奋，同时也有点压力，因为作为主编，自己的文稿太差会有些丢脸，哈哈。

易滨：

今年年初时听到要出这么一本书，开始还以为是学术论文的集合，写一些成长的体会和意象的分析，花几天构思下就能写完了，感觉是手到擒来的事。后来深入了解才发现是要跳出自己的体验来讲成长的故事，感觉这是作家做的事，和自己的经验跨度太大了！于是迟迟没能动笔，不知道怎么写，在焦虑中煎熬了好久，但同时又很期待，感觉是挺有意思的创作过程。

徐海颖：

主要的想法还是开心和自豪，还有就是有些压力。开心是因为，这些年的自我成长好像终于有那么一个相对正式的渠道获得认可。虽然，意象对话的成长很多时候强调的自知，以自己的成长为主，不过，获得外界的认可，还是很开心的。自豪也是因为，成长的确不易，这条路走过来，需要的不仅仅是克服自己的惰性，还有就是要面对很多的诱惑。也的确走过一些弯路，甚至也有想要放弃的时刻，幸运的是也一直坚持到了现在，依然在成长。压力就是觉得，这是一种对外的宣传形式，也不知道自己写的能够起到多少积极的作用，也担心有些内容过早地述说，会不会影响处于观望状态的人；更担心自己不能承担这份责任……也就尽力而为吧。

张如江：

接到这个邀请的时候，说实话，很兴奋、很忐忑。兴奋于可以做这样一件有意思的事情，同时也担心自己写不好，蛮矛盾的。我的想法是，借由这个组稿，能梳理我成长到今天的一些心理和现实层面的状态和变化，然后给那些对这条路感兴趣的人提供一些我个人化的理解，算是有一定意义的心理学分享吧。

海音：

“太好了，早该做这件事了！烁方怎么老是刚好能不谋而合地成全我心里想过的一些愿望呢？”伴随着一份惊喜，这是涌入我脑海中的第一个念头。

之后，这个问题一直盘旋在我内心里。某一刻我突然明白过来，烁方之所以是“实践者”而不是“空想者”，是因为他不仅想了，而且想好了就有勇气去做，然后在做中如实观察、审慎反思，开放而富有创造性地吸取经验，审时度势而立足当下地完善想法，再投入现实中去改进行动，然后在做中如实观察、审慎反思……这个围绕心愿的螺旋结构，就是“知行合一”，就是事实胜于雄辩的“自知、真爱、信任与信念、现实行动与承担”[1]。这份不忘初心的坚忍和涵容，使得“理想”与“现实”有了一个相遇、交合的容器，而不再是牛郎织女天各一方。这样朴素而不凡的胸怀，不但正好是我个人最需要激活的宝贵品质，也是意象对话、回归疗法整个学术思想实现“灵肉合一”的“婚床”。愿这本承载着意象对话团队集体心灵故事的书，能够成为意象对话学派发展的一个新里程碑。此刻，我的内心里充满了感激之情——对这本书的发起者周烁方先生、倡导者刘爽、我的同伴兼参与作者们、未来有缘见证我们心灵历程的读者朋友们，以及一切未能被列席的幕后贵人们。

【问题二】你的写作思路是如何形成的，这其中是否有印象深刻的经历？

郑玉虎：

说实话，我一直没能明确自己的写作思路。按时间顺序写？觉得有点不对，心理成长的发生并不完全遵循时间规律。按成长的深浅程度写？也觉得有点问题，深层的内容和浅层的内容，总是相互交错，并不存在那么绝对的界线。后来想，管他呢，想到哪写哪，写到哪算哪，万一中间实在写不下去了呢，就收官，假装原本就是这么安排收尾的。结果很顺利，就这样写完了。然后发现这其实也是一种不错的思路，拼拼凑凑看起来没什么关系，实际内在是有关系的。就像衣服补丁，东一块西一块，相互没什么关联，但毕竟它们都还是同一件衣服的补丁。对这个写作过程印象挺深刻的，因为不确定要写什么，也没有固定的写作思路，结果反而总是有意外的收获，每产生一个新的想法，我都觉得自己又赚了。

甄静慧：

很多年前还在媒体工作时，我就患有严重的写稿拖延症，到现在还没好。

[1] 注释：意象对话流派的基本学术价值观——包含了基于“心愿”这个中心的爱、信、知、行四个维度。

所以一开始根本没思路，就是拖拖拖，一直拖到编辑催稿，才想："完蛋了啊！"然后那天晚上，我坐在电脑前一直发呆，写什么呢写什么呢！突然想起N年前我曾经有过写博客的习惯，好像记录过一些成长初期的体验，就顺手翻出来看了看。

不看还好，一看，心里就特难受，"卧槽！那时写得真好！"那不是自恋，而是很大的悲伤，我发现自己好像失去了一些很宝贵的东西。怎么说呢，那个时候，对心理学的很多理论都不太懂，随手写下的文字，对世界的感悟、对自心的描述，都是很质朴的，没有分析、没有逻辑，只有真实的情感在流动，

而现在，是懂得多了，理论、体验、经验都多，可以写一些分析得比较清晰和深入的文字，很多时候却反而会觉得分裂。那种感觉就是，我可以用一个很好的理论和体验去解析一个东西，对大家也有触动，但又知道，这个解析不是完全的，它只是这个东西的一个剖面。就像解梦，梦往往有很多个层面，情结也是，人更是。

我们当然也可以从不同的层面去分析和描述它，试图让它趋近完整，但这不过是一个幻觉，剖面的呈现方式是永远无法穷尽一个事物的本质的。

写这篇文章的初心，是想借机对自己到目前为止的成长之路作个梳理。然而梳着理着，就发现，不可能有一个所谓真正完整、清晰又正确的故事——所有的感悟在回顾和梳理的同时都发生着变化。于是深切地体会到，正如心理成长的技术和工具，对象征的解释，能让我们更了解自己，更接近潜意识，然而，如果过分执着于某些层面的解释，反过来却又有割裂心灵的危险。

对自我的剖析同样如是——过于清晰的自我分析、自我描述，以及逻辑链（对，就是我写的那些）在某个层面上也是一种防御，是对那更大、更深邃、更完整、更无法把握的存在的防御。所以，它们还不如当初那些旧日志，那一朵朵突如其来的小火花，来得纯粹呢。

于是，思路就成了——随便写吧（编辑不要打我）。反正无论怎么写，都不过是以此刻我的视角，将自己切割出来的一个剖面而已。我写完就忘，大家也看完就算，别太当真最好。只要人活着，到了明天，很多感受又会发生改变。

李拯：

刚开始我是把自己最主要的几块内容先写完，然后开始建立框架，形成文

章的脉络。

王路骋：

说到思路，我写作的时候是没有明确的思路的。因为我对自己批判性比较强，总觉得自己的文字没有达到内心的期望，经常写几句话、一段文字就要划掉，所以很难产。为了克服这个毛病，我就想先写出一段，然后再写下一段。这样，最初的两千字，我几乎是一个字一个字地改，怎么能顺下来，怎么把内容说清楚……写得很艰难。我认为如果一个人思路清晰的话，语词会在笔端流淌的，不会这么凝涩。

王惠清：

我的写作思路是因为长期做心理成长，并接受一对一的个人咨询，咨询的过程都是在反复谈童年经历，面对个人的情结，所以我觉得我可以写写我的童年经历对我后天的影响，我的生活事件，我的生活环境对我的影响，在写的过程中，我又感觉清晰了很多。

郭筑娟：

我生活在深圳，这是个美丽的城市，除了鳞次栉比的高楼大厦，巨幅的广告牌，还有干净的街道，郁郁葱葱的草木。春节后有一天晚上接待外地来访的一家人，给他们做完咨询已经凌晨。回家经过深南大道，看见身穿黄马甲的清洁工已经在打扫道路，这座城市皆因清洁工人每天对其净化，才如此美好！街道脏乱需要清洁；屋子脏乱需要整理；人的心迷茫了、乱了，不是更需要清洁、整理吗？于是我决定从“净化”这个点开始进行，当我聚焦了这个点，从 2006 年至今近十年心理成长的过往片段不断闪出，仿佛如昨日发生般清晰。

“净化”二字指清除不好或不需要的杂质，使物品达到纯净的程度。心理层面净化的发生首先是净，而净需要先看见、发现，才有可能化解，才有机会转化感受、看法和行为模式，感受变了、看法变了、行为变了，人格状态当然就不一样了。回想心理成长中的净化过程，幸运遇到得当的方法，净化过程不仅没有走弯路，而且内在能量有机会显现，智慧也渐现。

张峥：

思路是直接在脑子里出现的，以前就经常和朋友们说，我认识意象对话，是个误会，第一次课程结束了都不知道这是心理学。认识意象对话的那天，是我的新生，故事自然从那儿开始了。写的时候，没想到能回忆起那么多点点滴滴，我以为早就忘了，其实只是尘封，我觉得每一个故事都是我印象深刻的经历。

周烁方：

我首先把从小到大的一些重要的记忆，印象深刻的梦，按照时间顺序做了个列表。这其中有些材料已经显现了彼此的联系，有些还没有。我就直接从较早的那个记忆开始了，写着写着，我发现这些材料似乎自发地组织了起来。其中印象最深的，是第七章那个右腿比左腿粗的梦，那一系列梦我早已经忘记了，可是写到那个部分的时候，它自己跳了出来，我发现放在这里刚好，就像是它善解人意地出来帮忙一样。

易滨：

开始构思了几个思路，都过于复杂而零散就放弃了。比如从意象对话中的子人格视角写，但因为一段成长经历可能要有好几个子人格出现，单一的显得单薄而零散，就放弃了；最后还是按成长中的变化来编排。成长是由无数的点所构成，也许听到一个人无意中的一句话就会有变化，所以在过去回忆搜索素材时也因为太多而无头绪。最后还是按大的感觉变化来划分阶段，每个阶段有个主旋律，再考虑哪些事、哪些对话、哪些比喻或意象可以把主旋律的感受刻画清楚。

印象深的是开始不知道怎么编故事时，听了金导讲怎么写剧本。大概清楚了电影中一个人物的心理刻画可以通过表情、动作、语言等细节表现，写小说还可以把意象的内容加进去。而人的预期与现实中产生冲突形成新的一轮心理与行为也是构成故事发展的一种方式。我听了有些启发，觉得更能跳出自己来安排故事。然后有一天在白塔寺下面，心净下来以后，思路就在那自发涌现，很快就写出来了第一部分。

徐海颖：

接到邀请之后，就一直在思考如何下笔。也的确思考了一些时间，前后有几个月吧。思考了几种架构，有从主要的情结入手，以情结的内容来展开；有从感受的强烈程度来切入，从感受最强的地方开始，等等。最后，还是选择了相对容易把控的时间顺序来写。从结构上来将，这个应该是最容易的，也不容易出现大的偏差，对于我这种写作“菜鸟”来说，比较合适。

印象深刻的经历就是，写下来发现，这的确对自己的成长历程有了一个梳理。尤其是修改的过程中，增加了很多的细节，也帮助了自己更深入地了解自己。说来也惭愧，这些细节如果不去描述的话，会发现的确有很多不清晰的地方；写出来之后，更明白自己是怎么回事了。

张如江：

我的写作思路，基本是以现实和心理变化为线索，只是想从哪个角度、用什么样的故事来说，一直犹豫，毕竟第一次写这样的文章。还有就是怎么让文字不那么专业化，这对我来说是一个挑战，我太习惯理性表达了。思考了几个月，正好有天无意中想到自己的身份证的事情，以及梦中正好有和钱包、身份证有关的梦（我的很多同学都有类似的梦境）……有点遗憾的是，新身份证拿到之后，不太满意，因为有点印堂发暗，囧（额头部分有些黑，现实中也许是印刷的问题）。好吧，我接受这样的身份证吧。

海音：

思路不是逐渐形成的，而是节选于我十几年来的个人成长笔记。我有健忘的弱点，为了补偿，就发展了记笔记的习惯。

印象最深刻的经历是写完了以后的返工。因为是从日记里摘抄的，所以写着写着就开始自说自话了，而且字数一不小心还超了很多。后来一交稿，编辑指出了问题我才意识到。但说老实话这个过程还真是挺头疼的，改来改去觉得还是不行，就像一座建好的房屋要挖掉一些重要部分，还不能影响实用和美观，实在太难了。折腾了几次之后我想这篇扔了算了，干脆重新写一篇专门针对普通读者群的。后来在烁方的鼓励和帮助下（他把我需要修改的内容一部分一部分用红色标出来，并且给出了具体的修改建议），我硬着头皮完成了，也不知道实际上读者们看了会怎样反馈。总之，自己没敢再看第二遍。

【问题三】你在写作的过程中有什么收获?

郑玉虎:

相当于接受了四五次督导，很多不清楚的地方都被梳理清了。从粗到细，好多原本以为已经清楚的地方，写的时候就发现实际不够清楚。只要自己内心有含糊，哪怕只是很细微的含糊，写出来就不清楚。即使凑合写出来了，读着也不够清晰。于是逼迫自己继续用功，继续体会，直到彻底清楚。一篇文章写下来，大量不清楚的地方都变清楚了。觉得写的过程很像在接受督导，只是把督导师换成了文章思路，是一个接受文章检验，接受写作思路的督导过程。

甄静慧:

差不多就是上一个问题里说的那些吧。

李拯:

写作过程对我来说也是一个梳理的过程。让我更清晰的认识了自己，认识到了自己成长中的不易，也收获了很多成长的喜悦。

王路骋:

写完后，我感觉自己的思想比以前清晰很多，还有一点点收获的感觉。也许，以后我可以多写一点。

王惠清:

我原来对我的成长环境是不满意的，内心长期处在不满足、怨恨里。写作的过程中，我发现我的成长环境也不是那么的不好，我发现了我的出生环境中一些优于其他人的地方，我的童年有动物的陪伴，有自然环境的和谐，有和大地母亲连接的踏实感，有树木带给我的滋养感……对自己的成长经历看得更清楚了。

郭筑娟:

说心里话，写作过程中好几次卡壳，好几次想放弃："要不，这次不写了吧！"此念出来，会归因自己文字能力不足，内心感受难以准确表述，还强调自己日常工作已经安排较满，难以抽出时间静下心来完成书稿。

好在能够觉察到自己的状态，放弃的理由都是托词，拖着不想写真正的原因是，写作过程会触及内心不愿意去触碰的部分。好在成长后可以面对自己，不再回避。

这次写作收获的不只是完成约稿，更是对自我成长的一个阶段性小结，对情结更全面的看清和深入疗愈！

张峥：

收获挺大的，所以很感激意象对话给我这么一个把自己的故事写出来的机会。梳理了这些年的意象对话之路，看到自己变化那么大，很惊喜。

周烁方：

最大的收获，是对自己多了很多理解，并且发现从小到大其实是有一条线贯穿其中的。过去零散的记忆、梦，还有一些想法、倾向，当时并不理解自己为什么会是这样，然而当我的稿子写到一半左右的时候，我就意识到原来这其中的每个部分都不是偶然，就像是一棵树不同部分的枝杈和叶子，都源自同一个树干，同一个根系。写作完成后，我感觉内心多了很多能量。就好像那些原本零散的记忆和梦是平原上一些各自独立的小湖小河，而写作过程沟通了很多渠道，它们全部都连起来，成为一个水体，并且都汇入了“我”这条河流，推动着生命向一个方向奔流而去。

易滨：

收获是，写的过程跳出自己来看自己，对于每阶段心理状况特点更清楚。这个过程也学会了怎么编排故事，同时有些当时还没处理完的心结也得到进一步的理解体会。

徐海颖：

收获就是，对自己的了解更深入更细致。在写作的过程中，有些以前不明白的地方也更明白了。比如对自己怎么一步步走过来，那些人生转折，其实，并不是在转折的时候发生的，而是在以前的某个时间点上就发生了。就像转行做心理咨询师，这么大的一个决定，其实早在参加全程班之前就已经定下来了，之后几年的学习，更像是给这样的一个转变培土、发芽的过程。

张如江：

我很感谢有这样的一个机会，来做这件有意思的事。其实，我一直都在写类似于成长收获、心理分析这样的文章，只是，以前自己心理成长的经验比较少，就像作家没有人生、历史积淀一样，写的东西很单薄甚至偏激。这个过程是一种心理成长的方式，就是反思、回观、体验，乃至自我领悟的一个过程。我和其他作者交流后，他们也有类似的观点。总而言之，这个过程让我对自己更加了解，更加明白我是什么样子的，以及是如何成为这个样子的，并且可以自己选择未来如何更好。

海音：

这个过程像一面照心的镜子。它让我看到了自己的很多习气是如何给自己带来烦恼和现实阻碍的；同时也让我看到了自己天性中的一些资源——这样我对自己就有了更多、更完整的看到。以人为镜，我也更清晰地看到了世间成败的因果规律，更加深切地感受到，一个人之所以能够有成就，是缘于人家具有更大的眼界和心量，天地大道是公正不阿的。

【问题四】你的写作是否有遗憾，或者有限于篇幅没能表达出来的内容，是否可以在这里简单说说?

郑玉虎：

2002年到现在，15年了，成长中我有过很多有趣的心理体验，根本不止文中那一点点。也有过某方面的特殊经验，比如减肥、瑜伽、疾病，比如读书、以事练心、文化思考、自我实现，等等。一是限于篇幅，一是避免重复（因为在别的地方写过，或者分享过了），就全部舍掉了。举个例子，我通过成长，逐步找回了真实的味觉体验，然后就发现吃东西是一件非常有趣的事情，吃东西变得很香，很简单的食物就很香。每顿饭两个馒头，两份菜，再有一碗小米粥，就吃得很满足。我在林大食堂的一个窗口，吃了14年了，不但没吃腻，反而越吃越有意思。吃茶也很香，我每天上午吃一杯茶，吃半小时，20多分钟都在闻，很好闻。

甄静慧：

没有什么遗憾。没表达出来的东西倒挺多的。

比较想说的是，我感觉成长就是一个慢慢“接受”的过程，接受自己，接受父母，接受命运。人生本身都是有很多苦难的，同时又有很多痛苦是“不接受”带来的——“为什么”“凭什么”……这些追问会让自己愤怒、怨恨。

直到有天真正理解了父母，接纳了命运，真的会怨无可怨，怅然若失，无处可投，无处可抓，心里满满的都是悲伤。对于那些历经了太多苦难的家族（比如我父母的）来说，爱真的是比恨还痛得多。因为爱，意味着全然跟他们在一起，跟他们最深的痛苦也在一起。

所以说，大家都觉得自己想要爱，真是要想清楚，爱多难啊，用投射，用恨来防御爱，就容易得多了。

李拯：

有遗憾。有一些东西无法完整表达出来，比如沉溺在自己的内心世界，为了打破这一点而进行现实检验的部分；比如儿童原型的体验；比如我的心理上的出生，等等。

王路骋：

我是感觉有好多遗憾，以前写文章都是在自己的感受中，不考虑读者，觉得别人看得懂就看，看不懂就不看。但是在写这篇水晶之路的时候，我在心里设想读者会怎么看，读者会明白我想表达的心理层面的感觉吗。一考虑别人，我就内部批判了，总觉得自己文字水平很差，所以好多心理体验的过程和故事，不敢说出来，或者自己把自己的话憋到肚子里去了。我相信会有下一次的约稿，下次我水平高了或者内心贯通了，就可以写出好的篇幅给各位读者了。期盼中……

王惠清：

总体没什么遗憾，觉得自己的写作能力很差，需要多练习，阅读的书籍也不多，写作时间紧，平时比较忙。想起来我写的“龙凤呈祥”的体验没有添加进去。

郭筑娟：

“净化与进化”。书稿完成后，的确感觉到因为时间和篇幅原因，有些内容没有能够展开，比如用意象对话做心理成长为什么疗效显著？内心状态通过意象是如何呈现的？在意象中对话心理现实是如何转化的？心理感受变化后现实变化是如何实现的……很多内容并没有细致地说明，也没有放入足够多的例子。

好在意象对话心理学在理论及临床心理实践中已经非常成熟，而且有十几本专业书籍，全国各地有心理咨询专业工作者、心理学爱好者都受益此疗法，各地（目前除西藏、宁夏外）也有意象对话心理学专业推广培训机构。

张峥：

要说遗憾的话，可能就是自己表达能力没有那么强，意象对话这场大片，我只能描述一角，很多次我都试图把大家带入到这个大场景中，怎奈文笔有限，那么其他的，就欢迎有兴趣的朋友来体验吧。

周烁方：

有一些遗憾，限于篇幅和文稿的完整性，有些有趣的经历没有分享给大家。比如和船长、老猫等人一起在呱呱上经营中国精神分析心理联盟的故事；比如我在禅修中的一些奇妙体验；比如和荣格分析心理学的相遇以及后续学习，这个过程中我童年开始就受阻的与内在父亲的关系重新获得了连接，乒乓球、英语、计算机这几个和父亲相关的部分，其能量都以其他形式汇入了我当下的心理结构中，这是很完整的一块儿内容。另外还有一些零散的，但是重要的记忆，我还不太理解它们和我的整体生命有何联系。还有就是意象对话学派里有这样成长故事的人还有很多，期待下一本书能够看到他们的故事。

易滨：

有些遗憾，写的时候发现有些回忆因为时间太久细节记不清楚了，不过也和当时模糊一团的心理状态有关。还有就是最初想的是给每个不同时期的自己起个名字，以第三人称视角写，最后还是没能驾驭和实现。

限于时间和篇幅，有些生活细小的体验收获，比如用意象学外语、做创作，以及和小伙伴一起走过这条路的情谊没能完全写进去。还有，一些人格调整变化是经年累月发生的，在这种来回反复的拉锯战中蜕变，这些也没法展开。比如“吸血鬼”那段，因为篇幅过于长就只能写其中一片段了。

徐海颖：

遗憾，肯定有。一个就是限于自己的写作能力，驾驭这样一篇将近一万字的稿件，整体的结构和文风，还是有待提升。再就是内容还是挺多，这是我个人十年生活的片段。所选择的事情对于我的影响的确是很大的，可惜没有能够更深入地展现出来。比如，目前来看，我的人生轨迹转换的幅度非常大，而这个又是和我的个人特点和早年的经历有关系。而这些，并没有涉及很多，这是比较可惜的地方。

主要就是这两点吧，前面的那点可以通过多写来提升，后面的就是需要我更多更深入地了解自己，才能够在下一次类似的机会中做到了。

张如江：

说到遗憾的话，就是，很多的心理体验，我很难传递给读者，因为心理成长有个特点，有些东西，只有有了一些体验才会理解。就比如，你无法向一个没有恋爱过的人描述一个悲痛欲绝的失恋者的心情，其实在传达一些心理经验的时候，语词真的很苍白，尽管我们一直主要用它来交流。

海音：

遗憾是贯穿始终的、大大小小的、无穷无尽的，但此刻那些让我感到遗憾的内容早已不重要了。我更想分享的是，这个不断遗憾的过程让我意识到，我对自己有一份理想化的期待，这背后是一份极其夸张的自大。不只是写稿子这件事，其实我生命中任何让我在意的、投注了心血的事物，都让我遗憾，让我感到自己的过失、缺陷与无能。但这一次写稿子，倒让我突然明白——这么多遗憾，只是来源于我对自己的失望；我对自己有这么多失望，只是因为我把真实的自己当成了那个被我想象出来的“完美的自己”而已。如果我需要紧抓那个理想化自我的泡泡不放，我就需要让自己继续遭受无穷无尽的遗憾的折磨；如果我坚持自大，我就要坚持付出自卑的代价。如是因，如是果，而已。

【问题五】你还有什么其他想对读者说的话？

郑玉虎：

构造主义、行为主义，已经基本过时；机能主义、完形心理学，有些想法很好；人本主义（包括存在主义）、精神分析，真的是很好，很深入，很有内涵。但跟中国文化比，真的是好肤浅。穿越晦涩的语言和概念，精简出基本想法，会发现欧洲人尤其美国人，想问题的方式，其实是很刻板的，没有中国人灵活。后来我想明白了一点，这是基于文化而产生出来的差异。中国人有更深刻、透彻，并且圆融的哲学，所以能塑造出更灵活的思维、更灵活的人。这种哲学是通过文化心理来体现的，比如禅宗、心学、孔门儒学，这些学说全都是在讲人的心理，只不过是更深层面的心理。不但讲，而且讲得非常透。透彻程度远超西方心理学史上的任何一个流派。内涵、外延、深度、通透度，等等，都完全不是一个层面上的,差的太远,根本没法比。可是我们如何从这些学说里汲取营养呢？我目前看到，觉得可行的路子，是心理成长，而且是极少数的走对了的心理成长。大部分心理成长都不行。只有极少数的行。理论上说这不是唯一的路子，应该还有别的路子，但是实践上我没有能看到行的（原谅我目光短浅）。通过深入的心理成长，汲取到营养，那么，不管哪家，其中任何一家，都足以消化并且吸收西方传来的这些心理学思想。像包饺子一样地就包掉了。禅宗、心学、儒学，好多人把它当玄学，以为是空想，或者空谈的学问，这只是基于全然的不了解而得出的非常搞笑的结论。其实这些学说培养出来的人，个个是典型的实干家；他们有非常实干的精神，而且好学求上进，见贤思齐，并不盲目排外。心理学从西方传进来，这是一个很让人尴尬的现状。虽然目前是科学心理学比较得势，但它一定不会一直是这样的。通透合理的心理学更有生命力，而不是符合科学的心理学更有生命力。如果我们能汲取营养，以自家学说为根基，学习科学的精神，吸收并且消化传进来的这些东西，将来就能孕育真正成熟的心理学，孕育一种新文化，真正属于我们自己的新文化。未来心理学、心理文化的发源地,应该是中国才对。意象对话的心理成长，就是要搭这样一个桥梁，完成这个使命。并不是为成长而成长，也不是为解情结而成长，更不是成长来治神经症。文化才是根本目标，是大家共同的追求。

甄静慧：

没有啦。

李拯：

生命只有一次，生命是自己的。看清自己，活出生命的精彩！

即使痛苦，也要睁开双眼看世界；即使迷惘，也要勇于前行；不管怎么样，也要学习爱自己。爱自己的全部，只有这样，才能活出生命的本质。

王路骋：

我还想说的话就是，如果一个人心理成长足够好，是会很尊重别人的人格的，也会有着滋养人的情感，还会清楚地传达内心深处的感受，让大家对我们民族的文化传承抱有极大的信心！

王惠清：

我希望读者能从我的个人成长经历和生活环境带给我的影响中有所领悟，进而知道生活环境和成长经历带给个人心理的影响。知道了这些，就会用积极的心态来面对；事情没有变，心态变了，就不容易被挫折打倒。接受命运赐予自己的所有，命运给的顺境是福报；命运给的挫折更是一种福报，感谢命运中遇到所有。

郭筑娟：

世界如此多彩，人生如何精彩？怎样才能做好自己，让生命闪光有意义？

要做自己，首先要了解自己，弄清楚我是谁？我怎么成为现在这样？我可以怎样调整和改善？

每个人都有潜在的能量，别被自以为是和习惯掩盖了真相。坚定地成为真实、有生命力、能承担的自己。然后不断完善自己，去做承担家人和社会的人！

张峥：

路漫漫其修远兮，吾将上下而求索。这句话以前我听的时候，觉得很悲凉，在意象对话的路上走过这几年，每每想起这句话，都有感慨。作为一个意象对话的修行者，我在这条路上收获了不同的人生，有一种沉甸甸的幸福感。

周烁方：

如果基本生活已经无忧的话，就来做内心探索和心理成长吧；当然如果各位从意象对话开始，我会更开心。人的本性里有超越物质与客观现实的更高需求，其中也自然有着更高级的享受。邱祥建说，意象对话是“做更健康的人，过更健康的生活”，一个“更”字传神地概括了许多我在这里说不出来的东西。

易滨：

希望每个读者都能走出一条属于自己的个性化之路。

徐海颖：

特别想说的就是，我就是一个普通的人，在心灵的世界中沉浸地时间已经很久了，再出来冒冒泡的时候，却吃惊地发现原来自己什么都不会，仍需学习和成长啊。

张如江：

我们这些作者，都是在用一种叫意象对话的方法来自助、助人，这是中国本土的心理学，特别适合中国人自己来学。如果我写得不好，您不喜欢读，更是说明了，我学得不好，意象对话的博大精深我还远未领悟。感谢大家的阅读，愿您安住。

海音：

听别人的话，走自己的路。当然，相反也一样好。嘿嘿！

附录二

专业名词释义

【1】意象对话

中国本土原创的心理咨询与心理治疗学派，使用意象作为心理呈现、探索、调节、治愈的主要渠道，以信、爱、知、行作为心理健康的基本原则，从最深处关注人的心理状态。意象对话学派具有完整而独特的人格观、心理观、价值观、世界观，是目前中国本土原创心理疗法中规模最大，发展最正规，应用最广的一支。

1990 年朱建军博士创立了意象对话技术，至 2000 年发展完善为意象对话疗法，开始向外传播推广，至 2007 年完成了意象对话疗法由个人中心到团队化发展的转变，意象对话学派正式成立，至 2017 年意象学派仍处于高速发展阶段。

【2】基本心愿

意象对话学派的重要概念。人出生时就有的基本心理倾向，伴随人的一生且不会改变。基本心愿的主要内容是：想要过什么样的生活，想要经历什么样的人生。基本心愿没有前置原因，是那个生来就有的心愿。基本心愿随着人的后天生活、经历、创伤、情结，可能会被遮盖或者遗忘，但不会消失。基本心愿的发现与实现会带来发自内心最底层的意义感和充实感。

【3】命运脚本

意象对话学派的重要概念。在出生后，七岁前，由于后天经历而形成的基本心理结构，影响人的一生，处于深层无意识之中。命运脚本通过无意识的方式对人的生活与命运产生巨大的影响，人七岁之后的一生将基本上按照命运脚本的设定进行展开，包括会和什么样的人在一起，形成什么样的关系，过什么样的生活，等等。通过长期、深度的意象对话成长可以看到命运脚本，并且对其进行一定的调节。

【4】反求诸己

意象对话学派的重要原则。现实层面或心理层面发生了一些事情，有一些反应、感受、情绪、思考，首先回到自身，对自己的内心状态进行觉察。心理层面产生各种困扰，首先回到自身，尝试从内在的角度来理解问题，并且从内在出发对问题加以解决。

【5】软泥状态

意象对话学派的概念。人的生命早期，人格尚未成型、尚未固化的一种特殊心理状态。人格固化之后，通过意象对话的自我成长和深度探索，有可能回到软泥状态。在软泥状态下，个人心理的最基础结构和人格的一些最基本特征在一定程度上具有重塑的可能性。

【6】子人格技术

意象对话疗法的核心技术之一。把人格整体的不同侧面，在意象中呈现为不同的人、动物等，意象里的每一个“子人格”都具有其独立的姓名、性别、年龄、外貌、性格特征，子人格之间也有着错综复杂的关系。通过子人格技术画出一个人的“子人格拓扑图”，能够对一个人的人格进行最为全面、细致、深入的呈现，也能够以较高的准确性对人在现实中的关系、行为、反应做出预判。对子人格的全面调整，可以很大程度上改变一个人的心理健康状态及人格特质。

【7】全程班

意象对话全程班是为期三年的长程培训项目，是学习意象对话心理疗法最全面、系统的方式。三年的课程里包含累计 72 天的面授课、大量课外实操练习及网络督导。意象对话的各种理论、实操，都会在三年的学习中涉及。全程班的同学也会建立起深厚的友谊，彼此陪伴，彼此督促，共同成长。至 2017 年为止已开设六期。

【8】督导

由级别更高、更有经验的心理师对意象对话学习者进行专业的、收费的指导。包括个人成长督导与咨询案例督导两种方式。本文中所说的督导，通常是指个人成长体验方面的督导。

【9】成长小组

以团体的形式来进行自我探索和自我成长。通常以每周一次的频率，在固定的时间段内进行团体活动，小组持续时间通常为数个月到数年。收费的成长小组通常有人带领。在小组活动期间，小组成员间会以互动、交流、彼此反馈的形式来进行自我探索与成长。

【10】意象对话评审

意象对话学派有其独特而严格的心理师等级评审、认证体系。意象对话的心理师等级评审，采用了独特的答辩与心证相结合的方式，以心理师的自我觉察力及个人成长水平作为最重要的考核要素；无法通过应试训练提高成绩，无法以任何形式作弊或作伪，保证了认证意象对话心理师的品质。目前意象对话心理师共有三个级别，均以相应的心理意象命名，分别是：珍珠级（初级）资质，水晶级资质，黄金级资质。截至 2017 年，全国意象对话正式学员超过 30000 人，而获得珍珠级（初级）资质的仅有不到 80 人。

【11】珍珠级意象对话心理师

珍珠级（初级）意象对话心理师的心理健康标准包括：①对自己的心理状态和心理问题有初步的自知；②在意识和潜意识中有初步的完善自我、增加自知、自我成长的愿望；③至少能在部分情况下，对自己的情结或情绪反应做调节；④不存在可能对自己和他人产生重大危险的严重情结。

珍珠象征着成长中流出的泪水，代表着面对自身的情结并有了一定程度的解决，体验了情结中的痛苦，并发生了转化。另外，珍珠与“蚌病成珠”有关，蚌壳里面进了异物(如沙砾)，它就会分泌珍珠质，把沙砾裹在里面，使自己变得不是那么难受。

因此，珍珠级意象对话心理师本身是有着未解决的情结的，但他对自己的情结很清楚，并且做了很好的转化和升华，所以情结对他的心理咨询和生活影响就会很小。同时，由于对痛苦进行了转化，知道了自己的痛苦就会理解别人的痛苦，这是珍珠级意象对话心理师的特点。另外，拥有处理自己情结的成功经验，在很大程度上也避免了自己的情结对心理咨询过程的干扰，心理咨询的效果就有了一定的保障。

【12】水晶级意象对话心理师

水晶级意象对话心理师的心理健康标准包括：①对自己的心理状态和心理问题有较深入的自知；②在意识和潜意识中有坚定的完善自我、增加自知、自我成长的愿望；③能对自己的情结或情绪反应做调节；④能够直接发现和处理自己情结的早期（五岁前）层面，情结已经获得相当程度的修通。

水晶的象征同样和水有关，但它比珍珠更透明，这代表着对个人情结的转化更加彻底。如果说珍珠只是把伤害它的砂砾（情结）包裹起来形成无害而有价值的珍珠，那么水晶级意象对话心理师则代表把砂砾（情结）直接转化成了水晶本身，完全没有砂砾的踪迹。水晶内里清净透明，外在可以映照外物，对内有更加通透的自我觉察力，对外也能够不受干扰地感受、理解、共情到他人。因此，到了水晶级别，意象对话心理师无论遇到来访者有什么意象都能够迅速的知道意象代表的意义，能够清晰地感知到来访者的心理状况，看到来访者的心理问题，而其自身在心理咨询过程中也很少产生反移情了。

【13】黄金级意象对话心理师

黄金在意象里是阳光的象征。阳光是除了水以外最能给人帮助的东西。黄金是发光的，能够从内在散发出爱的光芒，意味着黄金与珍珠、水晶有一个质的不同：即充分解决了自身的个人情结，治愈了内在的创伤，不再需要从外界得到爱、关注和认可，不再被内在的匮乏感驱动着行事，而是从自己的内在生发出自爱、自我关注与认可，这些能量会自然地满溢出来，影响到周围的他人。因此，黄金的爱是真正的爱，沁润在生命中，从骨子里渗透出来，这种爱能感染自己和他人，也可以化解人世间的痛苦，让人获得安宁和幸福。黄金稳定的化学属性，意味着整体心理状态的高度稳定，能够帮助我们有更高质量的人际关系和亲密关系。对待生命的态度也会更慈悲，它使我们不再局限于自我解脱，更愿帮助更多的生命走出痛苦。

在心理咨询中，黄金级心理师更能帮助来访者跟他自己的感觉、困扰和问题在一起，他会从发现自己的内在需求中找到自己的解决办法。心理师的黄金品质，不仅会改善来访者症状性不适和痛苦感，而且会促进来访者独立人格的发展。这样的人格更少关系的依赖性，也更少关系和自我的控制性。在这样的关系中，双方都感到安全，不担心遗弃或被遗弃，因此会有更大的自由空间，从关系中得到滋养和享受，获得成长。同时，咨询师也不会感到透支和耗竭。

【14】原型

最早由心理学家卡尔·荣格在心理学界提出。荣格认为，各文化、各种族的人类在心灵深处有一部分是相同的、共通的，这个部分叫作集体无意识。而集体无意识中最重要的内容，就是一些全人类心理结构中共通的先天倾向性，叫作原型。

在意象对话学派中，原型也是重要的概念。当个人成长到珍珠级水平之后，由于个人情结的逐步化解，更下层的集体无意识内容开始浮现，此阶段更容易体验到原型。原型可以体现为某些特定人物，也可以体现为某些特定的情境或过程。当原型在意象中出现，意象对话心理学称其为原始意象，原始意象中通常包含着巨大的心理能量，同时对其进行体验也伴随着一定的风险。

本书涉及的原型包括：自性（Self）原型、愚弄者（Trickster）原型、魔鬼原型、英雄原型、母亲原型、献祭原型、阴影原型、阿尼玛原型等。由于相关内容过于复杂，不在此一一进行解释。

【15】曼荼罗（mandala）

当心理健康达到一定程度时，人的内心会变得更加完整、和谐，体现在意象或绘画中即为曼荼罗形象。曼荼罗的形象通常为正方形、菱形、圆形、八角形等几何对称或旋转对称图形。通常会有一个核心，有不同的形象以对称形式有序地分布在核心周围。曼荼罗与自性原型有关。

【16】共时性（synchronicity）

外在现实事件与心理层面的活动或变化相互呼应，同时发生。属于因果关系之外的，另外一种世间万物相联系的方式，经常被人误认为是“巧合”。

【17】投射

当一个人对自己心中的某些部分无法觉察的时候，就有可能在别人身上看到这个部分，并且误认为别人就是自己所以为的样子，也可能会以对待这个部分的方式来对待现实中的人。比如一个人不知道、不接受自己心里有个“小气”的部分，他就有可能会对现实中别人的“小气”行为特别敏感，会遭遇很多“小气”的人或现象，并且对其产生厌恶感。

通过心理成长，意识到自己的投射，这个投射就可以从对方身上收回来。这时候，一方面人对于自己内心的认识更加全面，可以从内在来调节心理冲突；另一方面，也有助于看到现实世界中他人更加真实的样子，而不是自己投射的、以为的样子。

【18】生本能、死本能

经典精神分析学派中的重要概念，由弗洛伊德提出。意指人的内心总是同时存在两种冲突的本能倾向。生本能是其中倾向于生存和创造的本能；死本能是倾向于死亡和毁灭的本能。这两种本能既可以指向他人，也可以指向自己。

【19】俄狄浦斯情结

经典精神分析学派中的重要概念，由弗洛伊德提出。儿童处于三岁到六岁的年龄时，有了性别意识，开始“爱上”自己的异性父母，排斥自己的同性父母。同时因此而产生关于“心理乱伦”的焦虑或恐惧。三角关系中的这一情结及其复杂变式被称为俄狄浦斯情结。六岁以后，俄狄浦斯情结会以某种形式在人的心里保留下来，并且体现在其成年生活中。成年人也有俄狄浦斯情结。

【20】原始思维

原始思维与逻辑思维，是人类心理世界并存的两种认知方式。对于个人而言，原始思维发展得早（大约三岁开始），逻辑思维发展得晚（大约七岁开始）。原始思维以图像、意象为主要认知方式，遵循相似率、接近率等基本规律。与逻辑思维相比，原始思维与人的内在情绪感受连接更加紧密。